珠宝玉石鉴赏评价系列丛书

浙江特色玉石鉴评
ZHEJIANG TESHE YUSHI JIANPING

王 蓓 杨心鸽 叶 菡 杨蕴馨 杨泽钰 编著

图书在版编目(CIP)数据

浙江特色玉石鉴评/王蓓等编著. —武汉:中国地质大学出版社,2024.10. —ISBN 978-7-5625-6100-2

Ⅰ.TS933.21

中国国家版本馆 CIP 数据核字第 2024X4J747 号

浙江特色玉石鉴评	王 蓓 杨心鸽 叶 菡 杨蕴馨 杨泽钰 编著	
责任编辑:张旻玥	选题策划:张 琰 张旻玥	责任校对:宋巧娥
出版发行:中国地质大学出版社(武汉市洪山区鲁磨路388号)		邮政编码:430074
电 话:(027)67883511	传真:(027)67883580	E-mail:cbb@cug.edu.cn
经 销:全国新华书店		https://cugp.cug.edu.cn
开本:787mm×1092mm 1/16	字数:532千字	印张:20.75
版次:2024年10月第1版	印次:2024年10月第1次印刷	
印刷:湖北金港印务有限公司		
ISBN 978-7-5625-6100-2		定价:168.00元

如有印装质量问题请与印刷厂联系调换

序一

浙江省经历了漫长的地质历史，在区域上跨越扬子和华夏两个古大陆，江山-绍兴拼合带呈北东向横亘在浙江大地上。它们造就了浙江复杂丰富的地质构造、齐全完整的地层系统、规模巨大的岩浆岩、丰富多样的变质岩以及独具特色的矿产资源。浙江具有观赏和工艺价值的矿石在全国地位很高，昌化石、青田石中外闻名，中国四大名石占据其二。此外，浙江还有泰顺石、黄蜡石、萤石、硅化木，以及松阳七彩玛瑙、萧山红、常山太湖石、江山千层石、天台宝华石、缙云丹玉、建德冰洲石、云和小顺石、缙云火山球石等特色玉石。丰富的"浙石"资源，不仅具有极高的科研科普价值，还颇具开发利用价值。

为进一步挖掘浙江独特的地质历史与文化底蕴，浙江省地质院率先提出打造"浙地之光"地质文化品牌，全面部署了"地""石""馆""园"四大支撑工程。其中，"石"就是深入挖掘"浙石"资源禀赋，持续赋能地方相关产业。

这本浙江特色玉石科普读物，犹如一把钥匙，为读者开启"浙石"世界的大门。读物详细介绍了浙江五种特色玉石的概况、特征分类、鉴定评价、加工工艺并整理了大量精美玉石作品供读者鉴赏，让读者能够深入了解"浙石"背后的科学知识和文化内涵。通过欣赏精美的图片，阅读生动的文字，读者宛若可亲身触摸到这些玉石的质感，感受到它们所蕴含的独特魅力。无论是对玉石及玉文化感兴趣的读者大众，还是从事玉石相关行业的专业人士，都能从这本书中汲取到丰富的知识和灵感。

希望这本书能够成为读者探索"浙石"的良师益友，引领大家走进美轮美奂而又充满神奇的玉石世界，领略"浙石"的独特风采，感受浙江大地的深厚底蕴。让我们一同在浙江特色玉石的世界里，追寻自然的奥秘，品味文化的韵味，共同开启一段精彩的"浙石"之旅。

浙江省地质院院长

邱向荣

2024 年 9 月 16 日

序二

习近平总书记2012年提出"人民对美好生活的向往,就是我们的奋斗目标。"珠宝玉石是衣食住行基本物质生活需要满足之后我们精神文化需求的重要组成部分,也是我们脱离贫困之后,开始走向富裕的一个符号。

2019年,杭州的"良渚古城遗址"成功列入《世界遗产名录》,这标志着中华五千年文明史的实证被联合国教科文组织和国际主流学术界广泛认可。其中一个重要的依据,就是出土玉器表明良渚首领已经拥有了行政权和兵权,表明国家体制已基本成熟。搞清楚我们的文化史,中国才能更具自信心,浙江做了榜样!

我也是半个浙江人,跑过浙江所有的地级市、一半的县,除了对如诸暨的珍珠产业聚集区,昌化、青田和泰顺的印章石产业聚集区等珠宝行业的产业集聚区有兴趣,也对浙江其他民营经济的产业聚集地有兴趣。由衷地佩服浙江人民"干在实处、走在前列、勇立潮头"。

本书的作者王蓓是我读研究生时的同学,我们同在珠宝圈打拼,一晃就有三十多年了。今天想起当年在中国地质大学研究生楼,一起上课,一起做报告,一起春游……好像就在昨天一样。正是在武汉东湖之畔、南望山麓的中国地质大学,同学们丰满了青葱岁月求知逐梦的初心。

回浙江工作之后,王蓓的业绩也非常突出,曾任浙江省珠宝玉石首饰鉴定中心主任,浙江省浙地珠宝有限公司总经理,杭州矿产资源监督检测中心副主任、总工程师,浙江省地质矿产研究所副所长,浙江省地质院地质矿产研究所副所长。王蓓不仅懂珠宝鉴定评估,懂珠宝营销策略,还懂行政事务的管理,是一个多面手。随着珠宝行业三十多年的迅猛发展和繁荣兴盛,身为浙江地质人的王蓓长期关注并参与浙江特色珠宝产业的系统调查及研究,现与其团队将其中特色玉石部分内容加以归纳提炼,与大家分享。

该书系统地介绍了浙江的特色玉石品种,如青田石、昌化石、泰顺石、黄蜡石、萤石等,内容非常丰富,有地质成因、资源分布、产业发展、文化传承、鉴定分类、工艺特色、价值评价、作品鉴赏等。该书既有专业的深度,又通俗易懂;

既有经济的广度,又有文化的内涵;既专注于浙江的资源,又评述其在全国的地位。图文并茂、雅俗共赏,是一本难得的佳作。

阅读本书,能为读者打开浙江丰富多彩而又独具特色的玉石资源之门,体味源远流长且厚重博大的玉石文化,领略浙江特色玉石,特别是印章石承古拓新而又充满活力的风采。特向大家推介《浙江特色玉石鉴评》这本好书!

中国地质大学(武汉)珠宝学院　教授

中国地质大学(武汉)珠宝检测中心主任

2024 年 8 月 28 日

前言

　　浙江山灵水秀，神奇的北纬30°横贯全境，历经亿万年沧桑演变。伴生在具有一定资源优势的非金属矿产中的浙江玉石特色明显、种类繁多。

　　浙江特有的青田石和昌化石，珍稀高贵、闻名遐迩，有"中国四大名石"之誉；泰顺石、萤石、黄蜡石等，自然造化、各领风骚，颇具工艺价值和观赏价值。

　　浙江人文蔚兴、文化灿烂，七千年河姆渡、五千年良渚，史前玉器精美辉煌，文明之光熠熠生辉。数千年的发展历程形成的浙江玉石雕刻技艺独具地域风格、审美特质和艺术价值，数千年的绵延演变形成的玉文化体系源远流长、博大精深、蔚为壮观。

　　编著者在浙江特色玉石系统调查研究的基础上，对其中五类特色品种的资源状况、基本特征、鉴定方法、工艺特色、质量评价、作品鉴赏及其文化传承等进行总结提炼，有助于深入开展高附加值浙江矿产资源的调查评价、科学保护和综合利用，有助于体味感受浙江特色玉石及其承载的优秀传统文化的承古拓新、传承发展、弘扬兴盛。

　　本书随文选配大量图片，图文并茂，兼顾通俗性和学术性，实用性较强，可作为从事珠宝玉石及观赏石的鉴定、鉴评相关工作人员，珠宝玉石及观赏石的资源管理、产品经营管理、玉文化研究相关人员，以及浙江特色玉石、观赏石、印章石的爱好者阅读参考使用。

　　本书由王蓓策划编著并统稿，主持并参与全章节的编著；杨心鸽参与第二章特色玉石各论的基本特征、分类、鉴定部分的编著；叶菡参与第二章特色玉石各论的概况部分的编著，以及第四章作品鉴赏部分的编著；杨蕴馨参与第二章特色玉石各论的材质评价部分，以及第三章特色玉石加工工艺与价值评价部分的编著；杨泽钰参与第二章特色玉石各论的基本特征、分类、鉴定部分，以及第四章作品鉴赏部分的编著。

　　本书的编著，得益于青田县石雕产业保护和发展中心、泰顺石产业研究院、良渚博物院（良渚研究院）、杭州临安鸡血石研究会、武义县萤石博物馆、倪东方艺术博物馆、浙江每石文化创意有限公司等机构的大力支持；得益于同济

大学亓利剑教授,浙江省地质院地质矿产研究所汪江渔、唐小明、冯杭建、林丹等同志,以及叶旭伟、任培养、钱高潮、夏发启、周翠芳、姜四海、邵城鑫、潘成松、赵明德、洪小平、王永贵、钱友杰、刘宗义、王永福等业内同仁及玉石雕刻大师们给予的诚挚帮助;得益于浙江省地质矿产研究所周乐尧教授、黄建军教授在地质成因相关方面的具体指导;得益于中国地质大学出版社编辑们的专业支持。在此一并表示由衷的感谢。

  由于编著者水平有限,本书尚存不当和疏漏之处,敬请读者批评指正。

编著者

2024 年 6 月 1 日

目录

第一章 概述 (1)

第一节 玉石 (1)
一、什么是玉石 (1)
二、玉器及玉文化 (4)
三、常见玉文化元素 (12)

第二节 浙江特色玉石 (17)
一、青田石 (20)
二、昌化石 (23)
三、泰顺石 (25)
四、黄蜡石 (27)
五、萤石 (29)

第二章 浙江特色玉石各论 (32)

第一节 青田石 (32)
一、青田石概况 (32)
二、青田石基本特征 (46)
三、青田石分类 (49)
四、青田石鉴定 (65)
五、青田石材质评价 (71)

第二节 昌化石 (80)
一、昌化石概况 (81)
二、昌化石基本特征 (92)
三、昌化石分类 (95)
四、昌化石鉴定 (106)

五、昌化石材质评价 ……………………………………………… (120)

　第三节　泰顺石 ……………………………………………………… (127)

　　一、泰顺石概况 …………………………………………………… (128)

　　二、泰顺石基本特征 ……………………………………………… (139)

　　三、泰顺石分类 …………………………………………………… (143)

　　四、泰顺石鉴定 …………………………………………………… (156)

　　五、泰顺石材质评价 ……………………………………………… (162)

　第四节　黄蜡石 ……………………………………………………… (167)

　　一、黄蜡石概况 …………………………………………………… (167)

　　二、黄蜡石基本特征 ……………………………………………… (176)

　　三、黄蜡石分类 …………………………………………………… (181)

　　四、黄蜡石鉴定 …………………………………………………… (186)

　　五、黄蜡石材质评价 ……………………………………………… (192)

　第五节　萤石 ………………………………………………………… (198)

　　一、萤石概况 ……………………………………………………… (199)

　　二、萤石基本特征 ………………………………………………… (204)

　　三、萤石分类 ……………………………………………………… (207)

　　四、萤石鉴定 ……………………………………………………… (209)

　　五、萤石材质评价 ………………………………………………… (212)

第三章　浙江特色玉石加工工艺与价值评价 …………………… (216)

　第一节　浙江特色玉石加工工艺 …………………………………… (216)

　　一、加工工序 ……………………………………………………… (217)

　　二、加工工艺 ……………………………………………………… (225)

　　三、常见雕刻题材 ………………………………………………… (244)

　第二节　浙江特色玉石价值评价 …………………………………… (250)

　　一、价值元素 ……………………………………………………… (251)

　　二、价值影响因素 ………………………………………………… (252)

第四章　作品鉴赏 ……………………………………………………… (255)

　第一节　经典名作 …………………………………………………… (255)

一、"青田石雕"特种邮票 …………………………………… (255)
　　二、"鸡血石印"特种邮票 …………………………………… (257)
　　三、"中国篆刻（二）"特种邮票 …………………………… (258)
　第二节　精品玉雕 ……………………………………………… (260)
　　一、山水题材 ………………………………………………… (260)
　　二、花鸟题材 ………………………………………………… (271)
　　三、果蔬题材 ………………………………………………… (276)
　　四、器物题材 ………………………………………………… (283)
　　五、人物题材 ………………………………………………… (286)
　　六、动物题材 ………………………………………………… (298)
　　七、创意创新 ………………………………………………… (301)
　第三节　名石印章 ……………………………………………… (306)
　　一、青田石印章 ……………………………………………… (307)
　　二、昌化石印章 ……………………………………………… (308)
　　三、泰顺石印章 ……………………………………………… (310)
　第四节　特色原石 ……………………………………………… (311)
　　一、青田石原石 ……………………………………………… (311)
　　二、昌化石原石 ……………………………………………… (312)
　　三、泰顺石原石 ……………………………………………… (313)
　　四、黄蜡石原石 ……………………………………………… (314)
　　五、萤石原石 ………………………………………………… (314)

主要参考文献 …………………………………………………… (315)

第一章 概述

第一节 玉 石

玉石温润细腻,契合中华民族含蓄内敛的精神特质,在中华传统文化中,是美好品格和坚韧意志的象征。与西方人大多喜爱璀璨夺目的宝石不同,中国人通常更偏爱能凸显温婉典雅气质的玉石。

一、什么是玉石

玉石使用历史悠久,以其独特的魅力和价值赢得了人们的普遍喜爱和追捧,但业界至今尚未形成各方完全达成共识的"玉石"定义。

虽然玉在不同语境中的指代可能会有所不同,但在日常生活中,人们往往将玉和玉石视为同义词。在国内的宝石、文博、考古等相关行业,学者们对玉石的概念和分类也是各抒己见、未成共识;在国外的宝石学文献中,玉(jade)则是专指翡翠和软玉(俗称和商业术语除外),有时也将我国的玉石音译为"yu"。

中国传统认知中的玉,最早是根据对石材的感官直觉来界定的,正如《辞海》(上海辞书出版社1979年版)中对玉的定义是"温润而有光泽的美石"。

东汉许慎在《说文解字》中提出:"玉,石之美兼五德者"。所谓"石之美",指的是石材的形状、色彩、光泽、质地、纹理等方面展现出的感观美(图1-1-1)。所谓"五德",是对儒学宗师孔子提出玉有"十一德"的提炼升华,以玉所具备的五种物理特性,比拟君子的五种美好品德,即温润柔和的色泽质地,可谓"仁";表里如一的纹理结构,可谓"义";敲击后的声音清越悠长,可谓"智";韧性极强、宁折不弯,可谓"勇";碎不伤人的断口棱角,可谓"洁"。

"玉"的这种解释是在其自然物质特性的基础上附加了社会精神方面的内涵。虽然长期以来文人墨客对"五种物理特性"与"五种美德"的具体意义表述

图1-1-1 石之美

不尽相同,却并不影响国人对其内涵的理解。

儒家的玉德观,将玉与君子美德和高尚品行联系起来,将玉道德化、人格化,赋予玉以精神内涵,从玉的外观直觉美中感悟出人的精神世界和道德伦理规范,实现了物质到精神、感性到理性的升华和创新。

随着珠宝玉石行业的发展,我国珠宝玉石界将玉的含义进一步扩展为玉石,并通过国家标准的形式对"玉石"进行了定义。

《珠宝玉石 名称》(GB/T 16552—2017)指出,玉石是由自然界产出,具有美观、耐久、稀少性和工艺价值,可加工成饰品的矿物集合体,少数为非晶质体。因此,"玉石"涵盖了几乎家喻户晓的翡翠、和田玉,市场常见的蛇纹石玉、绿松石、石英质玉、大理石玉、萤石,以及治印名石昌化石、青田石、寿山石等黏土矿物质玉(图1-1-2)。同时该标准规定天然玉石的定名直接使用天然玉石基本名称或其矿物(岩石)名称,在天然矿物和岩石名称后可附加"玉"字,无须加"天然"二字,带地名的名称不具有产地含义。

《珠宝玉石 名称》对玉石的定义,尽管未涉及文化属性等方面内容,但对于规范玉石鉴定,结束长期以来"玉石"定义及所含品类众说纷纭、莫衷一是的状况,对促进玉石行业健康发展起到了积极作用。

玉石内涵丰富,其外延不断变化。早期人们仅仅认识到玉石的美观和稀有,后来它逐渐被赋予图腾崇拜、权利、伦理、道德等人格化内涵,一度成为财富和地位的象征。现如今,玉石更多地作为美好事物的象征,作为借物喻志、祈福纳祥的装饰品、艺术品和收藏品。

本书讨论的玉石包括玉石材料、用玉石材料制作的玉器以及以玉器为载体的玉文化。

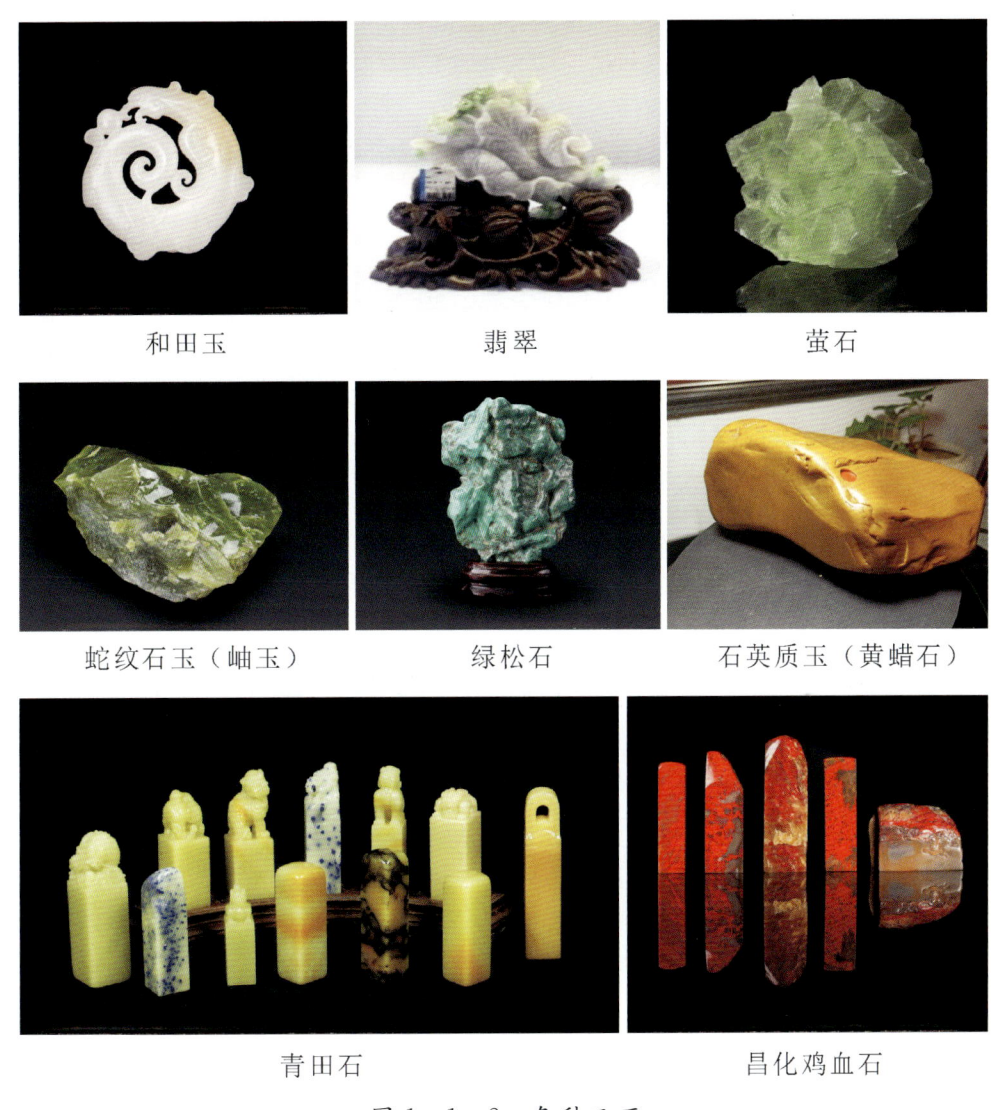

图1-1-2 各种玉石

西方人看玉石

近代有西方学者从矿物学的角度来认识玉石,他们从硬度、密度、光泽、结构、化学成分等方面,把玉石分为软玉和硬玉,软玉指中国的和田玉,硬玉则是指缅甸的翡翠。

尽管这种观点并不符合国情实际，因为中国文化和宝石行业中所谓玉石的概念内涵十分丰富，远非仅仅包含其在矿物学上的内容，但该观点的提出，有助于国人从传统的大多以感官和文化层面定义玉或玉石的方式，发展为同时从矿物学等科学角度去研究玉石、定义玉石。

二、玉器及玉文化

玉器是以玉石为原材料，打磨雕刻制成的器物，是中华民族独有的艺术形式，融合了自然造化之美和精巧工艺之美。精美的艺术表现、精湛的雕琢工艺及深厚的文化内涵成就了玉器物质价值之上的艺术价值和文化价值。

玉文化源远流长、博大精深，是在长期社会实践中创造的以玉器为主要内容的物质财富和精神财富的总和，是中华优秀传统文化的重要组成部分。

玉器也称玉雕，是中国最古老的工艺品种之一。玉器在长期演变过程中形成的独具特色的玉文化体系，在国人心中具有崇高的地位并产生深远的影响。

玉器被誉为"东方艺术"，是中华民族文化传承中最美、最雅、最具中国风的载体，其绵延不绝的发展脉络和辉煌灿烂的艺术成就，反映了中华传统文化发展演变的历史轨迹。在不同的历史阶段，中国玉器拥有迥异的审美特质和风格，具有非凡的中国气魄和鲜明的民族特色。

玉器记录了中华文明形成和发展的历程，传递着中华文明的信息。在上万年的演变过程中，玉器的各种功能随时间而变化，被赋予越来越多的文化内涵，与中华文明一路相伴，从远古的蛮荒时代逐渐走向现代文明及久远的未来。

玉器的产生、发展和演变，贯穿于中国文化史，同步于中华文明史。玉器的功能在变化，玉文化的内涵在发展，但用以扮靓生活、表达人们对美好生活追求的特征始终未变。

1. 审美萌发，玉石缘起

最早的玉器是先民用来满足生产生活需要的一种工具，是一种不具有文化属性的石器。在当时的人们来看，玉石与普通石头并无区别。

随着生产力的发展，物质文明和精神文明有了长足的进步，审美意识逐渐萌发。人们从石头中发现了一些色彩纹理美观、质地细腻特殊的品类，并对其打磨钻孔，甚至开始精雕细琢，把美石加工制作成用于装饰或者表达某种象征意义的器物,于是有了具装饰美学内涵的玉石。兴隆洼文化遗址中出土的岫玉玉玦耳饰,便是目前已知的世界上最早的玉雕装饰品,而河姆渡文化遗址出土的玉玦则是长江下游地区最早出现的演绎人们审美情趣的装饰品(图1-1-3)。

兴隆洼文化玉玦

河姆渡文化玉玦

图1-1-3 玉玦

玉器审美装饰功能的出现,是玉石从普通石头中分化出来的标志。

中华民族属于农耕民族,靠天地繁衍生息。由于对自然的敬畏以及认知的不足,先民认为"神"左右着天地自然及生死祸福。他们奉行"万物有灵",迷信一些特殊的石头有超自然的力量(即"通灵"),相信将这些"通灵"美石制作成特殊的玉器,用于宗教祭祀或巫术礼仪活动,可以与天地鬼神沟通,以祈祷风调雨顺、平安健康;而雕琢成图腾风格的玉器,用作群体或部落的身份象征,则能凝聚团体意志,得到神灵护佑,辟邪消灾。这个时期玉器的造型、纹饰以及用玉的观念上呈现出神秘朴拙的特色,玉器的功能从审美装饰进一步延伸到宗教信仰和礼制礼仪。

此时先民对玉的独特审美与神秘信仰拉开了中国玉文化的序幕,玉在宗教、礼制和信仰方面的地位开始建立,史前玉文化逐渐形成并日益繁荣。

2. 史前高峰,文明曙光

辽河流域红山文化和太湖流域良渚文化,是以玉器遗存为主要内容的史前文化的代表。

良渚文化遗址出土了大批精美无比的玉器(图1-1-4)。象征神权的玉琮、象征军权的玉钺、象征王权及财富的玉璧等玉之重器,为阶级起源以及礼仪等级制度形成提供了珍贵的史料;玉三叉形器、玉璜、玉梳背、锥形器、玉镯、项饰等装饰用玉,兼具标识身份、区分等级和地位的作用,体现了良渚先民的审美和智慧。玉文化进入了史前发展和繁荣的高峰。

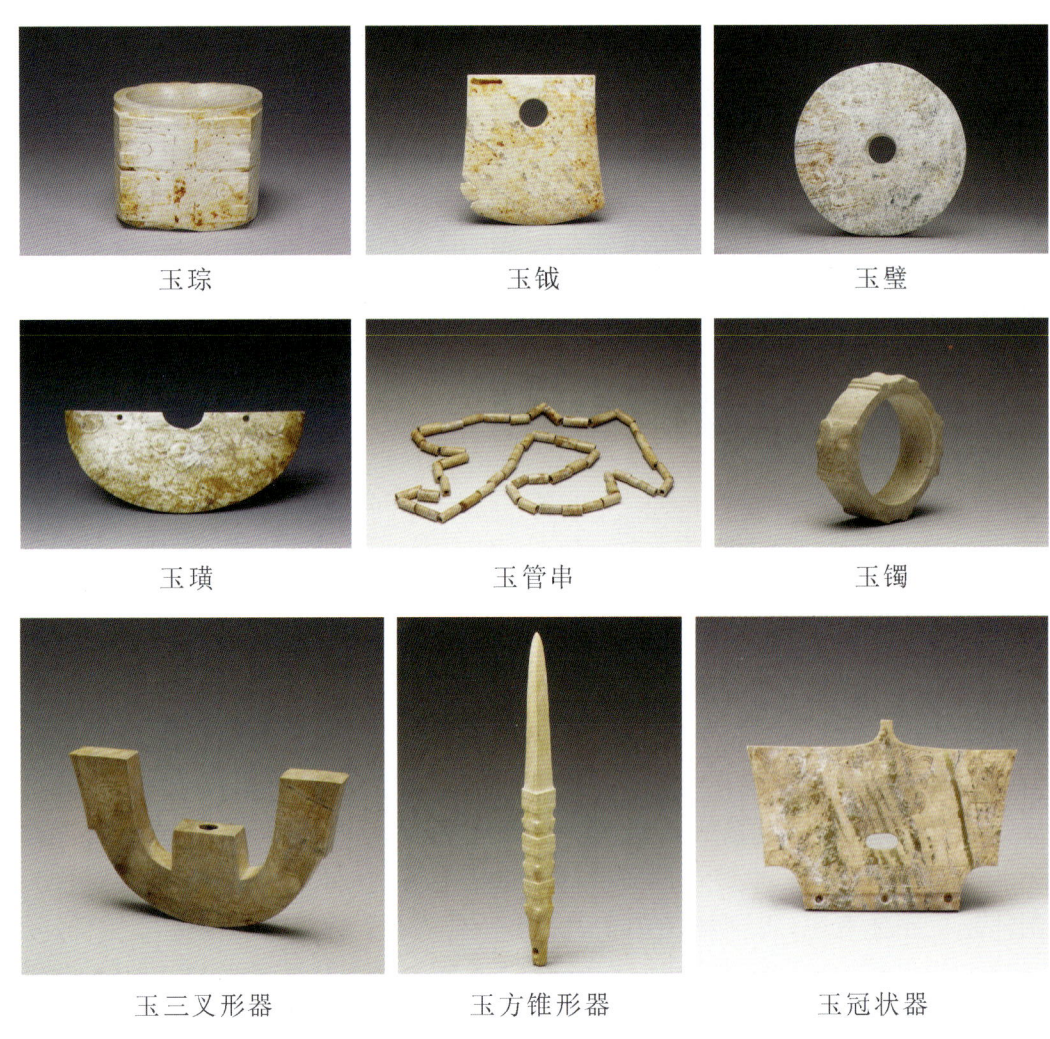

图1-1-4　良渚文化玉器(良渚博物院馆藏)

良渚玉器造型规整、纹饰精致、文化内涵深厚,既是贵族权力等级的象征,也是百姓朴素情感的体现。良渚玉器反山琮王神人兽面纹(神像)的艺术构思和线刻技艺(图1-1-5),展现了我国史前玉器高峰的繁荣和鼎盛。

良渚文化被誉为"文明的曙光",良渚文化原创器形玉琮反映了以神权为纽带的文明模式,而神人兽面纹在良渚文化玉器上的普遍出现,体现了良渚社会已经有了统一信仰。

图 1-1-5 神人兽面纹（神像）

良渚时期出现了大规模的以玉标识身份、区分等级等独具特色的用玉礼制，反映了良渚社会已经具有政教合一特征的国家形态，实证了中华五千多年的文明史。

3. 以礼用玉，比德于玉

随着氏族贵族的出现，玉器开始成为一种礼器，在贵族举行祭祀、飨宴、征伐等礼仪活动中使用，玉器进一步成为身份地位、等级权力和财富实力的象征。以礼用玉，逐渐使玉的使用与宗法、伦理、道德融合到了一起，"玉"的制度化、人格化的功能进一步强化。

春秋时期，百家争鸣，儒家思想的奠基者孔子将玉人格化、道德化，提出"君子比德于玉"，使"玉"有了明确的精神内涵，呈现出"天人合一"的哲思，体现了最高、最完整的东方思维模式。从王侯贵族到平民百姓，"君子"佩玉以明志成为社会潮流并长久流行。玉器从之前原始宗教活动的法器、祭祀鬼神的通灵礼器，发展为彰显身份地位、权力财富，以及代表道德修养的标识物，崇玉佩玉之风盛行，玉文化出现了空前的繁荣。"君子比德于玉"的理论，深深地影响了古人的道德观和价值观，奠定了玉石在中华文化中的重要价值，为玉文化的发展奠定了基础，对于当今社会仍有重要启示意义。

4. 玉玺传国，装饰兴盛

秦汉时期政治稳定，经济繁荣，秦汉玉器将礼玉制度推向极致。秦朝最先将玉质皇帝宝印作为皇权的象征，这一制度一直延续到清代。那充满神秘色彩的"传国玉玺",因为历史上"和氏璧"的神奇传说,一直被世人津津乐道、流传至今。汉代玉的种类和形式日趋丰繁,表现风格大气豪放,工艺更为精致,"玉"被视为圣洁之物,赏玉、尊玉、佩玉蔚然成风,这一时期成为中国玉文化发展的又一个高峰期。

唐代高度发达的文化艺术促进了玉器的繁荣。唐代以后的玉器,在品类和艺术风格上都有新的突破。相比之前以宗教礼仪功能为主,唐代玉器以实用和欣赏为主,具有各种文化含义的艺术品、装饰品成为主流。

唐宋玉器受西域文化、佛教、道教的影响,出现了带有西域情调的伎乐题材以及飞天等佛教题材的玉器品类。随着雕塑、绘画等艺术表现手法的吸纳引用,雕刻技艺也有了新的突破,开创了"多层次镂雕"技艺的先河。宋代金石学的兴起,使得青田石等印章石的雕刻技艺逐渐兴盛。

5. 流派纷呈,精品辈出

元、明、清是中国封建社会玉器发展的鼎盛期,玉器品种之多、玉质之美、工艺之精空前绝后,并在清代到达巅峰。玉器雕刻题材中的吉祥图案大量流行,用以寄物寓意、表达祝福,风格渐趋生活化和精品化。

著名的玉器"渎山大玉海",是我国迄今发现的最大的古代宫廷玉器,石质细腻,图案精美,随形施艺,代表了元代玉器制作工艺的最高水平;明代玉雕大师陆子冈作品"茶晶梅花花插",代表了明代俏色巧雕工艺的高超水平(图1-1-6)。

赵孟頫、王冕、文彭等篆刻大家,对青田灯光冻等印章石极为钟爱并自篆自刻,引起众多文人雅士竞相效仿,开启了石替铜的石印时代,迎来了篆刻艺术流派纷呈、生机勃勃的繁荣局面。印章艺术及其衍生的印信文化的繁荣昌盛,使蕴含中华民族特有的文化风貌及契约精神的篆刻艺术得以蓬勃发展(图1-1-7)。

清代,玉器在继承传统雕刻工艺的基础上,设计与加工工艺都有显著的发展和提高;玉料来源充裕多元,国人爱玉赏玉的热情高涨。匠人创作了《大禹治水图玉山》《秋山行旅图玉山》等典型巨作,青田石、寿山石等印章篆刻技艺也达到顶峰,创造了玉雕艺术新的高度,将我国宫廷玉器制作工艺推至最高水平(图1-1-8),也为民间玉器的发展奠定了基础(图1-1-9)。

清晚期,随着外国入侵、社会动荡,玉器雕刻技艺和产量日渐式微。

6. 承古拓新,再创辉煌

中华人民共和国成立以后,随着经济的快速发展和文化的不断繁荣,玉器作为中华民族特有的艺术形式和反映时代风貌特征的载体,焕发出更为耀眼

图1-1-6　茶晶梅花花插（明，陆子冈）　　图1-1-7　青田石印（明，文彭）

图1-1-8　青田石雕（清中期宫廷贡品）　　图1-1-9　寿山石雕（清，杨玉璇）

的光彩。玉雕艺术及其承载的玉文化，在坚定文化自信的背景下，呈现出更加丰富多彩的魅力。

当代玉器更注重材质与工艺价值，题材构思更为巧妙，设计和用途变得更加丰富多样。随着科学技术的进步，越来越多现代设备工具得以应用，雕刻技法更为成熟精进，玉器在传承和创新中迎来了更多的创作方向和更为广阔的发展空间。

玉器承载着时代印记与文化特征。当代玉雕作品中涌现出大量体现时代气息的高水平作品。它们或关注重大题材、历史事件，记录时代特征、主流文化,表达爱国主义精神和历史责任感,或反映现代生活、社会风貌,揭示人性之美、自然之美,表达人们对幸福的渴望和追求。

　　北京玉器厂组织优秀工艺美术大师团队,历时8年,于1990年创作完成翡翠插屏《四海腾欢》等4件国宝级珍品。这些作品或象征中华民族的奋发腾飞,或表现祖国山河的雄伟壮美,或展示中国玉器艺术极致技艺,美轮美奂,气势非凡,其材料之贵重,制作之精美,为古今中外前所未有。

　　青田石雕等极富浙江特色的玉石雕刻产业也展现出勃勃生机,石雕艺术出现了前所未有的繁荣,涌现出大批石雕精品以及诸多国家级、省级工艺美术大师。1992年,邮电部发行了中国第一套4枚青田石雕特种邮票(图1-1-10),奠定了青田石雕在中国工艺美术领域的重要地位。

图1-1-10　中国第一套石雕(青田石雕)特种邮票

　　如今,玉器已经成为一种传统与现代结合的艺术形式。随着艺术环境以及审美观念的变化,现代玉器在继承传统审美和工艺技法的基础上,借鉴融合西方雕塑、绘画等美学理念和表现手法,探索新的艺术表现形式。它将中国传统文化与现代时尚结合,将传统题材的作品与非传统的表现手法及现代的美学理念相融合,演绎出传统题材内容和文化符号的新精神内涵,使玉器创作在题材、构图、形式等方面承古拓新、再创佳绩(图1-1-11、图1-1-12)。

　　2008年北京奥运徽宝中国"印章"和奥运奖牌作品便是古老的中国传统玉文化与现代奥林匹克人文价值相结合的代表,也是中国玉器创意创新、传承发展的典范(图1-1-13)。

　　"玉必有工,工必有意,意必吉祥"。玉器温润细腻、精巧雅致,兼具实用与审美,国人对其的热爱穿越万年至今不渝。在物质生活丰富的今天,玉器不仅装饰扮靓生活,更是人们精神寄托的物质表达,作为礼品、信物、吉祥物广泛应用于日常生活,成为表达良好祝愿或祈福纳祥的首选之物。有些特色作品被

图1-1-11 龙凤对牌
（和田玉，蒋喜）

图1-1-12 亚运风采
（昌化石，钱高潮、钱友杰）

奥运徽宝中国"印章" 　青白玉（银牌）　白玉（金牌）　青玉（铜牌）

图1-1-13 2008年北京奥运徽宝与奥运奖牌

选为传递中国文化和友谊的使者，成为国家名片和外交国礼（图1-1-14、图1-1-15）。

图1-1-14 青田石雕国礼

图1-1-15 昌化石雕国礼

玉器记载了每一个时代的风土人情、社会风貌和精神追求，反映了当时的历史和主流文化，有着鲜明的时代特征，成为中华民族悠久历史和灿烂文化的物证。现如今，玉器已进入寻常百姓人家，成为极具装饰价值、工艺价值和文化价值的珍品，得到国人更为广泛的喜爱和追捧。

三、常见玉文化元素

玉石是中国文化精神和价值的重要物质载体，玉石的使用与中华文明起源和发展相生相伴。

玉文化是中国玉器在长期演变过程中形成的独具特色的文化体系，贯穿于中国历史的各个时期，渗透到中国的经济、政治、宗教、伦理、美学和社会关系等各个方面，深刻影响着中华民族世世代代人们的观念和习俗，形成了国人独特的崇玉、尊玉、爱玉观。

随着时代的发展，玉器发展史上曾经有过的巫术法器、殓葬祭器、等级礼器、王权符号等象征意义，现已逐渐褪去，而其在美学、道德和价值观等方面的内涵，随着世事变迁日益丰满、历久弥新。

1. "美"玉文化

玉文化包含着国人爱玉、赏玉、崇玉的情结，玉被用来象征民族精神、优秀品德以及美好生活理想。

玉在中国文化中有着特殊地位，国人对玉的珍视与喜爱由来已久，正如李约瑟所言，"对玉的爱好，可以说是中国文化特色之一"。长期以来，玉的质地、形状和颜色一直启发着雕刻家、画家和诗人们的灵感。

以"玉"象征美好，在诗词歌赋的字里行间中比比皆是。如用"宁为玉碎"表达不畏强权的正义气节，用"玉汝于成"寄托对磨炼成才的希冀，用"君子如玉"象征君子含蓄内敛的美好品德，用"温润以泽"象征无私奉献的崇高品德，用"玉洁冰清"比拟高尚美好的人格，用"玉树临风"盛赞君子翩翩风度。如此充满韵味、以玉赞颂美好的词句数不胜数，体现了国人对玉的珍视与喜爱，凸显了玉在中国文化中的特殊地位。玉俨然成为一切美好事物的象征和代名词。

2. "德"玉文化

玉文化的重要内涵包括道德标准和价值观念，体现在儒家所提倡的"君子比德于玉"。

春秋时期的孔子以及汉代的许慎,将玉和"德"联系在一起,"比德"就是将玉的一些自然属性特征与人的美德或追求的美德相比较、参照,玉成了高尚德行操守的象征,始于西周的"玉德"也被提到了一个新高度。

儒家提出玉有仁、义、智、勇、洁等拟人美德,赋予玉以美好忠诚等内涵,并认为这些是"君子"应有的品格。人们佩玉不仅是为了表现外在美,更是通过佩玉洁身明志,表达自己的精神追求和品德修养。

中华民族自古以来重德重义,无论朝代变迁、富贵贫贱,都视玉为中国悠久文化的代表、良好情操和道德的化身,将玉作为美德象征的文化得到长期广泛的认同,这种现象在全世界都是绝无仅有的。玉作为儒家思想"以玉比德"学说的载体,奠定了玉文化在中华文化中的重要地位,在中华文明史中绵延传承、持续至今。

君子

君子在古代指地位高的人,后来指有学问、有修养且道德高尚的人。

3. 吉祥文化

吉祥文化是玉文化的重要组成部分。

中国自古以来就有以玉祈求吉祥的风俗,人们在追求美好生活的过程中,创造出丰富的带有吉祥寓意的图案和纹饰,因材施艺镌刻于玉上,寄托对美好愿景的祈祷和向往。

吉祥图案往往来自民间传说、神话故事、谐音和俗语等,通过托物言志、谐音等表现手法,表达人们祈求吉祥安康、驱邪避凶的美好期望。它有着深厚的吉祥文化内涵,为国人所喜爱和追捧。

"寒山拾得"在民间又被称为"和合二仙",以此形象创作的玉雕作品常用于表达和睦友爱、不畏艰难的精神(图1-1-16);"精卫填海"则来自中国先秦古籍《山海经》中的神话传说,此类题材一般用于象征坚定的信念、坚持理想和追求的决心(图1-1-17)。

梅兰竹菊,清雅淡泊,表达谦谦君子的坚贞和气节;松鹤,象征吉祥如意、健康长寿;蝙蝠,"蝠"与"福"同音,表达福气到来的美好祈愿;牡丹,花中之王,象征富贵圆满,寓意生活幸福美满、祖国繁荣昌盛;马,寓意马到成功、事业腾达;喜鹊,象征吉祥美好;鱼跃龙门,象征通过自身努力获得成功;荷花,又称

图1-1-16 《寒山拾得》
(青田石,马兵)

图1-1-17 《精卫填海》
(青田石,张爱廷、郭秀彬)

"莲花",出淤泥而不染,象征高雅纯洁、清廉端正(图1-1-18);等等。

玉器中常见的纹饰图案"云纹",形似云朵,是一种源于古老图腾的中国文化符号,经过长期发展,形成了多种样式的风格特征和精神内涵。其造型优美,寓意祥瑞,用以表达吉祥、喜庆,以及对美好的向往,具有深厚的文化内涵和象征意义,成为喜闻乐见的传统吉祥图案的代表(图1-1-19)。

图1-1-18 《一品清廉》(青田石,杨兴隆)

图1-1-19 云纹

玉文化中的吉祥文化历史悠久、博大精深,具有深厚的文化内涵和丰富的象征意义,颇具中国风格和审美意蕴,经过漫长岁月的传承、创新和发展,演变为具有独特代表性的中国文化符号,经久不衰且日益丰满,极具感染力和生命力。

4. 印信文化

印信文化是玉文化的重要组成部分。

印章在中国有着悠久的历史，自古用作行使权力的工具、书文契约和文房书面的信物。印章作为政治权力的象征，在古代社会中起到了凝聚社会共识的功能。秦统一六国后，秦始皇将"和氏璧"雕琢成"传国玉玺"，作为皇帝最高权力的象征和凭证，玉玺从此成为统治阶级权力的象征、礼制的载体，并一直延续到清代。

宋代，文人开始亲自参与篆刻石质印章，迎来青田石等印石篆刻技艺的兴盛，开启了石印艺术的繁荣局面，石印开始成为诗、书、画不可或缺的组成部分，近现代书画名家无不注重诗、书、画、印的相互融合、相得益彰。

石印艺术及其衍生的印信文化是中华民族特有的文化现象，镌刻着中华文明发展进步的信息，传递了中华民族的文化风貌与契约精神，是传统玉文化不可或缺的组成部分。

如今石印已经成为与书画并列的独立艺术形式，兼有自然造化之美和雕刻工艺之湛，并传承着印信功能。

印章作为印信文化的载体、诚信精神的符号，积淀着丰富的文化内涵。在传统文化复兴的今天，石印进一步发展衍生为人们用于表达爱情、亲情、友情、理想、信念、承诺等的载体，被赋予"百年好合""风雨同舟""和谐共进""清正廉洁""诚实守信"等寓意，成为相互馈赠纪念收藏的佳品（图1-1-20、图1-1-21）。

图1-1-20　昌化石印（《百年好合》）

图纹对称奇巧的对章，不仅具有欣赏与艺术价值，同时更是具有特殊寓意的验证信物，无论是在历史故事还是现实生活中，常被夫妻、恋人、兄弟姐妹等各执一方加以收藏传承,极具情趣和意蕴(图1-1-22)。

图1-1-21 昌化石印(《清正廉洁》)

图1-1-22 鸡血石对章

石印如今大多以艺术品的形式出现,但其作为印证的基本功能以及作为诚信信物的特征仍未改变,对当今以信立身、诚实守信的价值观仍有积极的现实意义。

中国玉文化历史悠久,是中国各族人民共同创造的特殊文化形式,在中华民族多元一体格局的形成、发展过程中起到了极为重要的作用,虽然几经兴衰,再度繁荣时却更加辉煌。玉文化伴随着国人对玉石的热爱,一如既往地融合开放、跨越时空,在传承与创新中续写时代新篇章。

玉文化中的哲思

玉文化中蕴含着丰富的智慧和哲思,其表达形式朗朗上口、流传久远。

他山之石可以攻玉

玉的雕琢成器这一过程,可以比拟普通人通过学习借鉴他人来修炼自身而终成才,或者说他人的督促磨砺对个人修炼出良好的品性和才能大有裨益。

瑜不掩瑕

本意是指玉上的一点瑕疵掩盖不了美玉自身的光彩,比喻人的缺点掩盖不了其优点,人不可能十全十美,要看主流和本质。

玉汝于成

用玉器琢磨的过程,象征人才培养的过程。去掉瑕疵,方能成就美好,逆境有助于人的成长,寄托对磨炼成才的希冀。

化干戈为玉帛

本意是指将战争转化成和平友好,寓意采取和平、理性的方式来解决矛盾冲突,互相理解,达成和谐的社会关系和人际关系,蕴含处事智慧与和合思想。

玉不琢,不成器

本意是指玉石不经精雕细琢,无法成为精美的器物,寓意人不经过学习培养,就不能成为有用之才。将琢磨璞玉,提升到造就人才的高度。

第二节 浙江特色玉石

浙江地处中国东南沿海,位于东亚大陆边缘,是环太平洋火山活动带的重要组成部分,地层发育齐全,岩浆活动强烈,变质类型多样,地质构造复杂,具有得天独厚的特色玉石成矿条件。

浙江特有的青田石(图1-2-1)和昌化石(图1-2-2),珍贵稀有、闻名遐迩。

红花石　　　　　　　　　　　　灯光冻

图1-2-1　青田石

青田石以清新淡雅、莹洁灵秀、细腻温润著称,昌化石因色彩浓艳、瑰丽典雅、喜庆祥和闻名。它们在中国印章史、中华篆刻艺术和玉石雕刻艺术上留有浓墨重彩之笔。

 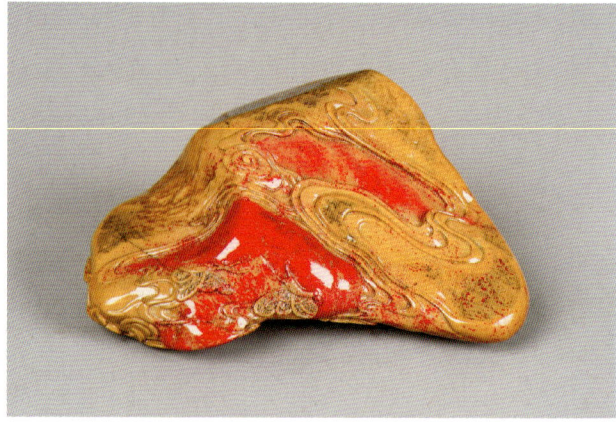

昌化冻石　　　　　　　　　昌化田黄鸡血石

图1-2-2　昌化石

昌化石与昌化鸡血石

昌化鸡血石是昌化石中含有辰砂的珍贵品种。早期,昌化石即指昌化鸡血石。现如今,行业内将昌化石分为五大类:昌化鸡血石、昌化田黄石、昌化田黄鸡血石、昌化冻石、昌化彩石。

中国四大名石

中国四大名石指寿山石、青田石、昌化石、巴林石。

温州泰顺的泰顺石(图1-2-3)、金华武义的萤石(图1-2-4)以及以遍布浙江各地尤以金华兰溪为代表的黄蜡石(图1-2-5)等,或色彩绚烂、晶形优美、莹洁润泽,或图纹精美、形状奇特、细腻温润,自然造化、精湛工艺及文化内涵使它们具有较高的观赏价值和工艺价值。

图1-2-3　泰顺石

图1-2-4 萤石

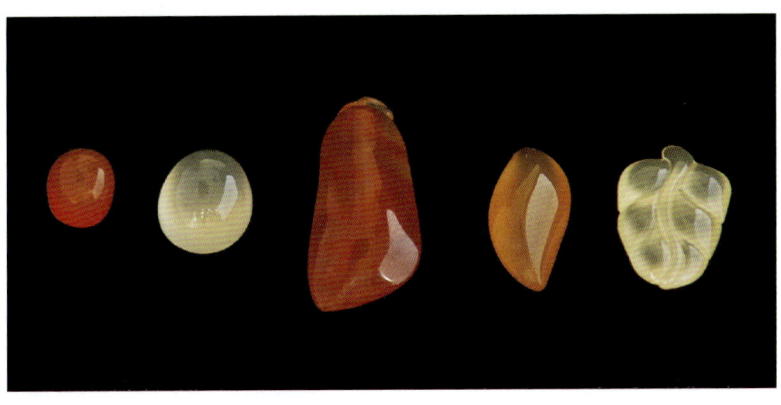

图1-2-5 黄蜡石

  浙江人文蔚兴,文化灿烂,是中国古代文明的发祥地之一。境内分布有距今万年的上山遗址、八千多年的跨湖桥遗址、七千多年的河姆渡遗址,以及距今五千多年的良渚遗址,文明之光熠熠生辉,蔚为大观。

  良渚遗址实证了中华五千多年文明史,其中反山遗址出土的大量玉器文物,器形丰富、工艺精致、纹饰精美,达到了史前治玉的最高水平。良渚玉器蕴含的诸多文化元素为后世广泛借鉴、吸收、运用,散发着永恒的魅力。杭州第19届亚运会占据"C位"的吉祥物"琮琮",名字源于良渚文化重要标志物玉琮。吉祥物琮琮戴着精美绝伦纹饰"神人兽面纹"的头饰,讲述着穿越五千多年的文明故事,展示了悠久灿烂的史前玉文化(图1-2-6)。

  浙江玉石雕刻历史悠久,在长期发展过程中,形成了颇具区域特色的青田石和鸡血石雕刻技艺,被业内誉为"青田石雕流派"和"鸡血石雕流派",具有独特的地域风格、审美特质和艺术价值,在中国玉石雕刻行业独树一帜、熠熠生辉。

图1-2-6 神人兽面纹玉琮(良渚博物院馆藏)与亚运会吉祥物"琮琮"

浙江玉石精彩纷呈的作品承载传递着源远流长的中华文明,其精美高贵的外表、独具特色的工艺以及深厚的文化底蕴,得到世人的广泛认可和追捧(图1-2-7、图1-2-8)。

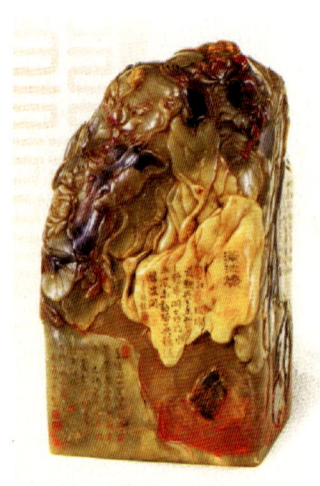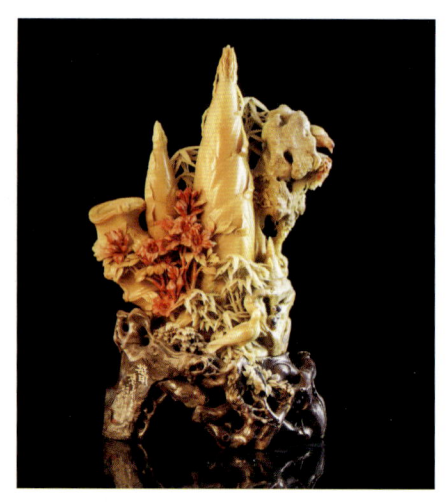

图1-2-7 鸡血石印(清代)　　图1-2-8 青田石雕(现代)

一、青田石

青田石因产于浙江省丽水市青田县而得名。其质地温润,色彩丰富,花纹奇特,硬度适中,刀感爽脆宜受刀,是著名的印章石和玉石雕刻石。

青田石以青色为基色主调,清雅灵秀、温润细腻,与文人雅士淡泊隐逸的君子品质契合,享有"石中君子"的美称。

青田石是中国篆刻艺术最早、最广泛应用的优质石材,是我国传统"四大名石"之一,被誉为"印石之祖"而名闻天下(图1-2-9)。

图1-2-9 青田石

青田石是以叶蜡石、地开石、高岭石、绢云母、伊利石等为主要矿物的黏土矿物质玉,常伴生在叶蜡石矿中。狭义的青田石指产于青田山口—方山一带的可用于治印和雕刻的具有工艺价值的玉石材料;广义的青田石包括分布在泰顺、昌南、常山、嵊州、天台等浙江省多地,具有工艺价值的叶蜡石类玉石材料。

青田石是中国最早开发的印石,在中国篆刻史上有着划时代的贡献。元代,赵孟頫开始用青田灯光冻治印。至明代,诸多篆刻大家与文人雅士,竞相自制石印,引得青田冻石风行印坛,开启了以石替铜的石印时代,石印篆刻艺术迎来生机勃勃的昌盛局面,青田石也以优质印材名扬四方(图1-2-10)。

青田石雕历史悠久、源远流长,其奔放大气、神形兼备、层次丰富,依色取巧、镂雕精细的工艺特色,在中国传统玉石雕刻艺术宝库中自成一派、熠熠生辉。2006年,青田石雕入选第一批国家级非物质文化遗产名录。

闻名遐迩的青田石雕流派,因材施艺,依色取巧,融自然美与工艺美于一

图1-2-10 青田石印

体,尤以镂雕技艺见长。"多层次镂雕"体现出精致入微的刻画和复杂多层次的处理工艺,极富艺术特色,极具艺术价值(图1-2-11)。

1957年苏联伏罗希洛夫主席访华,1972年美国总统尼克松访华,1978年国务院总理华国锋访问朝鲜,青田石雕都被选为外交国礼、馈赠佳品。近年来,青田石雕登上了举世瞩目的上海世界博览会、北京亚太经合组织(APEC)领导人非正式会议,以及二十国集团领导人峰会(G20峰会)的舞台,作为文化的象征和友谊的使者,向世界展示了"中国石都,世界青田"的独特魅力。

图1-2-11 《花果》
(青田石,林福照)

青田石文化积淀深厚,有着丰富的地域特色和悠久的人文历史,更是与中华优秀传统文化一脉相承。青田石自古被文人大量用作"雕刻图书印记",因此,在青田出产青田石的矿山有"图书山"之称,青田石又称"图书石",青田石雕又称"雕图书"。作为"印石之王",青田石印蕴含了以诚为本、担当负责的契约精神,"斧凿夺神鬼,人巧胜天然"的青田石雕,更塑造了精益求精、追求卓越的工匠精神。

近年来青田小城积极打响"石文化之都"的品牌,深入挖掘国石文化,融合传统与时尚,在原材料种类、雕刻题材、产品功能、展示渠道等方面进行有效拓展,诠释了青田人续写国石文化的匠人情怀、敢为人先的创新精神。

青田叶蜡石资源十分丰富,但能够用以治印雕刻的玉石级青田石储量却很少,随着青田石长期的开采,高品质的石种日渐枯竭。当地在加强原石保护的同时,积极引进其他优质石种,提出"天下石,青田雕"的口号,突破原材料枯竭的困境。如今来自世界各地的优质石材逐渐为青田石雕艺人所用,在一定意义上,青田石雕已成为一种玉石雕刻艺术的代名词。具有漫长厚重历史的青田石雕技艺和石雕文化得到了传承、创新和发展,焕发出新的活力(图1-2-12)。

《春风得意》(南美石,朱礼南)　　《生命之源南湖》(雅安绿,陈勇)

图1-2-12　天下石,青田雕

二、昌化石

昌化石因产于浙江杭州临安昌化镇而得名。当地独特的地质条件和地理环境,孕育了色彩丰富、温润细洁的昌化石。其中最为著名的是含有辰砂的品种昌化鸡血石,其殷红瑰丽的血色与丰富多彩的地子相得益彰,给人以雍容华贵、艳压群芳之感,有"印石皇后"之誉,是中国特有的珍稀玉石品种,在中国印文化和石雕艺术领域具有独特而重要的地位。

红色是中华民族最喜爱的颜色之一,"中国红"是中国文化和精神的代表色,红星、红旗等都承载着国人栉风沐雨的红色记忆以及团结奋进的民族精神。昌化鸡血石鲜红灿烂,契合中华民族对"红色"的迷恋和热爱(图1-2-13)。

昌化石大多是以地开石、高岭石等黏土矿物为主的黏土矿物质玉,主要用以制作印章、雕刻工艺品和原石欣赏。其中著名的昌化鸡血石的"血"的主要矿物为辰砂。

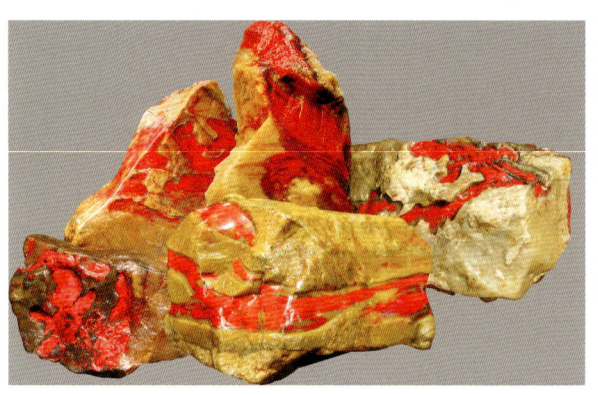 

图 1-2-13 昌化鸡血石

昌化石作为中国印章石的名贵珍品,自战国时期开采和雕刻使用起已有2300多年历史。宋元时期,文人始用昌化石自篆自刻、收藏品鉴,到明清时期昌化石被皇族朝廷列入贡品,视其为"国宝"(图1-2-14),再到21世纪昌化石被列为"中国国石"候选石;从周恩来总理将一对珍贵的昌化鸡血石印章作为国礼赠送日本前首相田中角荣,到雕刻着各国政要肖像的昌化石印章作为G20杭州峰会的国礼,让世人领略到昌化石印章独特的艺术魅力和文化影响力(图1-2-15)。

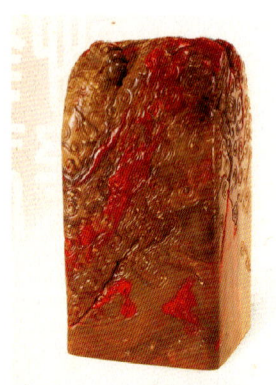 

图 1-2-14 清嘉庆宝玺　　　　图 1-2-15 昌化石印

在昌化鸡血石长期的发展过程中,形成了别具一格的"鸡血石雕流派",该流派的特点是依材选题、因"血"施艺,在题材表现、技法风格的塑造上独树一帜,被列入国家级非物质文化遗产。

鸡血石作品形神兼备、瑰丽多姿,特别注重对"血"的创作利用,依"血"取巧、以"血"为宝、技巧独特,更多地在无"血"部分雕琢需要表达的意境,既能保持大自然赋予鸡血石的自然美,又能充分表达造型与主题(图1-2-16)。

在雕刻工艺方面,昌化田黄石和田黄鸡血石以薄意雕为主;昌化彩石冻石则重在俏色利用,雕刻工艺上多采用圆雕,兼施镂雕(图1-2-17)。随着传统工艺与现代艺术的融合,如今昌化石作品的题材更为广泛,技法更为精进,内涵更为丰富。

图1-2-16 《日出东方》
(昌化鸡血石,钱高潮)

图1-2-17 《十八应真》
(昌化彩石,姜四海)

昌化石作品典雅精美,特别是昌化鸡血石的那一抹中国红,兼具吉祥如意、平安喜庆、忠诚浪漫的寓意,以及由此延伸的艺术风格,构建起独树一帜的鸡血石文化,极富中国特色。

昌化石不仅天工造化、奇巧莫测、魅力独具,制作成印章后更是兼具验证功能与纪念意义。其中,颜色和图纹对称的对章,更是拥有独特的审美价值和验证寓意。印章历来作为行使权力的工具、书文契约的凭证和文房中的信物,昌化石印章作为印石文化的载体,其蕴含的诚信信物的内涵特征,对于当代弘扬诚信文化、培育以诚信为基础的核心价值观具有积极意义。

昌化石形成条件特殊,产出地点单一,产量稀少,十分珍贵,经过长年开采,资源已近枯竭。为了资源的科学保护及合理利用,2018年起,临安县人民政府相关部门开始全面禁止开采昌化石。在昌化石资源稀缺的情况下,当地通过深入挖掘国石文化内涵、创新产品型制、引进其他类似石种创作等方式,提升产业文化附加值,拓展产业石种品类,引导产业转型升级、再现活力。

三、泰顺石

泰顺石名称源于产地浙江省温州市泰顺县,其质地温润、色彩丰富、纹理精美、图案精致，宜于受刀治印。自20世纪80年代起，泰顺石开始作为独立的玉石品种用于治印和玉石雕刻艺术创作，成为印章石和玉石雕刻石的优质品种（图1-2-18）。

图1-2-18　泰顺石

泰顺石是以叶蜡石、地开石、绢云母、伊利石等为主要矿物的黏土矿物质玉，伴生于叶蜡石矿中，可含有高岭石、石英、刚玉、赤铁矿等，形成丰富多样的色彩、纹理和质地。按浙江省地质矿产研究所和泰顺石产业研究院制定的团体标准《泰顺石　鉴定、分级及命名》（T/ZJATA 0003—2020），泰顺石可以直接作为玉石名称，并分为青玉冻、红花石、金玉石、紫藤、青花石、木纹石、花乳石和多彩石八大类。按现行国家标准《珠宝玉石　鉴定》（GB/T 16553—2017），泰顺石定名归于青田石。

泰顺石是20世纪80年代伴随着浙江泰顺龟湖叶蜡石矿大规模的工业化开发，开始作为独立的玉石品种进入治印和玉石雕刻艺术创作的石中瑰宝（图1-2-19）。

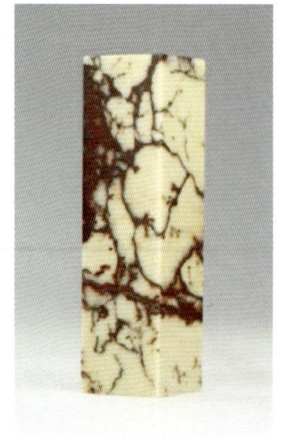

图1-2-19　泰顺石印

龟湖矿区位于泰顺县龟湖镇西侧，为特大型叶蜡石矿，也是亚洲最大的单矿体。龟湖矿区是泰顺叶蜡石最集中、品质最好的矿区，也是市场上泰顺石的主要产区。

泰顺石虽然开采和使用的历史久远，但作为独立石种进行艺术创作的时间并不长，可谓雕刻石界的"新宠"。

近年来，泰顺石因其美观、颇具特色的石质，不断丰富提升的文化内涵，以及已探明的资源储量，受到业内人士的广泛关注和诸多雕刻大师的青睐，越来越多精美而独具特色的泰顺石作品进入人们的视野（图1-2-20），并在国内外大赛上屡获佳绩。

图1-2-20 《似曾相识》（泰顺石，潘成松）和《万众一心》（泰顺石，潘金松）

在当地政府和行业的努力下，"泰顺石"已成为泰顺独特的文化符号，极具文化艺术价值和发展前景。

四、黄蜡石

黄蜡石是一种石英质玉，矿物成分主要为石英，因玉石表层或内部有蜡状质感，色多呈黄色而得名。

黄蜡石色彩美观富丽，以黄色为主，也有红、白、紫等其他颜色，或者几种颜色的混色，优质者石质细腻稳定，硬度、韧性好，适于雕刻，具有一定的艺术观赏价值。黄蜡石品种丰富，纹理奇特，赏玩收藏文化悠久，在业内享有一定的声誉（图1-2-21）。

浙江黄蜡石色彩丰富、品种繁多，其中不乏质地细腻、纹理奇特的精品。

浙江黄蜡石分布广泛，以金华的兰溪及义乌、衢州的衢州区及龙游、丽水的缙云及松阳、绍兴的新昌及嵊州最为集中。

图1-2-21　黄蜡石

浙江省内发现黄蜡石原生矿山料的地区有丽水的缙云和松阳，发现次生矿籽料的地区主要有衢江、婺江、瓯江、曹娥江流域的金华、衢州、丽水、绍兴等。

丽水缙云黄蜡石矿区部分优质山料细腻莹润、黄中带红、纯净艳丽，"仙都丹玉"名副其实，颇具雕刻创作价值；浙江黄蜡石籽料的品质差别大，产量多寡不均，质地细腻温润、色彩美观者较少，高品质者可以与其他高档玉石媲美。

浙江金华地区是国内优质黄蜡石的主要产区之一，黄蜡石观赏和交易氛围比较浓厚，金华获中国观赏石协会授予的"中国黄蜡石之城"的美誉。金华兰溪地处"三江之汇"，黄蜡石资源丰富、质地上佳，故有"中国黄蜡石之乡"的美称。

在行业发展高峰期，浙江金华等地形成了集原石采捡、收藏、交易、雕刻于一体的完整产业链，集产、销、赏、藏于一体的赏石文化也日趋繁荣。

浙江赏石文化悠久，黄蜡石作为浙东唐宋时期的名石"婺石"之一而声名鹊起，但更多局限于文人墨客的吟诗赋词、玩赏品鉴。如今黄蜡石的广为人知，源于20世纪90年代浙江赏石爱好者对"婺石"的追根溯源，以及21世纪初浙江黄蜡石的大量发现，特别是当时类似玉石品种（石英质玉）云南黄龙玉的走红，助推了此类玉石市场的快速发展。

浙江随黄龙玉这波风潮掀起了黄蜡石热。黄蜡石因其品种丰富、产量可观、推广有力，引起了同行的关注并促进了市场的兴旺。随着其中的优质品进入玉石雕刻能工巧匠创作的视野，大量精雕细琢的黄蜡石制品创作问世（图1-2-22）。

浙江黄蜡石的雕刻创作以俏色巧雕为重，圆雕、浮雕等技法交互运用。作品题材广泛、技法成熟，有出自传统，如表现儒释道、民间传说、人物动物、山水等的作品，也有展现现代生活理念及当地地缘文化的作品，或富有哲思或充满情趣。黄蜡石的玉石雕刻创作，使作品具有了更多的文化内涵和艺术价值（图1-2-23）。

图1-2-22 《刘海戏金蟾》
（黄蜡石，洪小平）

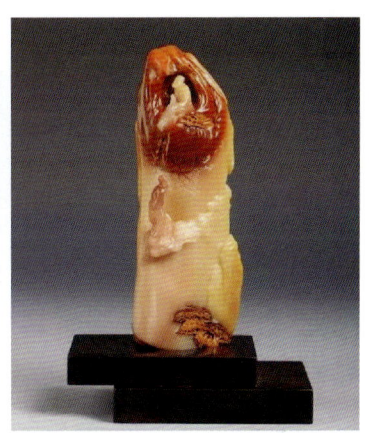

图1-2-23 《佛道一家》
（黄蜡石，应建新）

狂热过后，市场已然回归理性。目前浙江黄蜡石产业以其特有的价值，集玉石工艺之美以及观赏石天然之趣，走向更加健康的可持续发展之路。

五、萤石

萤石又称氟石，其中颜色艳丽、晶莹剔透、形态美观的萤石作为观赏石和工艺品用石颇受人们喜爱，享有"世界上最丰富多彩的矿物"的美誉。萤石几乎可以呈现任何一种颜色，因此很多人称之为"彩虹宝石"。

萤石具有神秘的荧光和磷光效应，在紫外线或阴极射线照射下，会发出如同萤火虫一般闪耀的荧光，有些在撤去光源的情况下还能持续发出磷光，故常常被称为"夜明珠"（图1-2-24）。

萤石是一种常见的卤化物矿物，其主要成分是氟化钙（CaF_2）。萤石颜色丰富多彩，以紫色、蓝色、绿色最

图1-2-24 萤石"夜明珠"

为常见,其晶形奇特完美,常呈晶簇状,若与石英、方解石、黄铁矿、黄铜矿等矿物共生,形成色彩搭配完美、晶体错落有致的矿物集合体,更是具有很高的科研价值、观赏价值和收藏价值(图1-2-25)。

图1-2-25 萤石

浙江省为我国主要萤石产地,全省探明的萤石资源储量位居全国第三位,赋存其中的精美萤石矿物晶体观赏石和宝石级萤石在海内外享有盛誉。浙中、浙南多地有大量萤石矿分布,其中以金华市武义地区的萤石矿最为知名,故有"中国萤石看浙江,浙江萤石看武义"之说。

萤石工艺利用历史悠久,七千多年前的浙江余姚河姆渡人已经开始将萤石制作成装饰品使用,良渚文化遗址也出土了一些萤石材质的精美玉器。

随着改革开放,极具科研价值和艺术观赏价值的矿物晶体开始走进大众的视野。色彩缤纷、形态精美、晶莹剔透,而且常常伴有美丽的色带和精致的生长纹理的浙江萤石观赏石,逐渐走上了世界矿物晶体标本的舞台,其独特的观赏性和收藏价值也为大众所知晓。

随着珠宝玉石产业的蓬勃发展,萤石雕刻制作工艺也异军突起。聪颖勤奋的浙江匠人,将玉石雕刻技法创新拓展应用在艳丽多姿、晶莹剔透的萤石上,使萤石雕刻成为继东阳木雕、青田石雕之后的"浙江第三雕",萤石开始用于制作球体、花瓶,甚至用于雕刻造型复杂的制品等(图1-2-26)。

随着宝石切磨工艺技术的日益精进,当地匠人改进切磨设备、创新切割加工技艺,萤石切磨成刻面宝石的工艺得以突破。经过精心打磨和镶嵌,萤石开始创造性地以晶莹剔透的珠宝首饰新形象面向世人(图1-2-27)。

图1-2-26 萤石工艺品(萤石,图片来源周翠芳)

图1-2-27 萤石饰品(萤石,图片来源周翠芳)

萤石资源的勘察、开发、利用,为经济社会发展作出了重要贡献。长年不断地开挖消耗,萤石的储量已经日益减少,其中工艺品宝石级的萤石资源更是日益稀缺。目前,浙江萤石正沿着资源科学综合利用、优矿优用、创新发展的道路前行。

第二章 浙江特色玉石各论

第一节 青田石

青田石名称源于产地浙江省丽水市青田县,因其质地温润、色彩丰富、花纹奇特、硬度适中、爽脆宜受刀而成为著名的印章石(图 2-1-1)和玉石雕刻石,以清淡雅逸的青色为主调,是中国篆刻艺术应用最早、最广泛的印材之一,被尊为"印石之祖",与寿山石、昌化石、巴林石并称为"中国四大名石"。

图 2-1-1 青田石群章

一、青田石概况

青田建县于唐睿宗景云二年(公元 711 年),据清康熙《青田县志》记载,县城因北隅山麓水田盛产青芝而得名芝田,后改叫青田。青田县地处浙江省东南部,瓯江中下游。北与缙云毗邻,南邻瑞安、文成,西濒丽水、景宁,东与温州相连,属浙东南中低山区。

青田县(图2-1-2)位于浙江省南部山岭地带,属蜿蜒的括苍山余脉和洞宫山脉。地形复杂,切割强烈,千嶂万壑,有90%的区域为山地,一条瓯江斜贯境内,素有"九山半水半分田"之称。青田境内千岩竞秀,水碧山青,人文景观棋布星陈,交相辉映,最为突出的是"一江二石":一江指的是穿城而过的一江春水——瓯江;"二石"指有着"括苍四胜"美誉的国家AAAA级景区石门洞,以及历史悠久、中外闻名的青田石雕。

图2-1-2 青田县

"金生丽水,石出青田"。青田石是我国传统四大名石之一,是中国篆刻用石最早的石种。

青田石质地细腻、色彩绚丽、柔而易攻,其石雕艺术品雕工精细、气韵生动,深受古代篆刻家以及文人墨客的青睐与推崇。郭沫若曾有诗赞之曰:"青田有奇石,寿山足比肩。匪独青如玉,五彩竞相宜。斧凿夺神鬼,人巧胜天然。"

青田石是以叶蜡石、地开石、高岭石、绢云母、伊利石等为主要矿物的黏土矿物质玉,常伴生在叶蜡石矿中(图2-1-3)。

狭义的青田石指产于青田一带的可用于治印和雕刻的具有工艺价值的玉石材料,广义的青田石则是指分布在泰顺、昌南、常山、嵊州、天台等浙江省多地,与青田石雕所用材质类似的叶蜡石类具有工艺价值的玉石材料。本节讨论狭义青田石。

图 2-1-3 青田石

1. 青田石地质成因

特殊的地质条件孕育出了稀有的青田石矿脉，青田石主要赋存于晚侏罗世及白垩纪中酸性火山岩中。

距今 135~115Ma 的早白垩世，火山活动非常活跃，岩浆大面积喷发，使得三分之二的浙江大地都被白垩纪的火山岩覆盖。

地壳运动造成了区域内断裂构造发育，为热液的上升提供了良好的条件。区域断裂与火山构造复合，形成了火山盆地，在火山活动过程中，富含硫酸根离子和氢离子的酸性热液沿火山构造（包括断裂构造）上升，与盆地中堆积的火山碎屑岩发生水岩交代蚀变，使火山碎屑岩脱硅、去杂和富集铝质，生成叶蜡石，其中色彩丰富、质地细腻的叶蜡石便是具有工艺雕刻价值的玉石材料——青田石。

青田石组成矿物的种类及其组分含量决定了石质的软硬以及透明度的高低。

一般来说氧化铝含量越高石质越软，易于篆刻雕琢，许多优质青田石诸如蓝星、白果、蓝钉等都属于高铝品种；与之相反，氧化硅、氧化铁含量越高石质则越硬，高硅高铁质的青田石一般来说石质不够细腻，不透明，具砂感，硬度较高，不利于篆刻雕琢。

青田石的石色与其组成矿物种类及混入的微量致色元素有关。青田石在漫长的蚀变过程中，各种致色物质因地质作用挤压浸入，并相互浸染、胶结、聚集而成各色奇巧纹理，自然天成、巧夺天工、美不胜收。

2. 青田石资源状况

"青田,青田,叠石成田"。青田县叶蜡石资源极为丰富(图2-1-4),是我国叶蜡石成矿地质条件最好的地区之一,但主要为低铝矿石,能够用于雕刻治印的叶蜡石(青田石)资源储量较少。随着青田石长期的开采,高品质的石种日渐枯竭。据2017年浙江省第十一地质大队对青田阜山镇周村矿区雕刻石矿的地质勘查,全矿区雕刻石含矿率约为1.20%,冻石含矿率平均在0.6%左右。

据调查,目前青田全县叶蜡石矿产地有12处,有大、中、小型矿山7座,全县累计查明叶蜡石资源量超过5800万t,保有叶蜡石资源量1211万t(不含在山口外围普查),但能够用于雕刻治印的青田石资源储量却很少,其中高品质的冻石更是少之又少。

图2-1-4 青田叶蜡石矿山

1)分布特征

青田石分布于青田县的山口、方山、石门头、塘古、山炮、白岩、岭头、季山、周村、下堡等十几个乡镇,其中以山口、方山、周村等地叶蜡石矿的规模为大。

山口—方山一带统称为山口矿区,又称"内矿区",为青田石主要产地,以青田石储量丰富、品质优良而闻名。山口矿区之外的其他青田石矿区称"外矿区",主要指季山、岭头、塘古、武池、白岩、山炮等矿区,也是青田石的重要产地。

山口-岭头叶蜡石开采区位于山口镇西侧,阜山、仁庄、汤垟一带,面积约166km²。其中,山口叶蜡石集中开采区面积22km²,山口产区的矿化带呈北东向展布,全长6000余米,自北向南分尧士、封(门)、旦洪、白垟、老鼠坪5个矿段,为特大型叶蜡石矿床,其储量占全省叶蜡石的四分之一。

青田县山口叶蜡石矿的矿体最长达1050m,最厚处达48.11m。其中含有青田石的矿体呈层状、似层状、透镜状、扁豆状、不规则团块状、星点状或细脉状产于变质火山岩中,或断续出露于酸性熔岩夹火山碎屑岩层中,连续性差。其规模大小变化很大,特别是较纯的雕刻石,最小的只有几十厘米,大矿体能达到10~20m。叶蜡石矿床中分布有大量的质地温润如玉、颜色丰富斑斓、图案精美奇特的宝石级矿体(图2-1-5)。

封门矿区:封门产出的青田石质地温润,石性结实,色彩明朗。灯光冻、封门青、黄金耀、封门三彩、蓝星、蓝带等著名品种均由此矿区产出。

旦洪矿区:产出灯光冻、黄金耀、金玉冻等著名品种,以及五彩冻等优良品种。

白垟矿区:产出名品有夹板冻和芥菜绿等。

尧土矿区:产出名品有紫檀花冻、金玉冻、猪油冻等。

以上矿区现只有白垟矿区仍在开采状态,封门矿区仅剩零星开采。

季山、周村矿区:产出名品有龙蛋石、葡萄冻、竹叶青、红木冻等。

山炮矿区:产出色彩艳如翡翠的特色品种山炮绿。

图2-1-5 精美青田石

2)矿化蚀变

青田石矿区围岩蚀变强烈,蚀变主要有叶蜡石化、硅化、次生石英岩化、绢云母化、伊利石化、高岭石化、黄铁矿化等,此外还可见绿泥石化、硬水铝石化、刚玉化等。

蚀变矿物在水平方向上没有明显的划分,而垂直分带现象却较为明显,自上而下沿垂直方向可分为5个渐变过渡的蚀变相带,分别是:绢云母相带,蚀变矿物主要为绢云母;富石英相带,蚀变矿物主要为石英,并含有少量绢云母、黄铁矿等;叶蜡石-石英相带,蚀变矿物主要为叶蜡石、石英,并含有伊利石等;

绢云母-石英相带,蚀变矿物主要为绢云母、石英;黄铁矿-石英相带,蚀变矿物主要为黄铁矿、石英。青田石主要产出于叶蜡石-石英相带。

3)资源利用

俗语说:"直岩下,横岩腰,十万黄金耀",说的即是青田石的价值连城。

山口矿区有500多年开采历史,早在清代青田石矿的开采已具相当规模,其中封门洞"岩穴深广,可容百余人",其他则多为"老鼠洞",开采极为艰难。据史料记载,矿工凭借经验进行开采,需要先寻找脉线,再进行凿石逐层深入,开凿矿洞极为劳苦、危险。这种原始的开采方法,即便寻得脉线,向内挖出的矿洞中也未必有理想的石料。这种粗陋的开采方法一直延续到民国时期。

20世纪20年代,叶蜡石逐渐转型为工业原料。叶蜡石的综合利用一方面促进了资源的开发,但同时也带来新的矛盾,出现"垄断图书石,大有妨碍雕刻工人之原料"的纠纷。

20世纪50年代以后,钻机等现代开采设备得以运用,开采量增加的同时,以工艺用石开采为主转向以工业用石开采为主。随着青田叶蜡石矿的建立,工业用叶蜡石的产量在不断增长,但由于炸药的使用、资源的消耗,雕刻用的青田石的产量却在起伏中下降。除青田叶蜡石矿外,还有山口、方山一带的农民在山上进行私人开采,他们沿用了旧时的开采方法,大多矿洞狭小。另外,季山一带也常有少量开采,岭头则开采规模相对较大,塘古也是开采的重要矿点,矿洞遍布山岗,出产较多。

随着时间的流逝以及开采技术的不断改进,叶蜡石资源消耗速度极快。早年产出许多佳石的矿洞有的近于绝产被废弃,有的被禁止开采,青田石日渐稀缺。

由于青田石价格涨幅巨大,矿区内不断发生私挖滥采、生态遭到破坏等现象。

2015年,央视财经《经济半小时》播出了《青田石:被"掏空"的大山》,曝光了青田石被过度开采、无序开采以及偷采的现象,山体千疮百孔,不仅影响生态环境,安全隐患也巨大。青田石的乱挖滥采被紧急叫停,当地政府部门通过对矿区停产整顿,并实施"严厉打击偷盗矿""修复矿山生态"等一系列措施,进行综合整治,科学规范开采,促进青田石产业长期健康有序发展。

行业的快速发展使得青田石资源的需求不断增加,能够用于雕刻治印的青田石资源消耗极快。惊人的开采速度以及资源的不可再生,使得早年产出许多优质石材的矿洞不少濒临绝产,青田石已经面临短缺(图2-1-6)。

近年来青田小城积极打响"石文化之都"的品牌。面对青田石资源日益枯

图 2-1-6　青田封门矿区

竭的困境,当地在加强原石保护的同时,积极引进其他物性类似石种,使古老的石雕产业和石雕文化得到创新性的发展,焕发出新的活力。

3. 青田石产业发展

1) 青田石·历史传承

青田石的开发利用可以上溯到新石器时代。

据相关资料,浙江河姆渡遗址出土的用青田石制成的珠子以及碟形器物,源于距今约7000年的河姆渡文化时期;浙江湖州出土的工艺精美的青田石制品"青田璜",源于距今约6000年的崧泽文化时期。在浙江省博物馆藏有六朝时代(公元222—589年)墓葬用的4只青田石雕小猪(图2-1-7)。在浙江新昌十九号南齐墓中,也出土了永明元年的两只青田石雕小猪,小石猪虽造型简单粗犷,但神形兼备。这些遗存都一一刻录着青田石雕跨越数千年的历史记忆。

图 2-1-7　六朝墓葬用握猪

握猪

古代离世之人手中所握的猪形葬品。猪,代表着财富,古人认为死时手握猪,相当于握着财富,表示财富伴死者而去。

青田石是中国最早开发的印石,在中国篆刻史上,做出了独一无二的贡献。青田石雕在数千年的发展历程中形成了独特的地域艺术风格、审美特质和艺术价值。

在唐宋时期就有不少篆刻名家钟情于青田石治印。唐代高度发达的文化艺术熏陶了青田石雕的技艺,到五代吴越时期青田石雕技艺已达到一定的水平,从制作简朴的实用品发展到能雕刻写实、生动精细的艺术品。

元明时期,许多青田冻石被文人墨客用作篆刻印材,开创了篆刻艺术昌盛的局面。此时的青田石除大量用于制作印章外,还应用于雕刻文房用具以及石碑、香炉、佛像等物品,此时的青田石雕已体现较高的圆雕技艺水平。

光绪《青田县志》有"赵子昂始取吾乡灯光石作印,至明代石印盛行"的记载,说的就是元朝赵孟頫开始用青田灯光石治印,至明代青田冻石便已风行印坛、名扬四方,并开始进入宫廷。被后人称为"文何流派"的文彭、何震等明代中叶篆刻大家对青田石情有独钟,喜爱以青田灯光冻自篆自刻,引来众多文人雅士竞相自制石印,掀起了以石质印材代替金、玉、铜、牙的材质变革,开启了以石替铜的石印时代,青田石从此确立了其作为优质印材的地位,石印篆刻艺术因此迎来了流派纷呈、生机勃勃的昌盛局面。

清代和民国初期,中外文化交流促进了工艺美术的繁荣与发展,青田石印章技艺达到了顶峰。文人对青田石的钟爱,促使青田石作为江南名品大量被选作贡品进入宫廷,而王宫贵族的喜爱又进一步树立了青田石的社会地位,促使文人墨客热衷于以青田石治印。

乾隆八旬万寿节,大臣们集乾隆御制诗文中有"福""寿"字样的句子,用青田石中的极品——封门青,制作了一套共计120方(各60方)的《宝典福书》《元音寿牒》印章(图2-1-8),分上、下两层装在紫檀木匣内,作为给乾隆皇帝的寿礼,现存北京故宫博物院。以诗书画"三绝"著称"扬州八怪"之一的郑板桥,著诗:"小印青田寸许长,抄书留得旧文章。纵然面上三分似,岂有胸中百卷藏。"表达了当时文人对青田石治印的狂热和挚爱。

有人说,"华侨是出国的石头,石头是不出国的华侨"。随着远洋商贸开通,青田石雕远销英、美、法等地,石雕作品同时参选国内外展览或国际性的工艺美术赛事。1853年青田石雕在南美路易斯赛会首次参加国际展出;1915年

图 2-1-8 青田石印

在美国旧金山举办的"巴拿马太平洋万国博览会"上,青田石雕作品脱颖而出,荣获多项大奖,从此青田石雕享誉海外。

民国时期到抗日战争之前,青田石雕行业持续稳定发展,产品行销国内外,内销的石雕作品以美术欣赏品居多,外销的石雕作品以实用品为主。抗日战争爆发后,青田石雕行业受到严重影响,跌入低谷。

中华人民共和国成立后,青田石雕重现活力,石雕技艺得以恢复、发展和繁荣。1964年,郭沫若到青田参观石雕工厂,面对琳琅满目的石雕作品,挥毫写诗,热情赞扬青田石雕"斧凿夺神鬼,人巧胜天然"。20世纪70年代,在周恩来总理等党和国家领导人关心下,青田石雕产业逐渐恢复并快速发展,作品质量及产销都达到前所未有的高度,涌现出林如奎、倪东方等一大批优秀艺人,以及《更喜岷山千里雪》《咏梅》《高粱》等一大批优秀作品,青田石雕行业进入了一个全新的发展时期。

改革开放后,青田石雕展现出勃勃生机,沉淀了数千年文化的石雕工艺逐渐提升至中国石文化艺术的高度。这一时期,青田石雕艺术出现了前所未有的繁荣,一批石雕艺术家无论是创作风格、雕刻水平、意境审美都更趋成熟,作品在全国各种工艺美术大赛中获奖无数,赢得极高声誉,青田涌现出大批石雕精品以及诸多国家级、省级工艺美术大师。

1992年,邮电部发行了中国第一套4枚石雕特种邮票,为青田石雕树立了具有划时代意义的里程碑,奠定了青田石雕在中国工艺美术领域的重要地位(图2-1-9)。

图2-1-9 特种邮票作品《丰收》

青田石雕作为拥有深厚文化内涵及独特精湛工艺的艺术品,频频成为外交国礼。1956年,印尼总统苏加诺访华、苏联最高苏维埃主席团主席伏罗希洛夫访华,1972年美国总统尼克松访华,1978年中国领导访问朝鲜,都以青田石雕作为礼物馈赠(图2-1-10)。近年来,青田石雕荣登上海世界博览会、北京亚太经合组织领导人非正式会议以及二十国集团领导人(G20)峰会的舞台,向世界展示了中华文化的独特魅力。

图 2-1-10 青田石雕国礼

2）青田石·创新发展

有着数千年历史的青田石,是中国印石史上一颗璀璨的明珠,也是中国玉石雕刻史上一颗闪耀的明星,在古今的碰撞中承载了绵延不绝的中华文化,以及以诚为本、追求卓越、敢为人先的青田精神。

（1）产业发展

青田县政府一直以来非常重视石雕产业发展,1998年起,先后牵头成立了青田县石雕行业协会、青田石雕研究中心、青田石雕行业管理办公室（后更名为青田石雕产业保护和发展局、青田县石雕产业保护和发展中心）,对青田石资源的保护和综合利用、石雕行业的创新发展、青田石文化的继承弘扬,起到了重要的作用。

2001年以来,当地政府投资数亿元,打造了两大专业市场——中国石雕城和中国石雕工艺品市场,成立了石雕工业园区,形成了中国规模最大的石雕产业集群。以原石交易、雕刻加工、市场销售为依托构建了石雕文化产业带,培育了一批民营石文化龙头企业,积极引进巴林、寿山、昌化等名石并在青田建立交易场所,让世界名石汇聚青田,打造名石交易集散地。

青田将石雕文化和旅游相结合,努力提高产业附加值。占地1.2万 m^2 的青田石雕博物馆（图2-1-11）于2006年正式对外开放,馆藏有五代六朝以来的青田石雕作品共2000多件,成为国内集收藏、展示、研究石雕艺术于一体的重要展馆。

青田县政府建设了中国首个以石文化为主题的青田石文化公园（图

2-1-12),以自然石、图腾柱、石印等形式向人们展示了千年的印石文化。

至此,以青田石雕博物馆为中心,结合中国石雕城、青田石文化公园等石文化产业基地,青田打造了全国首个以石文化为主题的AAAA级国家旅游景区。

图2-1-11 青田石雕博物馆　　　图2-1-12 青田石文化公园

近年来,青田石资源日益枯竭,为摆脱石雕资源日渐稀少的困境,青田引进其他产地的优质石种,石雕艺人巧用各地美石,因材施艺创作各式精美艺术品,使石雕技艺得以传承发展。

与此同时,为实现青田石文化创新性发展,吸引更多的年轻消费者,顺应石雕文创产品需求大的现状,逐步形成传统与时尚相结合、手工与流水线制作共同发展的产业格局,使青田石雕产业在传承和创新中焕发生机。

青田石雕紧跟数字化应用的步伐。青田县依托区块链、大数据等技术,自主开发了集青田石雕作品申报、管理、溯源三端应用于一体的服务平台——青田石雕溯源平台,用手机扫描作品专属二维码,便可以查询石雕作品的详细信息(图2-1-13)。石雕创作者可以通过在线申报,把自己的作品上传到该平台,保护自己的合法权益;石雕消费者在平台上可以实现在线查询,买得安心、买得放心;同时也保障石雕作品的真实性和可信性,促进了石雕产业健康、有序发展。

青田积极开展"青田石雕"的品牌建设。青田石雕成功入选第一批国家级非物质文化遗产名录以及第一批国家传统工艺振兴目录;青田县石雕产业保护和发展中心被列入《国家级非物质文化遗产代表性项目保护单位名单》,获

43

图 2-1-13　青田石雕溯源平台

得青田石雕保护单位资格;青田县先后3次获得中国轻工业联合会和中国工艺美术协会共同授予的"中国石文化之都·青田"的荣誉称号。

目前青田县石雕从业人员达2万多人,专业石雕创作人员2000多人,形成了一支拥有国家级工艺美术大师8人、省级工艺美术大师59人、市级工艺美术大师61人的梯式创作队伍,为青田石雕技艺的传承发展、青田石文化产业综合实力的全面提升提供了人才保障。

(2) 创意创新

20世纪90年代,随着改革开放的深入,石雕产业的活力进一步得到释放,雕刻人才队伍不断壮大,名家名品辈出,青田石雕行业处于前所未有的繁荣。在青田县政府相关部门和行业的积极推动下,对青田石文化的丰富内涵进行了较为深入的挖掘,形成了青田石雕的理论体系,《青田石全书》《青田石雕技法》《青田石雕图鉴》等专著受到广泛认可,对石雕行业的创新发展起到了重要的作用。

岁月流转,青田石雕资源日渐稀少,青田县以开放的胸怀,创造性提出"天下石,青田雕"的口号,将四川雅安绿、辽宁石、蓝田玉(图2-1-14)、老挝石(图2-1-15)、印度石等来自国内其他产地以及世界各地的类似玉石品种,汇聚到青田,来传承发展青田石雕技艺,彰显了其敢为人先的创新精神,使得青田石雕作品百花齐放,雕刻技艺日益精进。

青田石产业在创新中不断发展,通过传统与时尚的结合,使石雕产业"潮"

图 2-1-14 《玉树临风》
（蓝田玉，周蒋文）

图 2-1-15 《东方之魁》
（老挝石，徐伟军）

起来。近年来当地引入 3D 数字雕刻技术，建立了石雕"数字工厂"，组建了专业文创设计团队，研发出了大量与青田石雕相关的旅游商品、时尚饰品、博物馆衍生品、城市礼品等文创产品，同时通过定期举办石雕文化节等方式（图 2-1-16），使青田石雕这一祖国艺术宝库里的瑰宝进一步得到保护、传承和创新发展。

图 2-1-16 青田县石雕文化节

青田石雕的受众主要集中在文玩和收藏圈。为了吸引更多人了解石雕、接触石雕，推动石雕艺术普及到大众，政府积极将青田石雕与文化"融合"、与时尚"碰撞",开辟产业发展新路径,推动产业创新再发展,促使石雕文化"破圈"。

随着新媒体技术的迭代升级,青田石雕也借助短视频、直播等各种新媒体形式,从小山城走向大世界。青田石雕小镇设立了全国首家石雕抖音电商直播基地——青田抖音电商直播基地(图2-1-17)。2022年石文化产品日平均发货量达2800多单,年销售额突破6.5亿元。"直播＋石雕＋石文化"的销售模式带来良好的经济效益的同时,也为青田的石文化产业发展注入了全新的活力。

图2-1-17 青田抖音电商直播基地的直播间

青田人杰地灵、人文荟萃,石雕历史悠久,文化积淀深厚。青田石雕小镇被列入《浙江省首批历史经典类特色小镇创建名单》,并成功通过验收。小镇围绕青田石雕,开展石雕作品创作、石雕文化传承、石雕人才引育及石旅融合等石雕全产业链平台的构筑,成功助力青田擦亮"中国石文化之都"这张金名片。

火山爆发,熔岩奔涌,日月光照,雨露滋润,大自然在青田的大山中孕育的青田石这一天然瑰宝,在一代又一代石雕工匠的辛勤耕耘和精心创作中,成为中国传统艺术宝库中的一颗璀璨明珠,熠熠生辉,历久弥新。

二、青田石基本特征

1. 青田石矿物组成

青田石矿物成分及组合复杂,大多以叶蜡石为主要矿物成分,少数以地开石、伊利石、绢云母为主要矿物成分;次要矿物主要有刚玉、蓝线石、石英、红柱石、硬水铝石、黄铁矿等,次要矿物成就了青田石丰富的色彩和图纹。

2. 青田石基本性质

1)颜色

青田石颜色丰富,主要颜色有青白、浅绿、浅黄、黄绿、淡黄、紫蓝、深蓝、灰紫、粉红、灰白、灰、白等,五彩斑斓,绚丽多姿,花纹奇特(图2-1-18)。

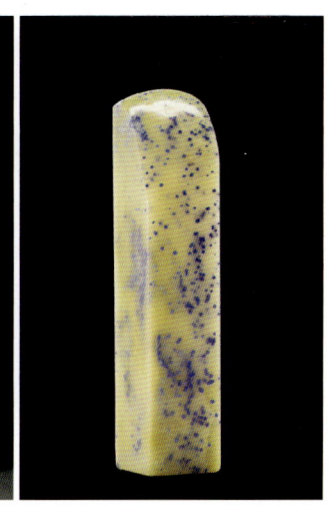

图 2-1-18　各色青田石

青田石的颜色主要源于其矿物组合及所含微量致色元素。

较纯叶蜡石组成的青田石多呈青黄、黄绿色调,例如青田石中著名的灯光冻、封门青等品种。

当青田石中含有其他次要矿物成分或微量致色元素时,会呈现不同颜色,如含黄铁矿呈黄色、棕黄色,含赤铁矿呈红色、红褐色,含刚玉或蓝线石呈蓝色,含红柱石呈粉白色、肉红色,含绿泥石呈绿色;含钛元素呈淡红色,含锰元素呈紫色;含有机质碳呈褐色、深黑色等。

青田石还常常由于各种颜色矿物相互浸染、压固、胶结而形成美丽的图纹。例如青田石中颇具代表性的"三蓝"品种[蓝星、蓝带、蓝(花)钉],其淡青黄色基质中,分布有不规则团块状、条带状、星点状蓝色矿物集合体而形成美丽纹理。

2）光泽

青田石多数呈蜡状光泽,质量上等的呈油脂光泽。青田石光泽与质地密切相关,结构致密、质地细腻的青田石光泽较强,呈油脂光泽;结构疏松、质地粗糙的青田石光泽较弱。

3）透明度

青田石多数为半透明—不透明,少数高档青田石可达半透明—透明。

青田石的透明度与所含矿物的纯净度、所含矿物成分及结构致密程度有关。当青田石由较为纯净的叶蜡石组成,呈浅色,且结构致密、细腻时,则透明度较高,为半透明—微透明;当青田石中含有其他深色次要矿物,如黄铁矿、赤铁矿、绿泥石等,则石色变深,透明度降低;如果组成矿物颗粒松散,结构粗糙,则透明度较低,呈微透明—不透明。

4）密度

青田石的矿物成分复杂,组成矿物种类及含量、组成矿物颗粒之间的致密程度(若存在微裂隙,密度会略降低)等,都会影响其密度,使其在一定范围内变化。青田石的密度通常为 $2.65\sim2.90g/cm^3$。

5）硬度

青田石的硬度较低,莫氏硬度为 2～3,适于治印。青田石的硬度受矿物成分变化影响,矿物成分中氧化铁、氧化硅含量越高,硬度越高。

青田石因硬度低、韧性好、易于受刀的特点,成为优质的篆刻和雕刻材料。

6）净度

净度指青田石的内部和外部特征(如杂质和缺陷等)对其美观或耐久性的影响程度。

按青田石表面和内部的杂质、裂隙缺陷等瑕疵的多少及所处位置对其进行净度评价,常分为纯净、较纯净和微瑕。一般来说,青田石所含杂质或裂隙缺陷等瑕疵越少、所处位置不明显、对外观的影响越小,则净度越好,相应品质也就越高。

7）质地

质地是指组成青田石的矿物颗粒的种类、大小、形态、均匀程度及颗粒间结合方式等,具体表现在青田石的透明度、细腻度、纯净度及光泽、硬度等方面,关系其品质和价值。

行业内常常将青田石按其透明程度、质地分为青田冻石和普通青田石。

青田冻石指透明度较高(可达半透明—透明的状态)、质地较好的青田石。青田冻石由纯度极高的隐晶质叶蜡石组成,大多呈青白色或浅黄色,质地细腻,温润晶莹,质纯无杂,是青田石中珍贵、稀少、极具特色的品种。

普通青田石指不透明的青田石,质地相比青田冻石略微逊色,为青田石主要品种,产量占比高,其中不乏大量石质温润、色彩丰富、纹理精美的精品珍品。

三、青田石分类

青田石既适宜用作篆刻治印,又适宜用于雕刻艺术,具有"雅俗共赏"的品格和诱人的魅力,因清新雅致、坚韧灵秀又被称为"石中君子",深受喜爱。

由于青田石组成复杂,品种繁多,了解其种类对于青田石鉴评极为重要。目前行业尚无统一的分类命名方法标准,通常有主要矿物分类法和行业内常见约定俗成分类法。前者相对客观科学,后者则通俗形象、方便实用。

1. 按主要矿物分类

按主要矿物成分,青田石可分为叶蜡石型和非叶蜡石型两大类,非叶蜡石型又可分为地开石型、伊利石型和绢云母型。

叶蜡石型的青田石占大多数,以封门青为代表。封门青产于青田县山口镇封门矿区,质地细腻,微透明,其色淡青,如春天萌发的嫩叶,为青田石中精品(图2-1-19)。

图2-1-19 叶蜡石型青田石(封门青)

地开石型青田石类的品种有灯光冻、冰花冻等,质地细腻,透明度高于叶蜡石型青田石(图2-1-20)。冰花冻细密温润,半透明,常见片状或絮状肌理,因色泽、质地等与灯光冻类似,又称冰花灯光冻。

图2-1-20　地开石型青田石(冰花冻)

伊利石型青田石以竹叶青和部分龙蛋石品种为代表。

竹叶青青中带绿,质地细腻莹润,石性稳定,刀感爽脆;龙蛋石多为椭圆形,外壳坚硬,呈深褐色或紫色,内藏浅色莹润如玉的冻石,有"藏娇石"的美称(图2-1-21)。

图2-1-21　伊利石型青田石(龙蛋石)

绢云母型青田石以山炮绿为代表，因颜色青绿似翡翠，又有"青田翡翠"之称。其质地细腻温润，性质比较稳定，常见白色斑点、黄色斑块、绺裂等表面特征，纯净的相对比较少见(图2-1-22)。

2. 行业常见分类

青田石品类众多，在行业的长期发展中，当地约定俗成了一些分类方法，并在行业内得到广泛应用。如以常见的产地矿区(坑口)分类、透明度(质地)分类、颜色分类，以及结合产地、颜色、透明度、纹理等特征进行综合分类。

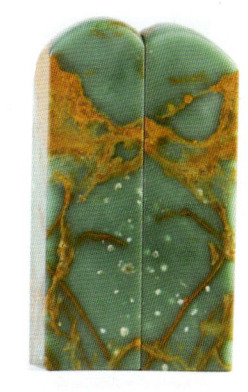

图 2-1-22 绢云母型青田石(山炮绿)

1)产地矿区分类

长期以来当地将青田石以其出产的地域矿区来分类命名，并一直沿用至今。

（1）山口矿区

山口矿区又称"内矿区"，是青田石主要产地，包括山口至方山一带的封门、尧士、旦洪、白垟、老鼠坪矿区。依此按产地矿区将青田石分为封门石、尧士石、旦洪石、白垟石、老鼠坪石。青田石中的高档品种如灯光冻、封门青、黄金耀、金玉冻等，大多出于该矿区。

（2）外矿区

外矿区指山口矿区之外的其他青田石矿区，距离青田县城相对较远，主要有季山、岭头、塘古、武池、白岩、山炮等矿区。依此按产地矿区将青田石分为季山石、岭头石、塘古石、武池石、白岩石、山炮石等。

2)透明度(质地)分类

一般来说，青田石的透明度与其矿物组成、质地纯净度、结构致密程度等相关。行业内依据透明度的高低、质地好坏将青田石分为青田冻石和普通青田石，然后在此基础上再按颜色进一步细分。

（1）青田冻石

青田冻石指质地细腻、温润如玉、光泽较强、透明度较高、呈透明—半透明的青田石(图2-1-23)。著名的如灯光冻、红花冻、金玉冻、紫檀花冻、葡萄冻、朱砂冻、红木冻等品种，产量极为稀少，为青田石中珍品。其中，色彩美观、图纹精致的冻石更是可遇而不可求的极品。

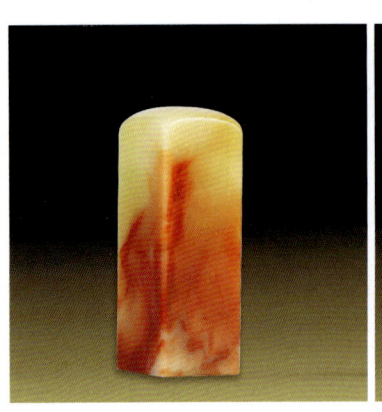

图 2-1-23 青田冻石(红花冻,紫檀花冻)

(2)普通青田石

普通青田石指不透明的青田石,质地相比冻石略微逊色,为青田石主要品种。普通青田石色彩丰富,按颜色特征,可以细分为白青田、绿青田、蓝青田、紫青田、红青田、灰青田等品种。

普通青田石并非是品质普通,按其颜色、石质、光泽、硬度等也有品质高低之分。其中色彩美观、图纹精美、细腻温润、清亮莹洁的品类,深受欢迎,极具收藏价值(图 2-1-24)。

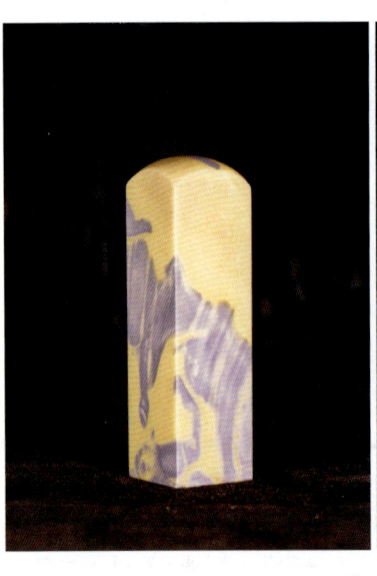
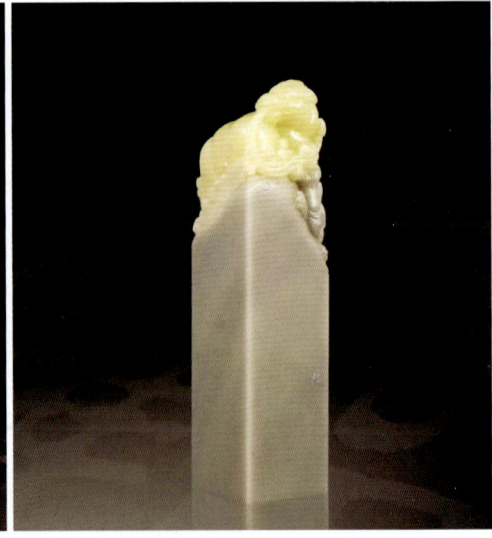

图 2-1-24 普通青田石(蓝带,封门双彩)

3)颜色分类

浙江青田石的色彩丰富,不仅表现在其颜色的多样性,还表现在一块石头上可能同时具有多种颜色,有的甚至多达十几种颜色。依颜色的种类数可以将其简单分为单色青田石和多色青田石。

(1)单色青田石

单色青田石呈青白、乳白、紫、灰紫等单一色。具油脂光泽或土状光泽,由叶蜡石、绢云母或叶蜡石化凝灰岩等组成。如封门青、灯光冻、黄金耀等,为青田石的主要品类(图2-1-25)。

黄金耀　　　　　　　灯光冻

图2-1-25　单色青田石

(2)多色青田石

多色青田石集多种颜色于一石,即不同颜色矿物以条带状、团块状、斑点状等各种形式分布在浅色叶蜡石基底上(图2-1-26)。如深蓝色斑点镶嵌在浅灰色叶蜡石上的"蓝星",以及美艳的封门三彩、封门五彩、紫檀花冻等,为青田石的重要品类。

4)综合分类及主要石种

青田石色彩绚丽、纹理奇特、质地各异、种类繁多。长期以来行业内广泛使用的是结合产地矿区、颜色、纹理、透明度(质地)等特征进行综合分类的命名法,此法虽然通俗形象,但很难精准统一。青田石研究学者夏法起先生为此进行了大量的调查研究,在20世纪80年代将有记载的青田石名称重新研讨

| 蓝星 | 封门五彩 |

图 2-1-26　多色青田石

归类,整理出品种名称 100 余种,我们对其中一些主要石种进行简单介绍。

(1) 灯光冻

灯光冻又名"灯光石""灯明石"。青色微黄,素雅细腻,通莹纯净,呈半透明—透明,产于青田山口一带,封门、尧士、旦洪、白垟等地均有产出。灯光冻质地温润、明洁如玉,在灯光照射下温暖柔和,灿若灯辉,刀感极佳,为青田石中最上品(图 2-1-27)。

图 2-1-27　灯光冻

(2) 封门青

封门青又名"风门青""风门冻"。青中偏绿，微透明，常隐现有白色、浅黄色线纹，因产于青田县封门山而得名。封门青质地极为细腻，淡雅清新，秀润通灵，有"石中之君子"之称，行刀脆爽，属青田名石（图2-1-28）。

(3) 兰花青田

兰花青田又名"兰花""兰花冻"。色青泛绿，明润微透，纯净清雅，产于山口一带。兰花青田质地细润，如兰花般秀美、韵味悠长，适于奏刀，是极佳的印材，产量极少，是青田石中的珍稀品种。

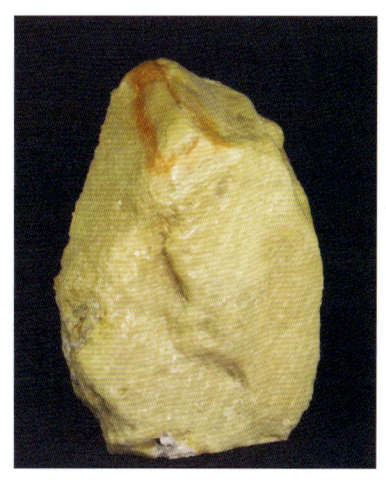

图2-1-28 封门青

(4) 封门三彩

封门三彩往往在黑、棕两色块间夹一层青色薄层，有时也会黑、青、黄、棕、蓝、红多色并存一体。"三彩"是指多色，产于封门，故名"封门三彩"。封门三彩质地细润、多彩明艳，集封门青、黄金耀、封门黑、酱油冻等名石于一体，适于俏色精雕，十分罕见，属青田石中名贵珍品（图2-1-29）。

图2-1-29 封门三彩

(5) 封门三蓝

封门三蓝指封门青田石中的蓝星、蓝（花）钉和蓝带。在青色、黄色、灰色青田石料上分布有星点状或条带状的蓝色矿物，若色泽绚丽、图纹悦目，则是可遇而不可求的石中珍品，产于山口封门一带（图2-1-30）。

青田石料上伴生蓝色矿物为蓝线石，若呈星点状分布，称蓝星；若呈条带状、片状分布,则称蓝带。

青田石料上伴生蓝色矿物为蓝色刚玉(宝石级称蓝宝石),若呈斑点状或球块状分布,则称蓝钉,也称"蓝花钉",其外观和蓝星青田石相似;若呈条带状、片状分布,则称蓝带。

青田石中的蓝带大多以蓝色刚玉为伴生矿物。

图2-1-30 蓝星和蓝带

(6)黄金耀

黄金耀呈艳丽妩媚的亮黄色,质地细腻,温润纯净,产于封门等地。黄色是富贵的象征,寓意吉祥如意,深受国人喜爱。黄金耀雍容华贵,晶莹润泽,净润如玉,柔中带脆,适于奏刀,是最好的黄色青田石。大块黄金耀极为少见,价值极高(图2-1-31)。

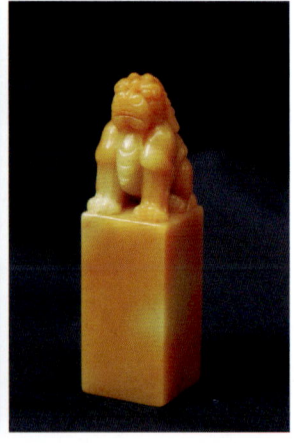

图2-1-31 黄金耀

（7）朱砂冻

朱砂冻又称"青田鸡血冻"，呈朱红色，色泽浑厚艳丽，质地细润，间有黑色、白色、黄色斑块，产于封门。朱砂冻色纯者极为难得，是青田红色冻石中的珍品（图2-1-32）。

（8）彩冻

有两种以上色彩的青田冻石称彩冻，彩冻又可分双彩冻、三彩冻和五彩冻，产于封门、尧士、旦洪等地。

图2-1-32 朱砂冻

双彩冻指由两种颜色组成，如红绿、红黄等；三彩冻常见在黑色与褐色间夹板青冻或其他色冻石；五彩冻并非特指冻石有5种颜色，3色以上的冻石都称为五彩冻。

彩冻由数色组成，同一颜色又有层次变化，两色间往往又有过渡色渲染，更显绚丽生动，给石雕提供了丰富的创作空间。彩冻质地细腻，通灵温润，色彩质地均佳的极为少见，是青田石中的精品（图2-1-33）。

图2-1-33 彩冻（紫檀花冻，五彩冻）

（9）紫檀花

紫檀花指紫檀色或酸枝木色的"地"上，间有青色、白色、黄色或灰色花斑的青田石,图纹自然天成、精美如画,产于尧士。紫檀花大多色彩丰富,质地细腻,光洁不透,适宜治印或创作巧雕(图2-1-34)。

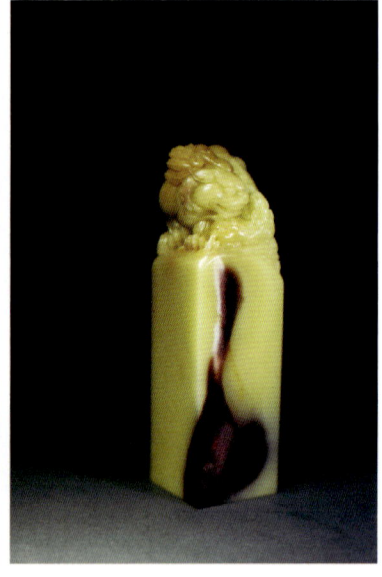

图2-1-34　紫檀花

(10)白果

白果指白色微青或白色微黄的青田石,与煮熟的白果相似,产于封门。白果质地细腻不透,蜡状光泽,刀感好,属上等印材(图2-1-35)。

图2-1-35　白果

"白果"其他释义

其一:青田当地的一种食品,由米粉包馅,蒸煮后呈白色或灰白色,称"白果"。

其二:银杏树的果实,白中微青或微黄,称"白果"。

(11) 金玉冻

金玉冻有黄、青两色的青田冻石,黄色如金、青色似玉,色彩自然柔和、艳而不媚,主要产于封门和尧士南光洞。金玉冻名副其实,天生丽质,犹如金玉般美好珍贵,质地温润细腻、通灵明洁,刀感脆爽,具有极高的价值(图2-1-36)。

图 2-1-36 金玉冻

(12) 水藓花

水藓花又名"水草花"。在青色、白色、黄色等浅色的青田石上,出现水草状的黑色或蓝绿色等深色的藓类花纹,叶茎清晰,形态悠然,精美如画,产于尧士和旦洪。水藓花质地细腻温润,花色浓淡变幻、韵味悠远,是青田石中颇有观赏价值的品种(图2-1-37)。

(13) 冰花冻

冰花冻青色微黄,半透明,如冰似冻,常见内含的白色片状或絮状斑纹,是山口一带最透明的青田石。冰花冻石质细腻柔和,色泽、透明度、质地与灯光冻相似,也称"冰花灯光冻",颇具价值(图2-1-38)。

图 2-1-37 水藓花

图 2-1-38 冰花冻

(14)夹板冻

普通灰黑色、深棕色或其他深色石料中夹着一层或多层单色或杂色的薄层冻石,称为夹板冻。夹板冻颜色丰富,有青、黄、灰、褐等色,质地细腻温润、光泽柔和,常被能工巧匠俏色巧雕用以创作精美工艺品。

作品《横枝缀玉》将封门红木夹板冻的红色部分雕刻为枝干,白色冻石雕刻为薄如蝉翼的梅花,色彩对比鲜明、美轮美奂(图 2-1-39)。

封门是夹板冻的主要产地,封门夹板冻石有夹板青、夹板黄、猪油白等各类色调,夹冻之石多为灰色、灰青色、褐色等。除封门外,还有旦洪、尧土、白垟、老鼠坪、季山、岭头等产地。封门夹板冻石细腻纯润,冻石呈板状或斑块状,最为出名。

(15) 葡萄冻

紫色或深色的石料上,分布有圆形青白色球泡状冻点,形状似一颗颗葡萄,故名葡萄冻,产于季山、周村。葡萄冻石质细腻微透,光洁莹润,颇有观赏价值。

球泡状冻点的颜色及形状各异,如季山的有青、黄、白等色,当地行业内依外观分别称之为"龙眼冻""豌豆冻""石榴冻"等(图2-1-40)。

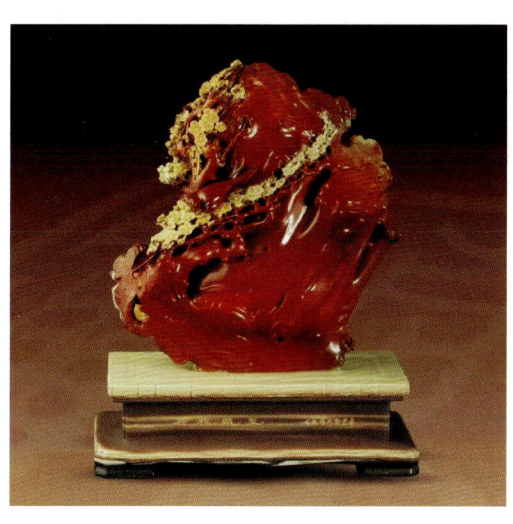

图2-1-39 《横枝缀玉》(青田石,林观博)

图2-1-40 葡萄冻

(16) 龙蛋石

龙蛋石又称"岩卵""岩蛋"。外壳为一层深褐色或紫色的硬石,内藏或青、或黄、或绿、或白的冻石,质地莹润细腻,又戏称"藏娇石屋",产于季山周村。龙蛋石小如蛋,大似瓜,为青田石中名贵的奇石(图2-1-41)。

(17) 山炮绿

山炮绿呈翠绿色,艳丽似翡翠,又称"青田翡翠",带青色调,肌理中比较常见是白色麻点、黄色斑纹和硬砂块,产于山炮矿区。

"山炮"之名源于当地3个鼓起的似球泡的山头。山炮绿质地细腻,微冻坚脆,多细裂,纯净者因稀少而珍贵(图2-1-42)。

图 2-1-41 龙蛋石

图 2-1-42 山炮绿

(18)图案石

琳琅满目的图案石是青田石中颇有观赏价值的一个重要品种,由花纹、线条、色彩等构成了美丽图案和丰富造型。

大自然用神奇的笔触,在青田石上肆意挥洒出绚丽的色彩和奇特的纹理,构成千姿百态的象形图案,如山川云海、花草虫鱼、人物动物,有的形态惟妙惟肖,有的意境回味无穷(图 2-1-43)。

封门图案石中的封门雨花、封门彩带,尧士图案石中的云纹石、水纹石、木纹石等,经过巧妙设计,则能成为意境独特的佳作。

图 2-1-43　图案石(象形石)

取材于青田木纹石的作品《再生缘》,作者将紫红色花纹巧用为古木的年轮,黄白色冻石雕为枯木上新生的枝叶和花草,刻画了枯木又逢春的诗意境界,展现了生命再生的美好景象,生动自然,极富价值(图2-1-44)。

图 2-1-44　《再生缘》(青田石,周金甫)

青田石按颜色分类表(夏发起、表2-1-1)

表2-1-1 青田石按颜色分类表

产地/石名/类别	山口	季山	岭头	塘古	下堡	山炮	北山
青色类	灯光冻、鱼冻、兰花青田、封门青、花冻、冰纹封门、官洪冻、夹青冻、松花冻、南光青、青蛙子、兰花青、麦青、青白石	竹叶青	岭头青	塘古青冻（青白石）			
黄色类	黄金耀、黄皮、秋葵、菜花青田、夹板黄、黄果、黄金条、蜜蜡冻、麻袋冻、黄青田	周村黄（黄金条）	岭头黄	塘古黄冻（黄皮）（黄青田）			
棕色类	酱油冻、酱油青						
白色类	白果、猪油冻、蒲瓜白、柏子白						北山晶
红色类	朱砂青田、橘红、石榴石、猪肝红、红花青田、红墨、红皮煨红		岭头红		武池红、武池粉		
蓝色类	封门蓝、蓝星、蓝带、蓝钉、紫罗兰						
绿色类	芥菜绿、苦麻青、皮蛋绿					山炮绿	
黑色类	封门黑、黑皮、乌紫岩	（乌紫岩）	墨青		武池黑		
褐色类	豆沙冻、封门紫、紫檀花冻、千丝纹、彩带纹、紫檀纹、紫岩	红木冻（紫岩）	何幽紫				
多色类	五彩冻、封门三彩、金玉冻、白垟夹板冻、水藓花、木纹青田、紫线封门、松皮冻、蚯蚓缕、封门雨花、墨花青田、云彩花头绳缕、笋壳花、爆米花、米稀青田、芝麻花、虎斑青田、煨冰纹、金星青田	龙蛋石、龙眼冻、蚕豆冻、葡萄冻、季山夹板冻、岩隐	（云彩花）岭头三彩、岭头紫线（木纹青田）		武池花		

注：山口包括山口至方山一带的封门、尧士、旦洪、白垟、老鼠坪各矿区或矿洞。

青田石是玉石吗？

按《珠宝玉石　名称》(GB/T 16552—2017)的定义，天然玉石指由自然界产出，具有美观、耐久、稀少性和工艺价值的矿物集合体，少数为非晶质体。青田石列入该国家标准中天然玉石基本名称名录，属天然玉石。

青田石专指产地为青田吗？

按《珠宝玉石　名称》(GB/T 16552—2017)的规则，带有地名的天然玉石基本名称，不具有产地含义。因此，青田石并非专指产地为青田，浙江省内除青田外的泰顺、苍南、天台、常山一带具有同样矿物组成的类似玉石材料，都归属青田石。本书中的"泰顺石"尽管具有物理特性、文化认同方面的差异，但按《珠宝玉石　名称》(GB/T 16552—2017)定名，归为青田石。

四、青田石鉴定

1. 青田石鉴定方法

一般来说，有经验的专业人士在肉眼观察（必要时配合放大镜和手电筒）的基础上，再适当借助宝石鉴定仪器设备，运用现代分析测试技术，能够给予准确定名。

1) 肉眼鉴定

青田石的颜色丰富，有青色、黄色、红色、蓝色、白色、黑色、绿色、紫色、褐色、棕色和多色等。呈油脂光泽或蜡状光泽。硬度低，用小刀可轻易在其表面刻划出痕迹（此方法有损于青田石，需谨慎使用）。

2) 放大检查

在显微镜下观察，青田石具隐晶质至细粒状结构，致密块状构造，可含有蓝色、白色、红色等斑点，部分青田石有平行层理。

3) 仪器鉴别

在实验室，往往还根据需要借助一些仪器设备，通过测试一些参数和特征，如光性特征、折射率、吸收光谱、荧光特征、红外光谱、X射线衍射分析等，来综合鉴定。

(1)常规参数特征

光性特征:非均质集合体。

折射率:1.53~1.60(点测);双折射率集合体不可测。

莫氏硬度:2~3。

密度:2.65~2.90g/cm³。

紫外荧光:通常无荧光,少数样品有弱到中等荧光。

紫外可见光谱:无特征。

(2)红外光谱分析

红外光谱分析有助于鉴别青田石的种类并区分其他相似玉石。

青田石在中红外指纹区具黏土矿物中Si—O等基团振动所致的特征红外吸收谱带,官能团区具OH振动所致的特征红外吸收谱带。

采用K-Br压片法,对青田石进行红外光谱分析。

大多数青田石为叶蜡石型,以叶蜡石为主要矿物成分的青田石测得红外光谱图和叶蜡石几乎一致,在官能团区和指纹区可见 $3667cm^{-1}$、$1120cm^{-1}$、$1067cm^{-1}$、$1050cm^{-1}$、$949cm^{-1}$、$853cm^{-1}$、$835cm^{-1}$、$813cm^{-1}$、$571cm^{-1}$、$538cm^{-1}$、$518cm^{-1}$、$481cm^{-1}$等附近的吸收谱带(图2-1-45)。

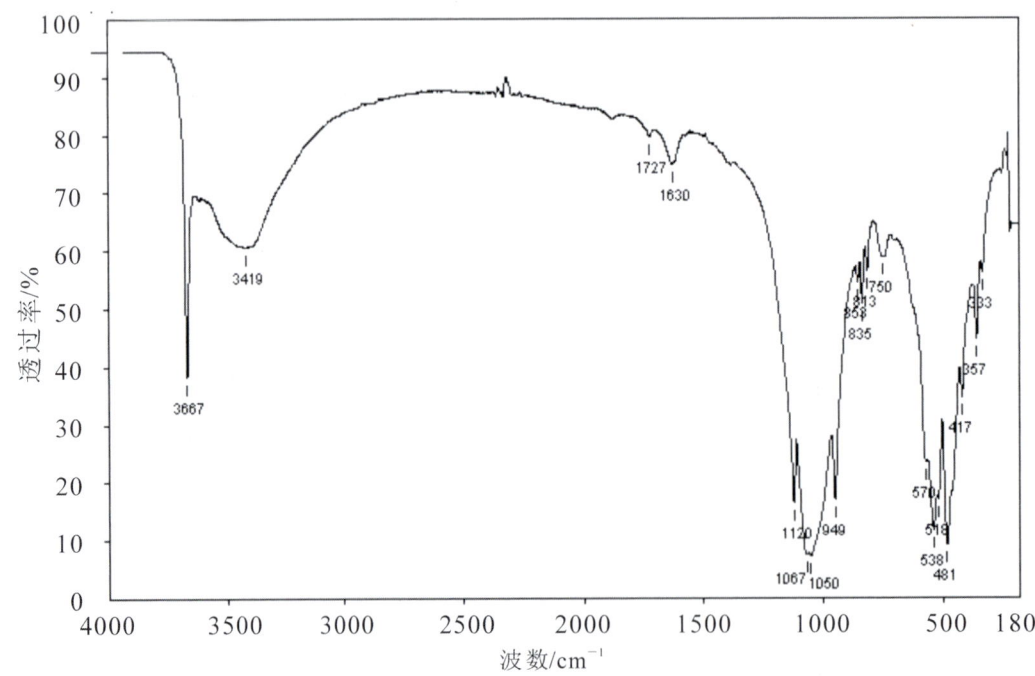

图2-1-45 叶蜡石型青田石红外光谱图

非叶蜡石型青田石,如以地开石为主要成分的青田石,测得红外光谱图具地开石特征吸收谱带,在官能团区和指纹区可见 $3700cm^{-1}$、$3650cm^{-1}$、$3620cm^{-1}$、$1140cm^{-1}$、$1034cm^{-1}$、$1002cm^{-1}$、$913cm^{-1}$、$792cm^{-1}$、$750cm^{-1}$、$696cm^{-1}$、$540cm^{-1}$、$471cm^{-1}$、$431cm^{-1}$ 等附近的吸收谱带(图2-1-46)。以绢云母为主要成分的非叶蜡石型青田石,测得红外光谱图具绢云母特征吸收谱带,在官能团区和指纹区可见 $3626cm^{-1}$、$3440cm^{-1}$、$1024cm^{-1}$、$832cm^{-1}$、$798cm^{-1}$、$539cm^{-1}$、$480cm^{-1}$、$412cm^{-1}$ 等附近的吸收谱带(图2-1-47)。

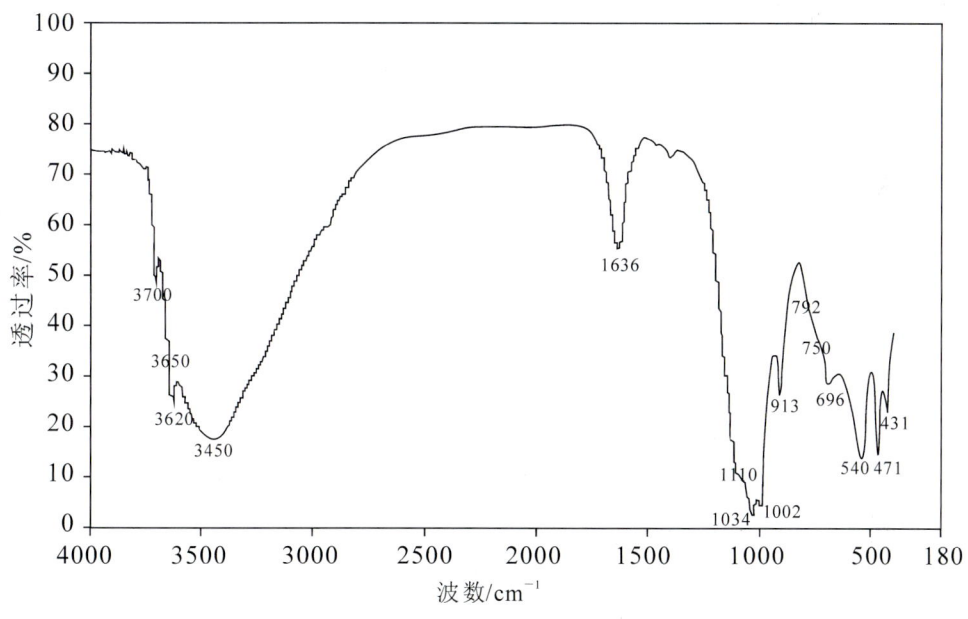

图2-1-46 地开石型青田石红外光谱图

2. 青田石的优化处理

1)常见优化

青田石常见的优化方法有浸蜡和浸油。

浸蜡:用无色蜡充填裂隙缺口或表面,以改善外观、保养样品。

浸油:用无色油涂抹表面,以保养样品。

2)常见处理

青田石常见的处理手段有充填、染色、覆膜、拼贴等。

(1)充填

青田石充填视充填物多少分为两类:若是少量蜡或胶充填细小裂隙或微

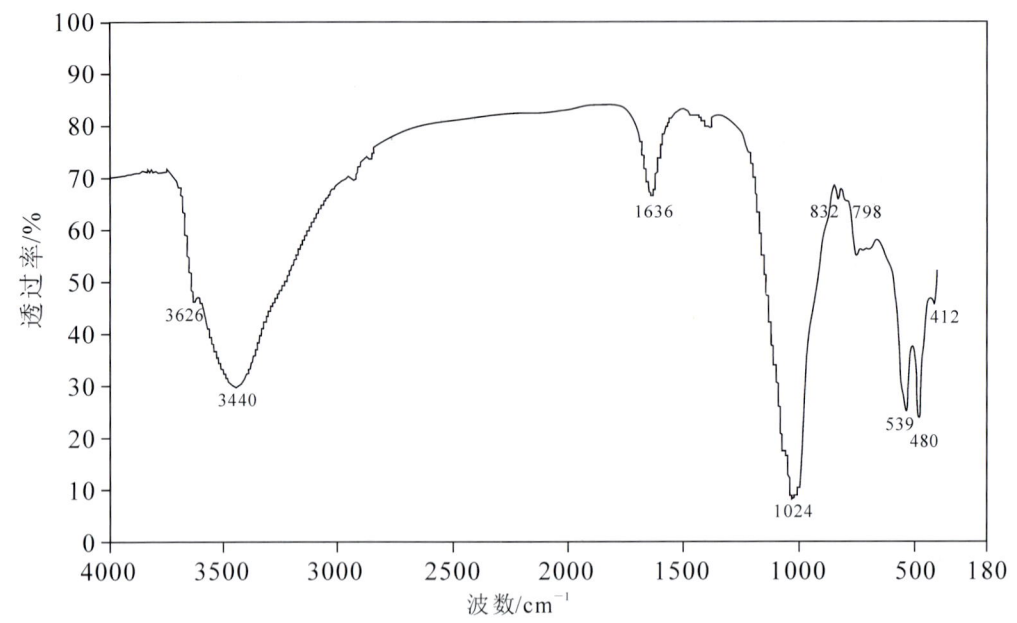

图 2-1-47 绢云母型青田石红外光谱图

小孔洞,以改善其外观和耐久性,可归于优化;若是大量的蜡或胶充填多处裂隙或孔洞,以改变其外观和耐久性,则属于充填处理,应在定名或商贸交易时标注"经过充填处理"。

放大检查可见充填部分表面光泽与主体玉石有差异,呈树脂光泽,充填处有时可见气泡或搅动状构造;长、短波紫外光下,充填部分荧光多与主体玉石有差异;红外光谱测试可见充填物的特征红外吸收谱带;发光图像分析(如紫外荧光观察仪等)可观察到充填物分布状态。

(2) 染色

染色是指将致色物质(如染料)涂抹、充填附着或渗入到青田石,以改善或改变其颜色,提高其颜值。

放大检查可见颜色分布异常,多在裂隙、粒隙间或表面凹陷处富集;长、短波紫外光下,染料可引起特殊荧光;染色处有时可见气泡或搅动状构造;成分分析仪器(如 XRF 等)能检测到染料中的外来元素。

如普通青田石染色仿"蓝星",指在普通的印章或雕件上,刻挖出大小不一的坑洞,然后填入用胶调制的蓝色填料,再打光上蜡。肉眼观察蓝点形态及分布不自然,缺乏天然品的层次感、立体感,放大检查可见颜色分布异常,行业内也称之为"嵌补"。

（3）覆膜

覆膜是指在青田石表面覆盖一层有机膜，膜中有时还混有染料，用以改变光泽、颜色等外观。

放大检查可见表面光泽异常，局部或可见薄膜脱落现象，折射率异常，红外光谱或拉曼光谱测试可见膜层特征峰。

（4）拼贴

拼贴是指在普通方形章料的6个面，采用对角拼接法，仔细贴上名石薄片（如封门青），以仿冒名石（如封门青），但通过仔细观察，从边角线棱等处还是可以找到拼接的痕迹或者气泡等。

3. 青田石仿制品与其他相似品

1）仿制品

（1）模压法仿青田石印章

由石粉、树脂、颜料等原料，经过工艺调配、铸型、磨光抛光，仿青田石印章。仿制出的成品印章色彩均匀、纯净微透，外观与模仿对象诸如灯光冻、兰花青田等极为相似。仔细观察其内部及边缘结构特征、光泽、透明度以及雕刻手感等均不同于真品，借助现代检测手段更是易于准确鉴别。

（2）仿龙蛋石

龙蛋石是青田石中十分珍奇的一个品种，很受市场欢迎，但是随着时间推移，这种材料越来越少，受利益驱使，市场上出现了许多人造"龙蛋石雕刻品"。

这种人造龙蛋石通常是采用翻模法制造的，先用样品翻制磨具，再用石粉、颜料、树脂胶调配出深褐色、青色充填料，分别灌入不同部分，通过加压、振动、翻模等步骤，最终形成有深色"蛋壳"和青色物象的雕刻品。

这类仿制品看起来色彩过于鲜艳分明，缺乏自然光泽和结构特征，雕刻品的线条通常不够清晰。另外，用刀在作品的底、背部试刻，通过硬度和刀感的差异也可辨别出是天然石质还是人工制造品。当然，借助现代检测手段更是能够准确加以鉴别。

2）其他相似品

（1）老挝石

老挝石也称为"保利石"，产于老挝阿速坡省，前些年作为印章石和玉石雕刻石逐渐进入中国市场。老挝石的主要矿物成分为高岭石、地开石等，可含有金红石、赤铁矿等杂质矿物。

老挝石的颜色非常丰富,常见的有白色、红色、黄色、紫红色等。老挝石质地较细腻、硬度较低,适合作为雕刻材料,近年来被青田艺人纳入作为施展青田雕刻技艺的石种(图2-1-48)。老挝石和青田石的一些品种从外观上看十分相似,有经验者或者通过实验室检测易于鉴别。

(2)寿山石

寿山石,因产于福建省福州市北约40km的寿山乡而得名。寿山石的主要矿物成分为地开石、高岭石、叶蜡石、伊利石等。

图2-1-48 《结宝千年》
(老挝石,徐金东)

寿山石色彩缤纷,有白色、乳白色、灰白色、红色、粉色、天蓝色等。寿山石品种繁多,色彩斑斓,红如鸡血,粉如桃花,不同的石种从外形、色泽至肌理,都有其独特之处,是非常好的治印和雕刻材料,属"四大名石"之一(图2-1-49)。

寿山石雕技法丰富多样、广纳博采,其作品极具艺术价值和观赏价值(图2-1-50)。

图2-1-49 印章
(寿山汶洋石,郭祥忍)

图2-1-50 《花开富贵》
(寿山荔枝冻,冯久和)

寿山石一些石种与青田石外观上有些类似,但矿物组成不同,有经验者通过实验室检测能够予以鉴别。

(3)雅安绿

雅安绿,因产于四川雅安市而得名。主要矿物成分为绢云母、石英、高岭石和方解石等,属于金属伴生矿。

雅安绿色彩鲜艳,青翠娇艳,又称"翡翠绿",其质地细腻,艳丽莹润,呈微透明或半透明,常与黄褐色粗石伴生,适宜俏色巧雕(图2-1-51)。雅安绿绿中略微偏蓝,莫氏硬度为3.0~3.5,适宜雕刻,色纯质润者少见,以块体大且纯净者为上品。

雅安绿与青田石中的山炮绿从外观上看有些相似,但矿物组成不同,有经验者通过实验室检测易于鉴别。

图2-1-51 《绿水青山》(雅安绿,杜立华)

五、青田石材质评价

"有石美如玉,青田天下雄;因材施雕琢,人巧夺天工。"浙江省青田县自古以来便是闻名遐迩的"石雕之乡",青田石雕石质优美、工艺精湛、韵味浓厚、历史悠久。

青田石早在崧泽时期就被人类所雕琢,在六朝时期开始被人们所利用,至宋代就已形成一定规模的开采和使用,到明代则发展为篆刻用材的主要章料了,时至今日各种印章及雕刻作品更是层出不穷、精美绝伦。它们透露出青田的山水灵气、记录了青田人精益求精的工匠精神、书写了华夏历史悠久的石文

71

化、传承着中华民族的千年文明,在我国传统艺术宝库中熠熠发光、历久弥新。

青田石色彩多、纹理奇、温润如玉、气韵灵动,民间长期以来以其出产的坑口,结合颜色和质地,采用约定俗成的称谓进行分类。据青田石研究专家夏法起先生统计,青田石可分为十大类100多个品种。

青田石名贵品种灯光冻首屈一指,更有蓝花青田、封门青、竹叶青、金玉冻、黄金耀等珍品争奇斗艳、难分伯仲,还有龙蛋石、封门三彩、紫檀花冻等精美奇石,自然天成、妙不可言。

青田石材质的评价,主要从质地、颜色、纹理、形状等方面讨论(工艺价值在第三章叙述)。

1. 青田石质地

青田石的质地受组成矿物颗粒大小、形状、均匀程度以及结构致密程度等因素影响。我们可以从它呈现出的细腻度、润泽度、透明度、纯净度以及表皮特征来作出综合评价。

青田石按其质地分为青田冻石和普通青田石。

青田冻石质地细腻,透明度较高,可达半透明—透明的状态,光泽较强,硬度适中、清刚适刃。此类青田石往往由纯净且细腻致密的叶蜡石组成,有"温、润、凝、腻、细、结"等特点,著名的灯光冻、金玉冻等优质高档的青田石均属此类品种,具有很高的收藏价值(图2-1-52)。

图2-1-52 优质青田冻石(金玉冻,灯光冻)

普通青田石不透明,虽然质地相比冻石略微逊色,但其中不乏色彩美观、细腻温润、光泽好的优质品种(图2-1-53)。

当然,如果石质较粗、光泽暗淡,杂质多、颜色深且杂、硬度高,则属低档品,几乎没有工艺价值(图2-1-54)。

图2-1-53 优质普通青田石(蓝星,封门红花)

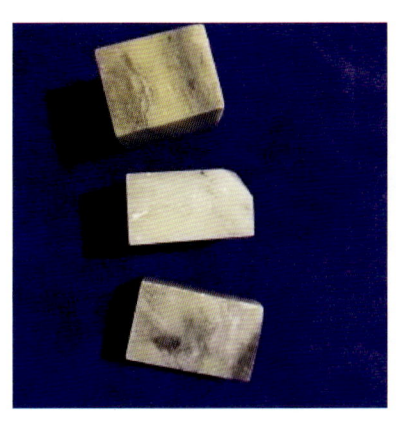 

图2-1-54 低档青田石

青田石的净度是质地价值评价的重要因素之一。根据瑕疵的类型、多少及所处位置,青田石净度品质从高到低常用纯净、较纯净和微瑕来表述。

纯净的青田石肉眼观察基本无杂质等瑕疵,不易观察到裂绺、絮状物、黑点等,或者仅少量处在边缘并不明显处,对整体外观几乎无影响,属上品;较纯净的青田石肉眼观察有轻微的杂质等瑕疵,对整体外观有轻微影响,属中等品质;若肉眼观察具有较明显的杂质等瑕疵,影响整体美观或耐久性,则明显降低其品质价值。

青田石以洁净无杂、外形完整者价值为高。但是如果其他物质或结构特征对净度的影响是有规律而富有特色的,能呈现出有观赏价值的图纹图案,例如著名的紫檀花冻、水草花品种,则属锦上添花,对其品质价值起到正向的提升作用,具体参见纹理部分内容。

2. 青田石颜色

颜色是影响青田石品质价值的重要因素。

青田石的颜色有单色和多色之分,单色指青田石呈单一颜色,多色指集不同颜色于一石。

单色青田石的颜色评价主要考虑颜色的纯度、饱和度及明度。质佳、高档的青田石要求色调纯正、饱和度高、颜色明亮、不带或极少有灰色调,如名品灯光冻(图2-1-55);若颜色不够明亮清爽、夹杂有灰色调和其他杂色调,则会降低青田石的品质价值。

对于多色青田石,如封门三彩、封门五彩,颜色评价则更多考虑色彩之间的差异性和协调性(图2-1-56)。

图2-1-55　单色青田石(灯光冻)　　图2-1-56　多色青田石(封门五彩)

青田石颜色丰富、种类繁多,有青色类、黄色类、白色类、红色类、蓝色类、绿色类、褐色类、黑色类以及多色类等各种颜色系列。

青色系列的有灯光冻、封门青、竹叶青、官洪冻、鱼冻等,尤以灯光冻为上品(图2-1-57),其青色微黄、色泽清雅亮丽、质地细腻温润、半透明,主要产地是青田封门。

黄色系列的有黄金耀、蜜蜡冻、黄果、岭头黄等,其中以黄金耀为上品(图2-1-58),可与灯光冻齐名,其质地纯净细腻、温润脆软,颜色如黄金般耀眼,雍容华丽,珍贵稀有。

图2-1-57　青色青田石(灯光冻)　图2-1-58　黄色青田石(黄金耀)

白色系列的有白果(图2-1-59)、猪油冻、北山晶、蒲瓜白等,独具特色。

图2-1-59　白色青田石(白果)

红色系列有红花冻(图2-1-60)、朱砂青田、橘红等品种,其中不乏具有收藏价值的精品。

蓝色系列有蓝星、蓝带、蓝钉、封门蓝等品类,其中以蓝星最为知名,蓝色颗粒周边的地子往往细腻润洁如冻,有"骨边肉"之称。色质悦目、图纹精美者,稀少昂贵(图2-1-61)。

图2-1-60　红色青田石(红花冻)　　图2-1-61　蓝色青田石(蓝星)

另外常见的绿色系列有芥菜绿、山炮绿(图2-1-62)、皮蛋绿等;褐色系列有红木冻、豆沙冻、紫檀花冻(图2-1-63)等;黑色系列有黑青田、墨青、乌紫岩等。

图2-1-62　绿色青田石(山炮绿)　　图2-1-63　褐色青田石(紫檀花冻)

青田石的色彩丰富，还表现在一块石头上同时具有多种颜色，即所谓"多色青田石"。一块青田石上可呈现两种或两种以上的色彩，甚至集黑色、青色、棕色、黄色、红色等于一体，如封门三彩、封门五彩、封门黑白（图 2-1-64）等，具有独特的多彩之美。

图 2-1-64　多色青田石（封门三彩、封门黑白）

在青田石中，还有一种较为特殊的多彩山皮石，此种类主要产于封门山体浅表层的叶蜡石矿脉中，因此得名。其质细腻、纯净柔和，色彩丰富浑厚，有红、黄、黑、青、白等颜色，以质纯色艳、层次清晰者为上等佳品。

3. 青田石纹理

青田石在蚀变过程中，各种致色物质受外力的挤压浸入青田石，并相互浸染、胶结、聚集，形成各式奇巧纹理。

青田石的纹理多姿多彩，或呈条带状、丝状，或呈点状、斑状、块状等，若能自然灵动、尽显飘逸之态，自然锦上添花、价值不菲（图 2-1-65）。

对青田石纹理的鉴评，主要从其花纹纹路是否清晰、线条是否流畅、颜色是否美观协调、纹理的组合是否生动自然、所呈现出来的意境是否深远几个方面着手。

在青田石种类中，紫檀花冻、紫檀纹、紫线封门、红花冻、千丝纹、云彩花、水草花等特色花纹，若其花纹纹理清晰、颜色明亮，整体构成一幅完整且有韵

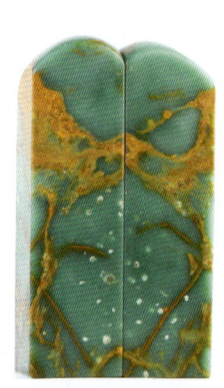 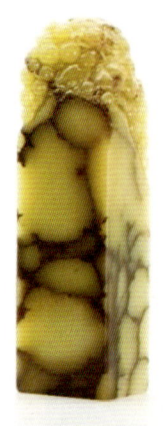 

图 2-1-65　多姿多彩的纹理

味的图案,则会锦上添花,价值不菲。反之,如果纹理较为杂乱,甚至对整体美观有负面影响,则会降低其品质价值。

青田石中的菜花青田是一种非常独特而奇异的品类,初时呈浅黄色、质地细嫩,经年摩挲,色彩会日渐变黄,金色会更加好看(图 2-1-66),当石身里出现深色条纹且位置适宜时,宛如一幅幅山水画,空灵且纯粹,颇有收藏价值。当花纹的颜色、形状或位置不理想时,如果其花纹和底色能很好地融合且能形成较好的画面时,也具有一定的欣赏价值。

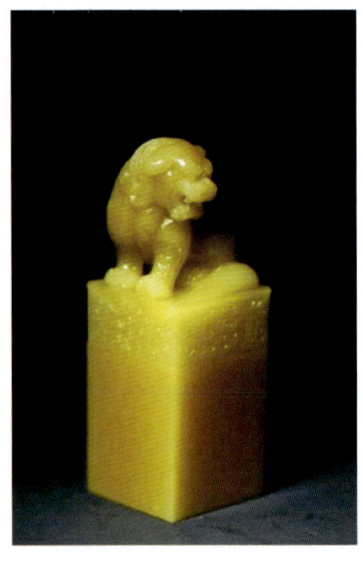 

图 2-1-66　菜花青田石

4. 青田石形状

青田石形状是指其几何尺寸和外部形态，是在自然作用下特有的形、质、色、纹所组成的一个整体。若石型方正、小巧、少杂，则适合用来制作印章石；若形态奇异、色彩独特、瑕疵多且块体大，则更适合用于题材的创作雕刻。

在青田石石型的评鉴中，首先观其形态是否完整，有无残缺；其次观其"奇"巧。在观赏石评鉴中素有"以奇为美"的共同认知，石型奇特、创意奇巧的作品，为许多藏家喜爱。若是雕件，还需关注各部分结构比例是否得当、协调。

形态各异的青田石给雕刻师以广阔的创作机会，给鉴赏者以无限的遐想空间，从赏其形到会其意再到感其韵，步步深入、趣味无穷。

青田石材质的评价主要从质地、颜色、纹理、形状等方面综合考量。青田石以质地细腻、纯净莹润、无杂少裂、形状完好或奇特者为佳品；质地较细腻、基本纯净、少杂微裂、形状尚可者为中品；质地粗糙、光润暗淡、多杂有裂、形状残缺者为下品。

尽管业内公认封门青是最美的颜色，但仁者见仁、智者见智，只要色彩美观、色调纯正、清丽明亮、搭配协调、纹理精美，同样是受人追捧的佳品。完整的形状和协调的比例也是必不可少的要素。同品质的，体量越大则价值越高。

正如金无足赤，集完美质地、颜色、纹理、形状为一体的美石少之又少，需要能工巧匠的艺术创造让其焕发出独一无二的魅力。这部分内容将在第三章中论述。

保养Tips

1. 应避免外力的撞击、刻划和磨损，要注意轻拿轻放。制品以保存在锦盒内为佳。

2. 避免日光直射、强灯光照，更不能阳光暴晒或长期将其置于高温环境，以免制品因失水而光泽暗淡、石质枯燥。

3. 若沾染灰尘或脏杂，可使用软毛刷或绒布轻轻擦拭干净，避免用其他化学制剂清洁，以免损坏制品。

4. 青田石中有部分品类（如山炮绿）在一定条件下可能变质变色，行业内会用婴儿油或青田石雕指定养护油对印石或雕刻作品进行养护，养护油的选择要慎重。需要注意的是，此法应慎用，因为表面油渍会使青田石易沾染灰尘而变脏。

郑板桥的"四避"

郑板桥酷爱青田石,在长期的自篆自刻和收藏过程中,总结提炼出了青田石保养的"四避"原则,即避光、避火、避水、避油。

青田石石质细腻,硬度适中,属黏土矿物质玉,放置保养最好能保持一定的温湿度。

避光是指避免强光直射,特别是紫外光的照射,以免石质石色的枯燥变异;避火是防止石质失水干枯甚至崩裂;避水是指存放环境不能太潮湿,更不能长期浸泡在水中,过多的水也会使制品出现变色变质等问题;避油指不能用浸油的方法来防止干裂,因为表面油渍会使青田石易沾染灰尘而变脏。

郑板桥保养青田石的"四避"原则,至今仍然具有一定的借鉴意义。

第二节 昌化石

昌化石名称源于产地浙江杭州临安昌化镇,因其质地细腻、通灵温润、色彩丰富、纹理奇特、宜于受刀而成为著名的印章石和玉石雕刻石(图2-2-1)。其中最著名的是含有辰砂的品种——昌化鸡血石,其色彩艳丽鲜红,宛如泼洒的鸡血,有"印石皇后"的美誉,作为中国特有的名贵石种,与寿山石、青田石、巴林石并称为"中国四大名石"。

图2-2-1 昌化石

一、昌化石概况

昌化镇是浙西边陲的一块美丽而又富饶的神奇宝地,以旧县治得名。地处浙江省杭州市临安区,东邻杭州,紧靠上海,西接黄山,地理位置优越。由于处在江浙吴越文化的腹地,长期受吴越文化浸润熏陶,文化底蕴厚重。2017年,被浙江省列入省内首批"千年古镇""千年古村落"地名文化遗产认定名单。

昌化镇(图2-2-2)起始于唐代,已有1300余年悠久的历史,曾名昌城、武隆。昌化镇峻岭绵延,山水聚秀,文化源远流长,一条杭徽公路横贯东西,穿境而过。北望逶迤的武隆山,南邻潺潺的昌化溪,东面的秀峰塔和南面的南屏塔隔溪对望,遥相呼应。

图2-2-2 昌化镇

昌化有三张"金名片"——山核桃、竹笋、昌化石,作为"中国四大名石"之一的昌化石更是享誉海内外。

在昌化镇西面浙西大峡谷的源头——平均海拔1300m的玉岩山,蕴藏着绝美的昌化石。

得益于独特的地质条件和地理环境,昌化石色彩丰富、温润细洁、品类繁多,行业内将昌化石细分为昌化鸡血石、昌化田黄石、昌化田黄鸡血石、昌化冻石、昌化彩石,其中,昌化鸡血石色鲜如血、美若艳后,而散落在玉岩山周围湿地溪涧、山野农田中的昌化田黄石同样展示出多彩多姿、雍容华贵的风采。

昌化石雕始于春秋战国时期,兴于明清,在20世纪90年代进入鼎盛时期,鸡血石雕更是久负盛誉、闻名遐迩。2005年,昌化石雕入选"浙江省第一批非物质文化遗产代表作名录",2008年入选"国家级非物质文化遗产名录"。

昌化石大多是以地开石、高岭石、珍珠陶土等为主要矿物的黏土矿物质玉,是可用于治印和雕刻的具有工艺价值的玉石材料。昌化石含辰砂时,因辰砂颜色鲜红似鸡血,称为昌化鸡血石,该石料在昌化石中最为知名,极富价值。鸡血石按产地可分为昌化鸡血石和巴林鸡血石,本书主要介绍昌化鸡血石(图2-2-3)。

图2-2-3 昌化鸡血石

1. 昌化石地质成因

昌化镇,重峦叠嶂,风景如画,山中的岩石真实地记录了当地地质历史时期发生演变的故事。

昌化自震旦纪的海陆交互环境,至寒武纪—志留纪的海洋环境,沉积形成了一套巨厚的沉积岩层。大约4亿年前,加里东运动褶皱造山,地层发生了差异性的隆起,出现高低不平的台地,最高处上升露出海面,形成陆地,后又遭受剥蚀。在这之后漫长的地质岁月中,海水渐进,逐渐发展成为陆表海(大陆陆壳基底上的浅水海域),连续沉积形成了一套陆源碎屑岩、碳酸盐岩等沉积岩地层。随着海水渐退,印支运动兴起,再次褶皱造山,形成以北东向为主的区域断裂和褶皱构造,奠定了本区基本的构造骨架。燕山期,古太平洋板块开始向欧亚大陆汇聚-俯冲,岩浆侵入发育,火山喷发强烈,直到晚白垩世后才渐趋平静,进入地壳抬升、风化剥蚀阶段。

8亿年沧海桑田,山海巨变,自然之力鬼斧神工,造就了天目山、清凉峰、浙西大峡谷这样的诗画自然景观。

燕山期火山喷发,在此处留下了一套大面积的酸性火山碎屑岩,其中被称为劳村组的一套流纹质凝灰岩发生了强烈的硅化、叶蜡石化、地开石(高岭石)化等蚀变,产出了闻名于世的珍宝——昌化石。

昌化石中令人瞩目的品种是昌化鸡血石和昌化田黄石。

昌化鸡血石矿床类型属中低温火山蚀变型。火山期后具有一定压力的含汞火山热液沿着断裂缓慢上升,两侧的酸性火山岩由于低温热液的渗透作用进行脱硅蚀变,碱性元素被淋滤,剩余的铝硅酸盐则形成地开石(高岭石),同时可伴随少量叶蜡石、明矾石,组成鸡血石的"地"。同时,热液中含汞络合物与硫化物相互作用形成辰砂。辰砂呈微粒状析出,以细脉状、浸染状、团块状充填或分散于地开石裂隙和孔隙中,形成鸡血石中的"血"。

昌化田黄石则是因地壳抬升,地开石矿体,经过风化剥蚀作用,脱离母体,滚落或被流水搬运到农田、沟涧等凹地及坡积层,被沙土掩埋后形成,其圆度与搬运距离以及搬运过程中被磨蚀的程度有关。在漫长的地质年代里,掩埋于泥沙中的矿石经过沙土中的水、酸及其他化学成分的浸润作用而形成昌化田黄石。

昌化田黄石大多以黄色为主基调,因本身矿物成分及所含微量元素的差异及掩埋浸润环境的不同,也有呈红、白、黑、绿等色。若土壤化学成分有所不同,也会导致田黄石色调的变化:腐殖质高的土壤中的田黄石呈灰黑色;白色土壤中田黄石显白色调等。昌化田黄石主要产于玉岩山北坡的沟涧、梯田中,也见散落于水田中,为次生成因矿床(图2-2-4)。

图 2-2-4 昌化田黄石

2. 昌化石资源状况

昌化石矿区界于浙江天目山系与安徽黄山系之间,地势较高,其周围多为崇山峻岭,山脉走向主要呈北东(东)分布。矿区位于"浙西大峡谷"源头的玉岩山,其南东为马哨岭,北东为牵牛岗,西北为莲花峰。

昌化石矿山位于上溪乡西北角的鸡冠岩,向东北(北东东)方向延伸,经过灰石岭,越过矿山岭和核桃岭,最终到达纤岭。这一区域的海拔大多在1000m以上,总长度约为10km。

昌化石的主矿区位于玉岩山的北坡，距离南侧的上溪乡政府大约2km，距离北侧的新桥乡政府大约5km，距离昌化镇50多千米，距离临安市政府驻地锦城镇100多千米，距离杭州市150多千米。矿区南侧的华源公路从汤苦公路的华光潭起点至矿山末端的源头村，全长约20km，主矿区距离这条公路大约2km；北侧的公路从汤苦公路至新桥乡再至石门潭，全长也约20km，主矿区距离这条公路大约4km。这两条公路都与省道汤苦公路相连，并与通往杭州至安徽的杭徽高速相连。

以玉岩山康山岭下行的路径为界，昌化田黄石的主矿床在其西面的里坦，面积600余亩（1亩≈666.67m^2）。此外，冷水湾有部分沼泽地，优质的昌化田黄石大多产于此处。在主矿床东侧的外坦和纤岭等地有几条小溪由南往北流淌，溪流下游两侧也有昌化田黄石产出，在连接矿床的溪流中偶有拾得。

1）分布特征

昌化石主矿区位于浙西北昌化镇玉岩山北坡，矿区中心位于东经118°55′，北纬30°15′，海拔964m。鸡血石主要产于浙江省昌化镇玉岩山一带劳村组流纹质含晶屑玻屑熔结凝灰岩、含晶屑浆屑玻屑熔结凝灰岩中，蚀变主要为硅化、地开石化等，并伴有黄铁矿化、碳酸盐化、绿泥石化、明矾石化。其中以高岭石（地开石）化最为普遍和富集。

昌化鸡血石的产状分为两类：一类顺层理产出，多为似层状、透镜状或不规则团状，沿岩层面和层间滑动面富集断续分布；另一类呈脉状切穿层理，沿断裂呈透镜状、团块状、条带状分布，与断裂产状基本一致，常伴有辰砂矿体，形成鸡血石。此类鸡血石块体较小，一般不超过10kg，但质地纯、水头足，辰砂含量高，常产出优质鸡血石。

昌化田黄石则主要以大小不等的块状温润独石产于玉岩山北坡山沟、山谷的坡积层及一些农田中，历年开采所见，昌化田黄石埋藏浅者不足1m，埋藏深者达数米。

昌化鸡血石的"老坑与新坑"

行业俗语，昌化鸡血石有老坑、新坑之称，对此称谓行业内主要指开发时间的早晚、质量的优劣及不同坑口矿的特点。老坑位于玉岩山主峰附近，也称"水坑"，产出鸡血石血色鲜浓，质地温润，透明度好，老坑开采历史悠久，曾出产过不少珍品鸡血石，老坑资源已近枯竭；新坑也称"旱坑"，颜色大多不够鲜艳，石质不够温润细腻，较多杂质，较多砂钉，透明度较差，品质不及老坑。

2）矿化蚀变

矿区围岩蚀变较广泛，局部较为强烈，蚀变种类繁多，与鸡血石的形成及其质量有密切关系。蚀变主要为硅化、地开石（高岭石）化等，并伴有黄铁矿化、碳酸盐化、绿泥石化、明矾石化。含矿以地开石（高岭石）化最普遍而富集，其中地开石化、明矾石化及黄铁矿化的发育程度对鸡血石的质量有决定性的影响。

（1）硅化

主要由长石等矿物蚀变，硅质迁移富集，使岩石质地坚密，并基本保持原岩的构造，析出的 SiO_2 在矿层附近富集形成面状硅化带，为矿体标志层之一。

（2）地开石（高岭石）化

地开石（高岭石）化普遍，有极少量明矾石化，显微镜下难以辨认。矿化具多期性特征，主要可分为两期：早期主要与火山气液有关，在低温热液作用下，凝灰岩脱玻化，随着硅质的迁移，形成了地开石（高岭石）。该期矿石质量一般，可用于陶瓷工业。晚期在次生断裂挤压作用下，地开石化岩石经动力变质硅等化学成分进一步活化迁出，而形成质地更净的地开石（高岭石）。这类矿石规模小，分布极不均匀，但质量好，呈蜡状光泽，透明度高。

（3）黄铁矿化

分布较为普遍，是鸡血石的瑕疵之一。黄铁矿晶体粒度一般较小，为0.2～1mm，集合体呈团块状、星点状产出，与节理、裂隙发育程度关系较密切，分布不均匀。

（4）辰砂矿化

辰砂作为鸡血石中"血"的成分，常以浸染状、脉状或团块状产出。

（5）明矾石化

明矾石化对鸡血石"地"的透明度、相对密度、光泽等有不利的影响，是多种"地"差别所在。

3）资源利用

古时昌化鸡血石矿藏丰富，主要开采出露于大块岩石表层的鸡血石，对于出露的鸡血石直接用铁铲等工具将其从矿体采出，或者采取火烧法，利用热胀冷缩的原理，在岩石表面的鸡血石上用柴火烧，再用冰冷的溪水浇泼，使石头分裂，把鸡血石采下来。鸡血石经过煅烧，很可能变黑或变暗，并且采出量也非常小，这种开采法一直延续到清末民初，后改用炸药爆眼，再用手掘或机掘深挖。

1949年，昌化鸡血石资源的开发利用经历了一段非常曲折的历程。

20世纪50年代，鸡血石一度作为工业原料被用于炼汞，"二零七矿"中大量优质鸡血石因此被煅烧。70年代后，鸡血石回归玉石材料属性重启工艺利用。80年代，国营开采阶段是昌化鸡血石开发利用的鼎盛时期，产出了大量的鸡血石珍品。

改革开放后，随着经济发展，鸡血石被赋予了更高的艺术和收藏价值。20世纪90年代前后，鸡血石风靡中国台湾、香港地区，以及日本等地，这些地区成为当时主要的鸡血石销售市场。昌化鸡血石高昂的售价使得挖掘者趋之若鹜，这个时期整个玉岩山各矿点的开采全面由手工转为机械。近乎疯狂的开采，不仅造成资源的破坏和浪费，而且矿山安全事故时有发生，后来经多方努力，矿山的管理逐步得以规范有序。

据浙江省地质矿产研究所于2009年编制的《浙江省临安区上溪矿区叶蜡石（地开石）矿资源储量核实报告》，矿区地开石（高岭石）矿石总量达70余万吨，而鸡血石在矿段中的含矿率只有万分之一。

昌化鸡血石矿体受地层和构造的双重控制，同时是辰砂、地开石（高岭石）等多种矿物的共生体，形成条件特殊，难以测定其分布范围、矿脉形态及实际储量。

据介绍，当时鸡血石矿床每年能开采的矿量只有几百吨，其中70%的是不含"血"的地开石，20%的是少量含"血"的低品质鸡血石，真正能作为工艺品原料的优质鸡血石不到5%。

昌化田黄石属昌化石的后起之秀。20世纪80年代后逐渐被认识，并作为与寿山田黄石类似工艺材料加以开发利用；90年代后期受市场追捧形成较大的采挖规模；至2005年，采挖的范围已上连原昌化石矿洞，下至水田、湿地、溪涧。

昌化石矿源稀缺，特别是鸡血石更是经过长年开采资源日益枯竭。2000年后昌化鸡血石的产出量迅速下降，出于对生态环境及资源的科学保护，2018年起当地政府及相关部门开始对玉岩山全面禁止开采（图2-2-5）。

3. 昌化石产业发展

1）昌化石·历史传承

泱泱中华，文明博大，在漫漫的历史长河中留下了浩如烟海的文化遗产，以玉为中心载体的玉文化，独具特色、博大精深，是中华文化不可或缺的组成部分。昌化石玉石雕刻技艺历经传承发展，创作了无数艺术佳品，享誉中外。

图 2-2-5 玉岩山昌化石矿区

印信文化为中华民族所特有,有着立信、用信、守信的精神内涵,是中华传统文化的重要组成部分。昌化石是"国之瑰宝",有"印石皇后"的美誉,在源远流长的中国印信文化中有着极为重要而独特的地位。

1999年,杭州半山石塘战国墓中出土雕刻精细的昌化石剑饰,将昌化石的雕刻使用历史向前追溯至两千多年前的战国时期。

根据《昌化县志》记载,昌化石产地玉山(即玉岩山)在宋代便因昌化石而闻名,当时昌化石已被文人墨客用于篆刻治印。元代,随着书法艺术和篆刻艺术的繁荣昌盛,昌化石用于治印和雕刻的技艺有了新的突破,昌化鸡血石成为引人注目的印材名石。

昌化石成规模开采,有确切文字记载的始于明初。随着明代印文化和雕刻艺术的繁荣,石章篆刻迎来了诗书画印一体化发展的兴盛时代,昌化石受到篆刻家和收藏群体的广泛推崇,其中的优质品种不仅被皇族和文人雅士竞相收藏,还被用作馈赠珍品。

清代昌化石受到更为广泛的关注和重视,昌化鸡血石在当时成为权力与财富的象征、名声大噪的极品珍宝。清朝历代皇帝以及后妃均热衷于精选优质的昌化鸡血石制作玉玺及雕刻工艺藏品,其中一些著名宝玺至今珍藏于故宫博物院。王邦铎所著《浙江旅游大观》记载,在清代官吏的服饰中,红顶花翎为最高等级,鸡血石更曾一度取代珊瑚、玛瑙成为顶花品饰中的最高荣勋,昌化鸡血石地位之高可见一斑。

乾隆年所修《浙江通志》曾记载:"昌化县产图章石,红点若朱砂,亦有青紫如玳瑁,良可爱玩,近则罕得矣。"当年的昌化石既有红点若朱砂的鸡血石,还有玳瑁一样青紫色冻石,说明那个时候的昌化石品种已经丰富多彩了。上海历史博物馆馆藏一枚清光绪书画家张辛篆刻的昌化田黄石章作品,意味清代便有了昌化田黄石的开采和使用。

1949年后,昌化石作为"国宝"和"国礼"在国内国际舞台上的价值地位得以进一步提高。

20世纪50年代,毛泽东主席曾使用和珍藏了两方由齐白石精心篆刻的大号昌化鸡血石印章,印面分别刻有"毛泽东"和"润之"字样,现于中央档案馆珍藏。1972年9月中日建交时,周恩来总理也曾精心选取一对图纹对称、血色如云的昌化鸡血石黄冻地对章作为国礼馈赠给日本前首相田中角荣,由此昌化鸡血石在日本、东南亚一带名声大振。1986年美国前总统里根访华,中国方面选了昌化鸡血石作为国礼,使得昌化鸡血石文化随之远播欧美。郭沫若、吴昌硕、齐白石、徐悲鸿、潘天寿等众多文化名流,也与昌化鸡血石有不解之缘。

20世纪90年代以来的历次中国国石评选中,昌化鸡血石均为首选国石之一。2004年9月,国家邮政局发行了《鸡血石印》特种邮票,使得享有"国宝"之誉和"印石皇后""印石之宝"美称的昌化鸡血石声名远扬,蜚声中外(图2-2-6)。2016年,雕刻着各国政要肖像的昌化石印章成为G20杭州峰会的国礼,让世人领略到独特的中国风格与中国气派,以跨文化、跨国界的艺术语言将昌化石文化传向世界,昌化石因此再次引起世人的广泛关注,其知名度和影响力也再次创造新高。

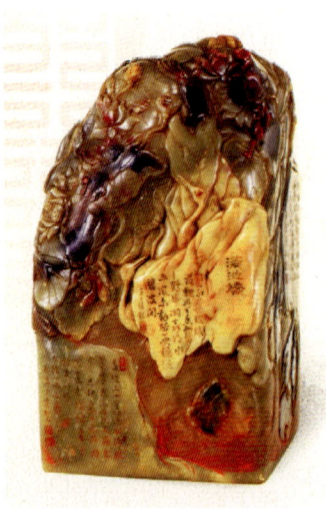 

图2-2-6　昌化石/鸡血石印

2)昌化石·创新发展

黄金有价,玉无价,历经长期的开采,昌化石资源愈加稀少,珍品价值愈发高昂。当地政府十分重视对昌化石的保护和综合利用,不断加大扶持力度,把昌化石产业作为临安重点特色文化创意产业进行培育推进。

(1)产业发展

为擦亮昌化石这张"金名片",当地政府以石兴旅、以石旺市,促使昌化石的产业朝着市场化、规范化、专业化、集聚化发展。

"玉在山而草木润,人藏玉而万事兴。"2007年,玉岩山脚下的两个村子合并,改名"国石村"。国石村以石命名,规划、建设了昌化石拍卖交易市场,培育发展集加工、销售"一条龙"的特色产业。

2011年,昌化镇建成了集国石加工、销售、展示为一体的国石文化城(图2-2-7),集销售店铺百余家。鼎盛时期,国石城成为浙西乃至全国昌化石交易的主要市场之一。

当地政府和行业积极将昌化石打造成为临安印石名片、文化名片和形象名片。

2019年,中国昌化鸡血石博物馆(图2-2-8)开馆,对昌化鸡血石与印石文化的传承和发展产生积极影响。

图2-2-7 昌化国石城

图2-2-8 昌化鸡血石博物馆

当地政府与行业积极支持玉石雕刻大师设立专业博物馆,全面综合展示昌化石文化形象、传播普及石文化知识。比如大师主理的临安昌化鸡血石博物馆,在昌化石原石、雕刻作品、四大名石印章等实物的收藏,相关影像资料、研究资料以及出版物的收集,国石文化和民俗技艺的普及等方面做出贡献;通过设立石文化教研基地、昌化鸡血石雕大师工作室等方式,让世人领略昌化石的绝美风姿和临安匠人的精湛技艺。

当地积极宣传昌化石印石与雕刻作品，培育昌化石市场，提升昌化石文化的内涵与外延。

临安先后成功举办了临安市赏石文化节、临安市国石文化节和昌化石精品名品展等一系列影响较大的国石文化活动，为昌化石文化宣传、艺术观赏、商贸交流搭建了平台。组织参加杭州印石博览会、杭州"良渚杯"玉石雕刻精品展、四大国石雕刻艺术展以及"天工奖"等各类展评与展销活动，增进对外交流、扩大影响力，使昌化石成为杭州临安昌化走向全国、面向世界的一张"金名片"。

(2)创意创新

玉石雕刻艺术是中国几千年玉文化的载体，肩负着继承传播、发扬光大中华民族传统文化的重要使命。

当地政府高度重视昌化石产业的创新发展，在国石文化的挖掘研究、宣传推广、产品研发、人才培养等方面进行重点扶持。

通过深入挖掘国石文化的深厚内涵，提升产业的文化附加值，推进文化与科技元素融合、与时尚元素结合，探索昌化石在传统的文玩和收藏产品类别的基础上，研发设计相关时尚饰品、旅游产品、印信礼品等文创产品。在昌化石资源稀缺的情况下，当地积极引进其他石种，引导产业转型升级，促进古老的石雕产业焕发新的活力。

当地行业积极创新昌化石雕刻技艺及其承载的文化传播方式，让更多的人能够感悟体味历史悠久的石雕艺术和石雕文化，让昌化石跨越时空，在传承和发展中焕发出更加璀璨的魅力。

2023年杭州亚运会，临安承办跆拳道和摔跤两个项目，当地雕刻大师潜心创作了杭州亚运会竞赛项目摔跤、跆拳道等组雕，献礼杭州亚运会。作品将西方艺术尤其是雕塑融入中国的传统技艺之中，将泥塑的"加法"和石雕的"减法"两种不同的艺术手法结合起来，生动再现运动员在竞技场上的飒爽英姿，兼具传统与时尚，展示了中国非物质文化遗产跨越时空的魅力，让世人领略到独特的中国风格与中国气派，以跨文化、跨国界的艺术语言向世界传播昌化石文化(图2-2-9)。

中国印源远流长，印章自古以来作为行使权力的工具和书文契约、文房书面的信物而被世人所推崇。弘扬印信文化，对培育以诚待人、以信立身、诚实守信的价值观具有深远意义。

不忘本来，才能开辟未来；善于继承，才能更好创新。当地的文创企业在这方面进行了积极探索，他们开发了"每人一印"的昌化石印信文创产品，经过

图 2-2-9　亚运风采(昌化彩石,钱高潮、钱友杰)

场景专属定制,让印信文化在现实生活运用中得到发展和传承。如"百家印"以家庭为单位,以印章作为信物,附可记录家庭每位成员故事的册页;"良缘印"以印章作为信物,用一生践行对爱人的承诺,附订婚帖等册页记录双方美好爱情;"清廉印""初心印"等,以印章作为信物,实现对人民的承诺,拓展印信文化在思政教育等领域的实际应用,让以"诚信"为核心的社会主义核心价值观深入人心(图2-2-10)。

图 2-2-10　文创产品(昌化石,姜四海)

他们以"昌化石,中国印"为口号,将昌化石印作为礼品、信物广泛应用于人们日常生活和工作中,以表达诚信承诺及美好愿景,通过印信文化传播诚信精神,让国石文化"飞"入寻常百姓家。

随着新媒体、新渠道的不断迭代升级,当地行业积极尝试昌化石制品的数字传播和线上销售,借助短视频、直播等形式,让国石产品及国石文化进入更为广泛的传播渠道,吸引更多的受众,特别是年轻群体走进石雕行业,使昌化石及其承载的文化,在传承和发展中焕发出更加动人的魅力。

二、昌化石基本特征

1. 昌化石矿物组成

昌化石的矿物成分及组合复杂,大多以地开石、高岭石等黏土矿物为主,次要矿物有埃洛石、石英、黄铁矿等。纯净的地开石、高岭石为白色。昌化石因常含汞、铁、锰、钛、钴等致色元素而呈黄、白、黑、红、灰等丰富色彩。

昌化石含辰砂矿物时,因辰砂颜色鲜红似鸡血,故称为昌化鸡血石。昌化鸡血石由"地"和"血"两个部分组成,"地"主要矿物为地开石、高岭石、叶蜡石、明矾石等,常呈白、灰白、灰黄白、灰黄、褐黄等色;"血"主要矿物为辰砂,常呈鲜红、朱红、暗红等红色,氧化后会变黑。

鸡血石的"血"和"地"

鸡血石因含有鲜红色似鸡血的辰砂而得名,其中含辰砂的红色部分称为"血",红色以外的部分称为"地",又称"地子""地张"。

辰砂晶体的粒度、含量、分布及鸡血石"地"的颜色和结构特征等,对"血"色都有不同程度的影响。《鸡血石制品 分级》(QB/T 4183—2012)中,将鸡血石的血色分为4个级别,由高到低依次表示鲜红、大红、暗红、淡红。

《鸡血石制品 分级》(QB/T 4183—2012)中,根据鸡血石的细腻程度、硬度、透明度、光泽、韧性及矿物组成将"地"划分为4个级别,由高到低依次为冻地、软地、刚地和硬地。

2. 昌化石基本性质

1)颜色

昌化石的颜色丰富,色彩绚丽,主要有白、黑、红、黄、灰等各种颜色,行业内口口相传的一些品种大多以颜色命名,如桃花冻、牛角冻、象牙白等,既直观又形象。昌化石中比较令人瞩目的两个品种昌化鸡血石和昌化田黄石也是依色起名(图2-2-11)。

昌化鸡血石多姿多彩、璀璨娇艳。昌化鸡血石由"地"和"血"两个部分组成，其颜色主要取决于"地"与"血"的矿物种类、颗粒大小、比例分布和颜色特征。"血"色可分为鲜红、大红(橙红)、暗红(紫红)、淡红等色级，"地"色常见有白、灰、黄、黑等颜色。

昌化田黄石大多以黄色为主色调，主要呈褐黄色、红黄色、灰黄色、黄白色等，也有呈红、白、黑、绿等色。

 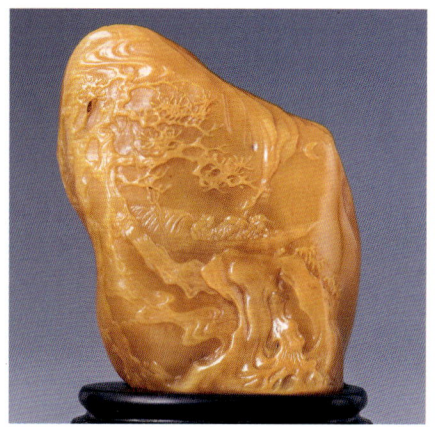

图2-2-11 昌化鸡血石/田黄石

2)光泽

光泽是指宝玉石表面反射光的能力，影响光泽的因素比较多，如质地、透明度、抛光程度等。未经打磨的昌化石原石多呈土状光泽，经抛光后，大都呈现出蜡状光泽甚至油脂光泽。昌化石多呈不同程度的蜡状光泽，以冻地的油脂光泽和强蜡状光泽为最佳。昌化鸡血石"血"的部分可呈现亚金刚光泽。

3)透明度

昌化石的透明度主要与其矿物成分及其纯净度、结构致密程度等相关。多数昌化石的透明度都不高，呈不透明或微透明，有少部分透明度较高，可达半透明。昌化石的透明度可分为半透明、微透明、不透明，以半透明的冻地品种为最佳。

4)密度

因为昌化石的矿物成分相当复杂，它们既可以由几乎完全是单一矿物的地开石组成，也可以包含多种黏土矿物(高岭石、明矾石等)，有些还可含有黄铁矿、刚玉、红柱石等矿物。因此,昌化石的密度会在一定范围内变化,通常为 $2.5\sim2.7\mathrm{g/cm^3}$。

5)硬度

昌化石的硬度比较低,通常莫氏硬度为 2~4,易受刀,是优良的篆刻和雕刻材料。

昌化石硬度与其矿物组成有关,当地开石、高岭石等黏土矿物含量高时,硬度较低,且韧性较好,是上好的篆刻雕刻石材;当含有黄铁矿、石英等硬度较高的矿物时,昌化石的硬度也随之增加。以昌化鸡血石为例,软地品种硬度 2.5~3,质地细腻,韧性较好,易于受刀,利于篆刻雕琢;而硬刚地品种则硬度较高,达 4~5,韧性较差,易碎裂,作为印章石手工篆刻相对困难。

6)净度

净度是指昌化石中的杂质和缺陷对其加工、美观和品质的影响程度。

《鸡血石制品 分级》(QB/T 4183—2012)根据杂质和缺陷的数量、大小、位置及形态不同将昌化鸡血石净度划分为 4 个级别,由高到低依次表示为 J1、J2、J3、J4。J1 为最优级,整体无裂、无裂隙注胶及复位黏结,可存在少量绺或肉眼不可见石英砂钉、黄铁矿、凝灰岩角砾等杂质。J2 为次优级,整体无裂隙注胶及复位黏结,可存在部分绺和裂,肉眼可见少量石英砂钉、黄铁矿、凝灰岩角砾。J3 为普通级,整体无复位黏结现象,可存在大量绺和肉眼可见部分石英砂钉、黄铁矿、凝灰岩角砾、裂,或者有裂隙注胶。J4 为最次级,肉眼可见大量石英砂钉、黄铁矿、凝灰岩角砾、裂,或者有复位黏结现象。

昌化鸡血石中常见影响净度的缺陷

砂钉:又称"石英砂钉""钉",昌化鸡血石中未完全蚀变成地开石的硬质石英斑晶颗粒,硬度高,不适宜镌刻磨光,为雕刻之大忌,影响其品质。

绺:昌化鸡血石制品上闭合的裂隙。对制品稳定性影响不大,经过后期地开石、高岭石等矿物充填后形成透明度相对较高的纹路,又称"活筋"。

裂:昌化鸡血石制品中延伸到表面的开放裂隙,对其稳定性有一定影响。

裂隙注胶:昌化鸡血石受外力作用及环境变化等原因产生的裂隙或微小孔洞注入无色胶进行充填的方法。其表面裂隙或微小孔洞内有极少量胶残留,肉眼较难发现。

复位黏结:将裂开的昌化鸡血石原石,通过无色黏合剂的黏合使之复原为整体的方法。其制品黏结两侧"血""地"一致,过渡自然,有细脉状胶贯穿分布。

7）质地

昌化石质地是指组成其矿物颗粒的种类、大小、形态、均匀程度及颗粒间结合方式等，具体表现在其细腻度、透明度、洁净度、光泽及硬度等方面，直接关系其品质。

昌化石按质地可以分为昌化冻石和其他普通昌化石，以半透明、细腻润洁、硬度适中、具蜡状光泽或油脂光泽的昌化冻石为上品。

三、昌化石分类

昌化石品种丰富，行业内常常从颜色、质地、结构、透明度、特征矿物等方面将其分为五大类：昌化鸡血石、昌化田黄石、昌化田黄鸡血石、昌化冻石、昌化彩石，约定俗成并广泛应用。

1. 昌化田黄石

昌化石原生矿是指因地质作用剥落破碎，经水流搬运、冲刷、散落到低洼处并沉积掩埋，因长期的水岩反应与土壤生化作用而形成的次生矿石。

昌化田黄石产于昌化玉岩山北麓的田地、坡地和溪边的泥沙中，主要为由地开石、高岭石组成的块状独石，呈浑圆状或次棱角状，当地称其为"籽料"。

昌化田黄石以黄色为主基调，有黄、白、红、黑、绿、褐等色系，以黄色最为多见。昌化田黄石颜色可见单色和多色，单色有明度、色调和纯度的不同，多色可见以单色为主，双色或多色伴生。

昌化田黄石大部分或多或少有石皮，薄厚不等，颜色各异，常见黄、白、红、黑、褐等色，以黄色为主。石皮质地细腻且分布均匀者，尤其适于薄意雕的艺术创作（图2-2-12）。

昌化田黄石外观与传统寿山田黄石相近，20世纪90年代开始得到广泛关注并进入市场。

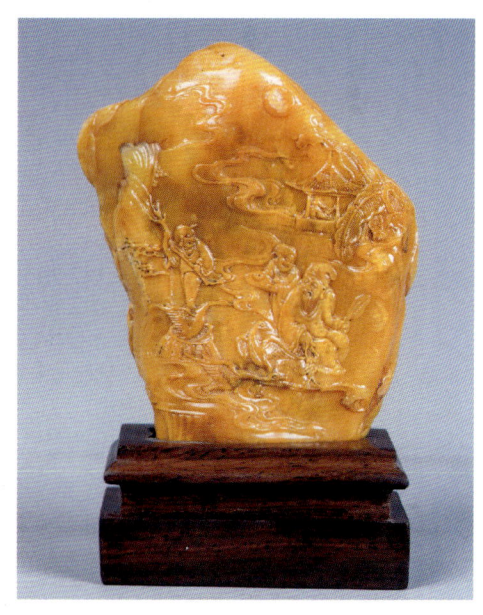

图2-2-12 《其乐融融》
（昌化田黄石，姜四海）

籽料与山料

籽料是指地质作用将原生矿剥蚀破碎后被水流冲刷搬运至河流中的次生矿石,特点是块度较小,常为卵形,表面光滑,因为经过长期搬运、冲刷、分选,籽料一般品质相对较好。籽料有时又被称为"水籽"。

山料是指从矿山直接开采的原生矿石。一般没有风化面表皮或风化层很薄,特点是块度的大小不一,呈棱角状。

昌化田黄石种类

当地行业内常常根据昌化田黄石肌理和石皮的颜色,依照传统寿山田黄石,约定俗成进行细分称谓,主要品种有田黄冻石、金银田石(金包银、银包金)、黄田石、白田石、红田石、黑田石、绿田石和多彩田石等。这些俗称常常源于观感,往往可以顾名思义。

金银田石:指由金黄色与银白色伴生的昌化田黄石,大多两色互为渗透,石质细腻温润,呈半透明—微透明。若外皮黄色包裹肌理白色,称为"金包银";外皮白色包裹肌理黄色者,称为"银包金"(图2-2-13);大多黄白相间,没有明显的相互包裹形态,则称"金银田石"。

图2-2-13 《春回大地》(昌化石,邵城鑫)

黄田石:指肌理呈黄色的昌化田黄石,石质细腻温润,半透明—微透明。昌化田黄石的大多数属此类品种。依黄色色调、浓淡及纯度的不同,又可象形细分为金黄、橘黄、桂花黄、绿黄和栗黄等。

白田石:指肌理白色或白中泛黄的昌化田黄石,质细腻润泽,半透明—微透明。

红田石:指肌理呈红色,或以红色为主,红黄、红白相间的昌化田黄石

(图2-2-14)。石皮以黄色为主,少数呈红色或黑色。

图2-2-14 《九罗汉》(昌化红田石,邵城鑫)

多彩田石:又称花田石,指肌理多种颜色伴生,石皮黄色或多色的田黄石。

2. 昌化田黄鸡血石

昌化田黄鸡血石是昌化石的独特类型,地子为昌化田黄石,并且含有红色辰砂,产于昌化玉岩山矿区山坡泥土层中,属"籽料"类。昌化田黄鸡血石红黄撞色、雍容华贵,质地细腻温润,适于篆刻,兼备了昌化田黄石和昌化鸡血石两者的优秀特性,可谓"帝后合一"的自然奇迹(图2-2-15)。昌化田黄鸡血石产量极其稀少,品质优者极富价值。

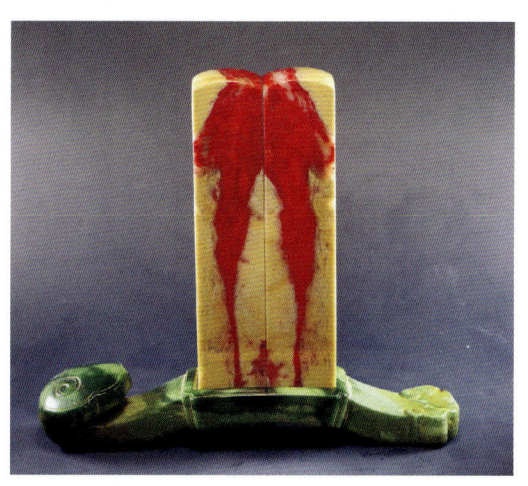

图2-2-15 昌化田黄鸡血石

掘性鸡血石

又称裹皮鸡血石。因地质作用,昌化鸡血石原生矿剥蚀崩塌,经水流搬运、冲刷、散落到低洼处,并长期沉积掩埋于泥土之下,具块度较小、浑圆状或次棱角状、表面光滑的特点,因为经过自然搬运分选,一般来说相对石质温润、结构致密,品质较好。

昌化田黄鸡血石种类

当地根据鸡血石伴生的昌化田黄石颜色来细分昌化田黄鸡血石种类,具体可分为黄田鸡血石、白田鸡血石、黑田鸡血石、绿田鸡血石、红田鸡血石、多彩田鸡血石等。

3. 昌化冻石

昌化冻石是昌化石中的优良品种,质地细腻、透明度较高,呈微透明或半透明,具蜡状光泽或油脂光泽,清亮细润、易受刀。

质纯的大块冻石极少见,多以局部含冻的形式出现。昌化冻石色彩丰富,常以颜色分类,如朱砂冻、红花冻(图2-2-16)、五彩冻等;也有以结构特征称谓的,如由黑、白两色组成自然飘逸如水墨画的水墨冻(图2-2-17),以及在

图2-2-16 昌化冻石(红花冻)

图2-2-17 昌化冻石(水墨冻)

冻地里以泛现许多小白点为特征的星子冻石,都是昌化冻石中颇有观赏价值的特色品种。

4. 昌化彩石

昌化彩石因颜色丰富多彩、结构纹理奇巧而得名,是昌化石中产量最大的种类,也是最常见的类型。

昌化彩石的颜色有白、黑、红、黄、灰等,并常以颜色划分称谓类别,如白色者称"白昌化",黑色或灰色杂黑色者称"黑昌化",多色相间者则称"花昌化"(图2-2-18)。

尽管昌化彩石的质地通常不如昌化冻石细腻温润,其蜡状光泽相对也较弱,多数不透明,少数呈现局部微透明,但昌化彩石因其绚丽多姿、变幻莫测的色彩,弥补了其质地上的不足,具有一定的观赏价值。若能形成色彩奇特、富于变化的图纹,栩栩如生、引人遐思,则极具收藏价值。

图2-2-18 昌化彩石

5. 昌化鸡血石

昌化鸡血石是昌化石中极具观赏价值和收藏价值的一个品种,拥有"印石皇后"的美称。在提出昌化石的其他石种的概念之前,昌化石即指昌化鸡血石。

昌化鸡血石含有红色辰砂矿物,辰砂矿物以浸染状或细脉状分布于以地开石、高岭石等为主要矿物组成基质之上,或浓或淡,或斑或片,艳红如鸡血,与温润基质相互映衬,细腻灵动、异彩纷呈,给人以强烈的视觉效果(图2-2-19)。

图 2-2-19　昌化鸡血石

在昌化鸡血石长期的发展过程中,行业内为方便交易推广形成了一些约定俗成的分类方法,来表述其色彩、纹理、质地等特点,如:按"地"分为冻地、软地、刚地和硬地;按"血"色分为鲜红、大红、橙红、暗红、紫红、淡红;按"血"量分布分为六面、四面、三面、两面;更有一些极具特色的名品,如大红袍、羊脂冻、刘关张等,彰显了鸡血石色彩纹理质地的个性之美。

1)按"地"分类

昌化鸡血石按"地"的品质分为冻地、软地、刚地和硬地 4 类。行业内对每一类又常常按其颜色、颜色组合、结构特征再进行细化命名,如羊脂冻、朱砂地、金银冻、雪花冻等。

(1)冻地鸡血石

冻地鸡血石质地温润细腻,清亮通灵,宛如"胶冻",微透明—半透明,强蜡状光泽或油脂光泽,莫氏硬度 2~2.5,韧性好,易受刀,行业内又称"冻石"。

冻地鸡血石地子主要由地开石、高岭石组成,不含或较少含其他矿物,呈白、黑、黄、灰、粉红等色及其间的混色(图 2-2-20)。行业内常常按其颜色、颜色组合及结构特征再进行分类命名,著名的如羊脂冻、牛角冻、田黄冻、桃花冻、水晶冻、玻璃冻、芙蓉冻、朱砂冻等类别。

冻地鸡血石是昌化鸡血石中的优质品种,极具收藏价值。

(2)软地鸡血石

软地鸡血石质地较细腻,微透明—不透明,蜡状光泽,莫氏硬度 2.5~3,韧性较好。

地子主要由地开石、高岭石组成,常含少量的明矾石、石英等其他矿物,呈

 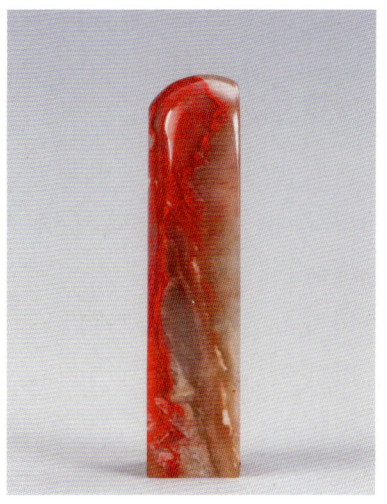

图 2-2-20 冻地鸡血石

白、灰、粉、黑、黄等色及其间的混色，少数以明矾石为主要组成矿物。行业内常常按其颜色、颜色组合及结构特征再进行分类命名，如白玉地、朱砂地、灰瓦地、青灰地等类别。

软地鸡血石是昌化鸡血石最常见的品种，占比在60%左右，虽然在"地"的透明度和光泽上略微逊色于冻地，但如果在血色、血形、色彩搭配上精美，仍是收藏佳品，若图纹奇巧惊艳，更是难得的极具收藏价值的精品（图2-2-21）。

 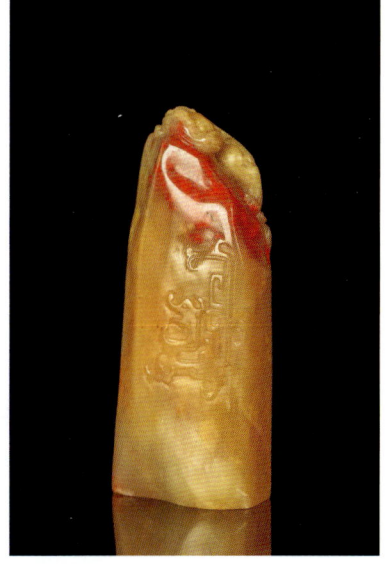

图 2-2-21 软地鸡血石

(3) 刚地鸡血石

刚地鸡血石俗称"钢板",质地稍显粗糙,尚有"玉"感,微透明—不透明,蜡状光泽,莫氏硬度较高,为3.5～5,又可细分为软刚地和硬刚地两类。

刚地鸡血石尽管在质地和硬度方面与软地鸡血石有明显差距,不利于篆刻雕琢,但其中也有不少收藏佳品,在净度、血形、血色等方面并不输冻地鸡血石和软地鸡血石。

刚地鸡血石主要矿物为明矾石,含不等量的地开石、高岭石、石英,可见白、乳白、粉红、黑、褐和浅灰等色(图2-2-22)。行业内常常按其颜色、颜色组合及结构特征再进行分类命名,如刚白地、刚灰地、刚褐地、刚黄地、刚花地等类别。

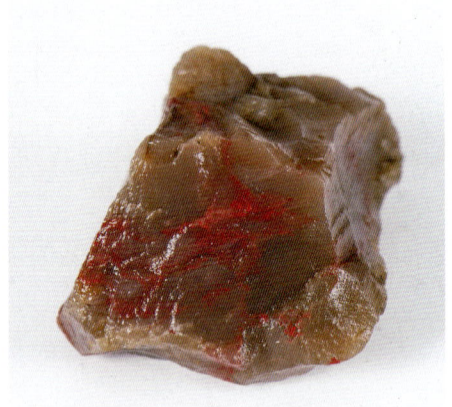

图2-2-22 刚地鸡血石

软刚地和硬刚地

行业内将刚地细分为软刚地和硬刚地。刚地性较脆,易碎裂,大多不适宜雕刻,更适于简单加工用于观赏其血色或形态之美。

软刚地:莫氏硬度3.5～4,微透明—不透明,光泽较好,可受刀,可治印篆刻,"血"稳定性略差,韧性较差,易破裂。

硬刚地:莫氏硬度4～5,不透明,光泽一般,易碎裂,不宜治印篆刻或雕琢。

(4) 硬地鸡血石

硬地鸡血石俗称"硬货",质地干涩粗糙,不透明,光泽暗淡,呈蜡状或土状,莫氏硬度高达6～7,难以受刀,脆性大,不宜治印篆刻。

硬地鸡血石地子主要由次生硅化凝灰岩或残余流纹岩组成,石英含量较高,含不等量的地开石、高岭石、明矾石。颜色主要为灰色、白色,也有少量黑色、红色,主要品种又称水泥地,属低档品,但"皮血"例外(图 2-2-23)。

图 2-2-23　硬地鸡血石

昌化鸡血石之"皮血"

"皮血"指鲜艳的"鸡血"以薄皮状出现在鸡血石的表面(单面或双面),通常附着在硬地鸡血石的表面,有的只需表面抛光便极具观赏价值,优质"皮血"适于制作工艺品和仿古件,"皮血"使该类硬地鸡血石品质档次得以提升。

2)按血色分类

血色指鸡血石中辰砂矿物呈现的颜色。受辰砂密集程度、粒度、分布状态等特征及地开石、高岭石等矿物环境因素影响,鸡血石呈现不同的血色,如鲜红、大红、橙红、暗红、紫红、淡红等。

按《鸡血石制品　分级》(QB/T 4183—2012),根据鸡血石制品主血色的色调、明度、饱和度变化,将血色级别由高到低分为四级,即鲜红、大红、暗红、淡红,在实验室借助 GemDialogue 色卡对颜色进行分级。

(1)鲜红

鲜红色鸡血石色调纯正,颜色鲜艳、饱和度高。

(2)大红(橙红)

大红色鸡血石色调纯正,饱和度较高。少量大红偏黄色的橙红品种也归于此类别。

(3)暗红(紫红)

暗红色鸡血石色调偏暗,黑色调增多,饱和度较高,也可称为紫红。

(4)淡红

淡红色鸡血石颜色饱和度低,颜色较稀薄且较淡。

鸡血石组成复杂,色彩丰富,往往同一件制品中存在多种血色,可依此分别描述。

3)按血量分类

血量是指血的多少,即鸡血石制品中辰砂的含量。常用血覆盖率来表征,即在鸡血石制品表面可见的血的面积占表面总面积的百分比。

按《鸡血石制品 分级》(QB/T 4183—2012),根据血覆盖率将血量分为4个级别,从高到低依次为≥50%、30%~<50%、10%~<30%、<10%。

(1)血量≥50%

以团块状、大片状血形为主,属鸡血石中的上好精品。一般来说,血量50%~70%者已是珍品,70%以上就是极品了。

(2)血量30%~<50%

以细脉状、网脉状、云雾状血形为主,属高档鸡血石。

(3)血量10%~<30%

以星点状、细脉状血形为主,属中档鸡血石。

(4)血量<10%

以零星血形为主,属一般鸡血石。

血量直接影响鸡血石价值。以鸡血石章料为例,血色分布以六面全红为上,六面均有血的方章极为稀有,如大红袍鸡血石;四面含血的鸡血石次之,然而如"红帽子"等极富特色的鸡血石也是难得的珍品;三面、对面、单面、顶脚或局部含血的鸡血石相对又依次次之。

以上的分类仅仅从血量的多少角度给出参考比例,有时即使鸡血石含血量相对较少,但血的形态及其所构成的花纹图案美观,其品级和价值也很高,成为收藏珍品。

昌化石常见俗称

行业内,常常按昌化石的质地、颜色、色彩纹理分布特征,借用比拟、借喻、象征等方法赋予其俗称,自然直观、生动形象、通俗易懂(图2-2-24)。

大红袍:指鸡血石印章六面布血,血量占比极高(有指90%以上、也有指70%以上),以冻地鲜红血最佳,非常稀少。

红帽子:指鸡血石印章上部是全红的鸡血,下部为冻石,血量占比三分之一左右,红而通灵,错落有致,别具一番风味,极具价值。

玻璃冻：又称"水晶冻"。浅乳白色，质地细腻、晶莹如玉，是冻地昌化石中透明度最高的品种，产出甚少，且无大块者。以蜡状光泽、色泽纯净者最佳，属昌化石中珍稀之品。

大红袍　　　　朱砂冻　　　　羊脂冻

牛角冻　　　　桃花冻　　　　五彩冻

金银冻　　　　芙蓉冻　　　　红帽子

图 2-2-24　昌化石常见俗称

羊脂冻：乳白色，质地细腻，半透明或微透明，似凝结羊脂，故名羊脂冻。颜色多数并非纯乳白色，有的略带浅灰色或蛋青色，有的杂有絮状物，以洁白纯净无瑕者为最佳。

牛角冻：色如牛角，灰黑色中略渗浅黄褐，半透明或微透明，富有光泽，以质地纯净细腻无杂质者为上品。

朱砂冻：呈紫黑色或棕红色，微透明，石质温润典雅、厚重华丽，常与白、黄、红等颜色伴生，画面颇具自然美感，以质细微透无杂为上品。

"刘关张"：借用传统《桃园三结义》京剧脸谱的象征颜色，将黄/白（刘备）、红（关羽）、黑（张飞）三色伴生者，称为"刘关张"，寓意忠诚"三结义"。

桃花冻：呈粉红色，质地温润细腻、纯净微透。若有鸡血石伴生在艳若桃花的基底中，更是鲜艳娇美，称桃花冻鸡血石。

藕粉冻：浅灰泛红，似熟藕粉，有浓粉感，半透明或微透明，易受刀。

五彩冻：红、白、棕、黄、黑等多种颜色交错伴生的花色冻石，微透明—半透明，或部分半透明。

金银冻：呈黄、白两色，两色相间或相互包裹，质地细腻润泽，微透明—半透明。以画面美观、微透无杂为上品。

芙蓉冻：玉白色，半透明—微透明，质地细腻、温润如玉，偶会伴生其他的颜色。

鱼子冻：灰白色，半透明—微透明。质地晶莹脂润，并在其中散有小点白花，是昌化石中的名贵品种，产出甚少。

雪花冻：白色、灰白色，微透明—半透明，因含有雪花形纹样而得名，质地细润，颇有意境。

四、昌化石鉴定

1. 昌化石鉴定方法

一般来说，有经验的专业人士在肉眼观察（必要时配合放大镜和手电筒）的基础上，再适当借助宝石鉴定仪器设备，运用现代分析测试技术，能够给予准确定名。

1）肉眼观察

肉眼观察的内容包括颜色、光泽、硬度、透明度、结构等。昌化石颜色丰富,有浅黄、白、灰、褐紫、黑等色;常呈油脂光泽或蜡状光泽;硬度低,莫氏硬度2~4,可轻易被小刀刻划(硬钢地和硬地鸡血石例外,莫氏硬度高达5~7,难以受刀);透明度低,不透明—微透明;隐晶质至细粒状结构,致密块状构造。

鸡血石的颜色由"血"和"地"两个部分组成。"血"呈鲜红、朱红、暗红等红色,由辰砂的颜色、含量、粒度及分布状态决定,氧化后会变黑。"地"常呈白、灰白、褐黄等色,常呈油脂光泽或蜡状光泽。"血"呈微细粒或细粒状,成片或零星分布于"地"中;"地"呈隐晶质至细粒状结构,致密块状构造。

昌化石、鸡血石的肉眼鉴定需要依靠丰富的实践经验,才能较为准确地判断,对于初学者仅通过肉眼鉴定判断真伪难度较高。

2)放大检查

放大检查是肉眼观察的进一步扩展,借助放大镜或显微镜可以观察到肉眼无法看到的内外部的某些细微特征。

观察内容主要包括结构构造、次要矿物等。

昌化石结构致密,具隐晶质至细粒状结构,致密块状构造。

昌化鸡血石用放大观察可见细粒状辰砂矿物分布。天然血中的辰砂矿物呈亚金属光泽,呈细粒状或细粒集结成点状、片状、带状、块状等分布于"地"内或表面,有一定的不均匀性和层次感。人工假"血"多非辰砂,而是有机染料,其分布单一,放大无矿物细粒结构,即便是添补辰砂,也有别于天然血的特征,通过仔细观察能够加以分辨。

3)仪器鉴定

实验室往往还根据需要借助一些仪器设备,通过测试一些参数和特征,如光性特征、折射率、吸收光谱、荧光特征、红外光谱、X射线衍射分析等,来综合判断鉴定。

(1)常规参数特征

光性特征:非均质集合体。

折射率:昌化石折射率常为1.56(点测)。昌化鸡血石中"地"的部分折射率常为1.53~1.59(点测);"血"的部分折射率一般大于1.81(点测);双折射率集合体不可测。

莫氏硬度:2~4(硬钢地和硬地鸡血石除外)。

密度:2.5~2.7g/cm^3。

紫外荧光:长波(365nm)无;短波(254nm)无。

紫外可见光谱:无特征。

（2）红外光谱分析

红外光谱分析有助于鉴别昌化石的种类并区分其他相似玉石。

昌化石中红外指纹区具黏土矿物中Si—O等基团振动所致的特征红外吸收谱带，官能团区具OH振动所致的特征红外吸收谱带。

采用K-Br压片法，对昌化石进行红外光谱分析。

以地开石为主要矿物成分的昌化石，测得红外光谱图具地开石特征吸收谱带，在官能团区和指纹区可见 $3701cm^{-1}$、$3652cm^{-1}$、$3622cm^{-1}$、$1035cm^{-1}$、$1003cm^{-1}$、$913cm^{-1}$、693、$538cm^{-1}$ 等附近的吸收谱带（图2-2-25）。

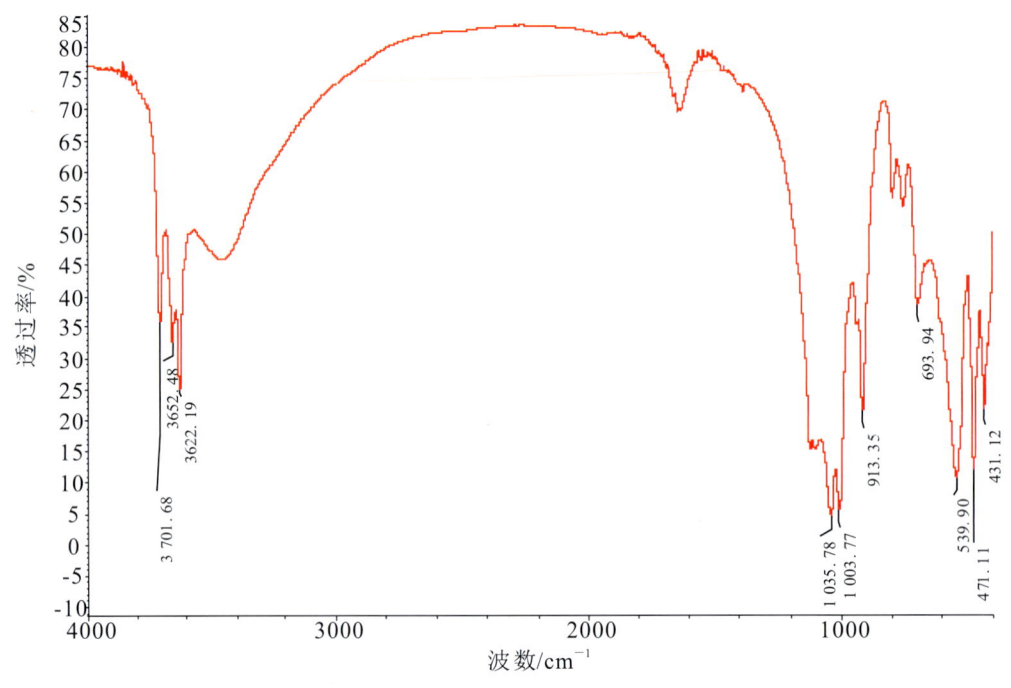

图2-2-25　昌化石红外光谱图（主要矿物成分为地开石）

以地开石、高岭石为主要矿物成分的昌化石，测得红外光谱图具地开石、高岭石特征吸收谱带，在官能团区和指纹区可见 $3699cm^{-1}$、$3652cm^{-1}$、$3621cm^{-1}$、$1101cm^{-1}$、$1034cm^{-1}$、$1005cm^{-1}$、$913cm^{-1}$、$794cm^{-1}$、$753cm^{-1}$、$695cm^{-1}$、$539cm^{-1}$、$470cm^{-1}$、$430cm^{-1}$ 等附近的吸收谱带（图2-2-26）。

高岭石族矿物的地开石和高岭石红外光谱特征相近，在 $3700\sim3600cm^{-1}$ 的官能团区范围内有2～3个强而锐的吸收谱带，指纹区在 $1200\sim1000cm^{-1}$ 间有2个较宽的吸收谱带，在 $950\sim900cm^{-1}$ 间有1个中等强度的吸收谱带，在 $800\sim600cm^{-1}$ 间有3个弱的吸收谱带，$600cm^{-1}$ 以下还有几个吸收谱带，强度基本依次降低。根据吸收谱带的位置、形状和相对强度可以区分高岭石、地开石。

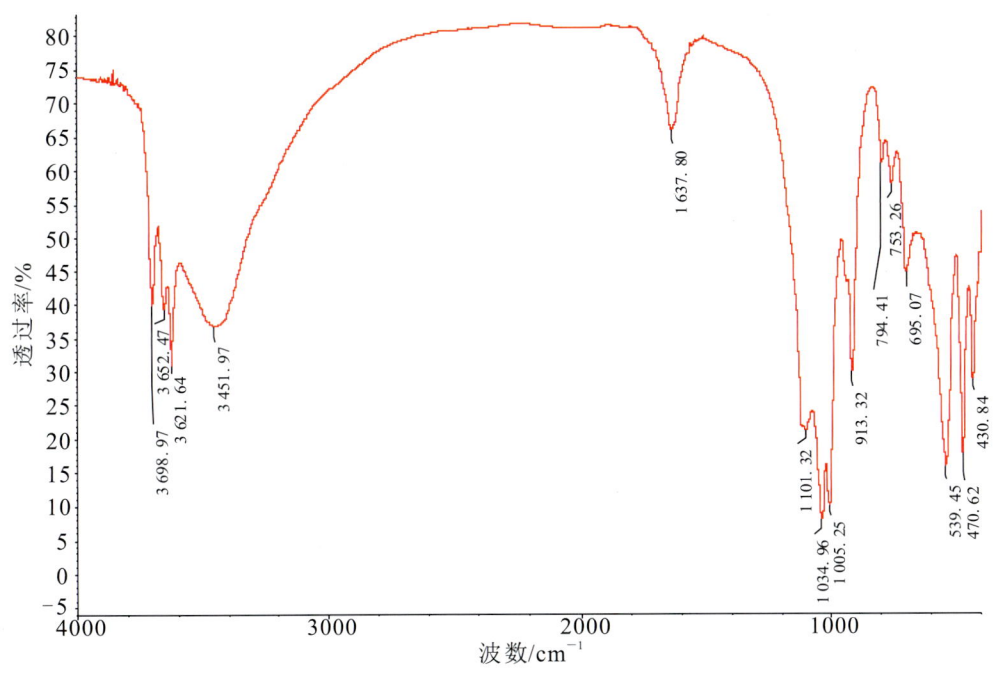

图 2-2-26　昌化石红外光谱图（主要矿物成分为地开石与高岭石）

以明矾石为主要成分的昌化石，测得红外光谱图具明矾石（含少量石英）特征吸收谱带，在官能团区和指纹区可见 3481cm^{-1}、1629cm^{-1}、1228cm^{-1}、1163cm^{-1}、1089cm^{-1}、1027cm^{-1}、916cm^{-1}、797cm^{-1}、685cm^{-1}、628cm^{-1}、601cm^{-1}、582cm^{-1}、473cm^{-1}、431cm^{-1} 附近的吸收谱带（图 2-2-27）。

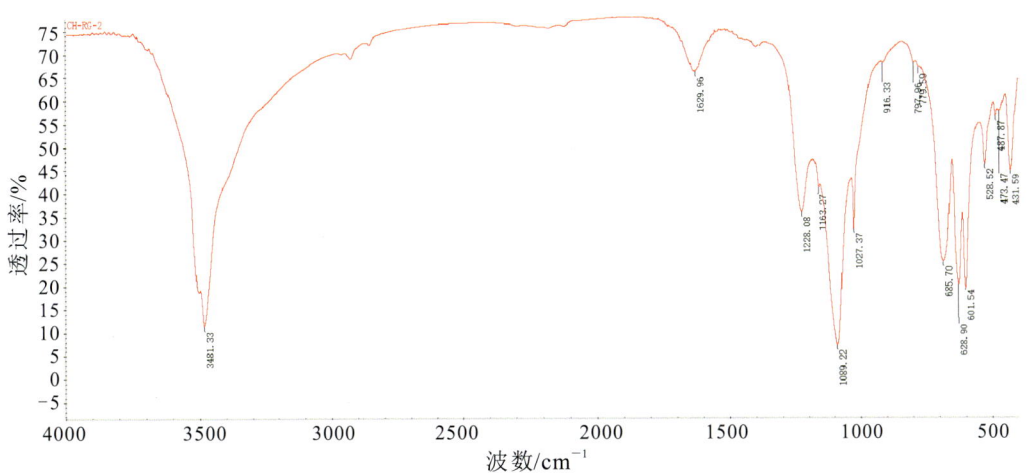

图 2-2-27　昌化石红外光谱图（主要矿物成分为明矾石）

利用红外光谱,可将昌化石与其他相似品鉴别区分。昌化石的常见相似品有绿泥石、滑石等(图2-2-28～图2-2-30)。

昌化石　　　　　　　绿泥石　　　　　　　滑石

图2-2-28　昌化石及常见相似品

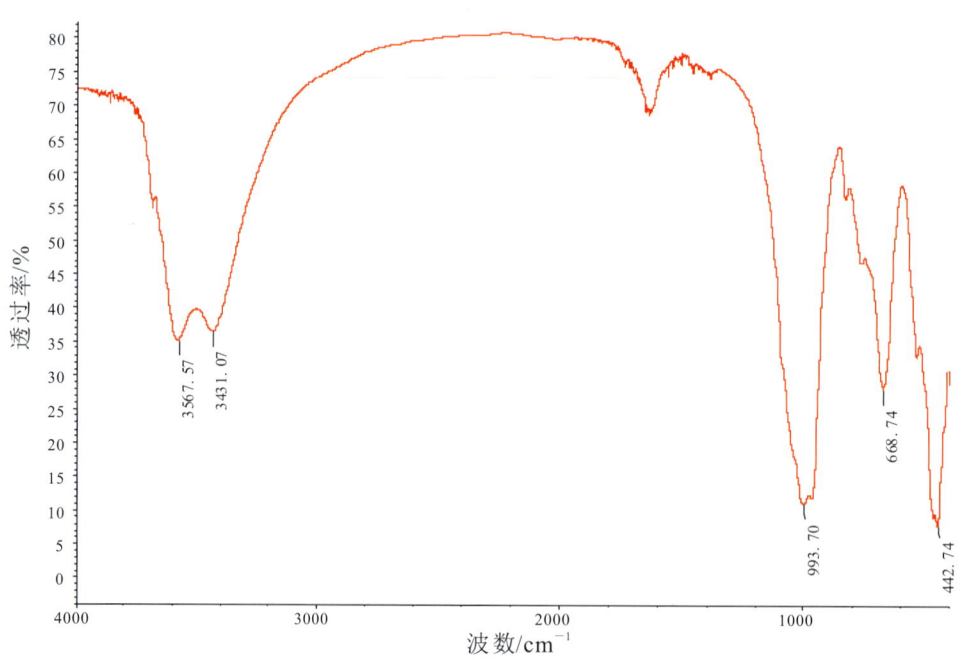

图2-2-29　昌化石相似品红外光谱图(绿泥石)

一般来说,滑石在3700～3600cm^{-1}的官能团区只有3676cm^{-1}的吸收峰,绿泥石在3700～3400cm^{-1}官能团区有3567cm^{-1}、3431cm^{-1}的吸收峰,可以与昌化石区分开来。

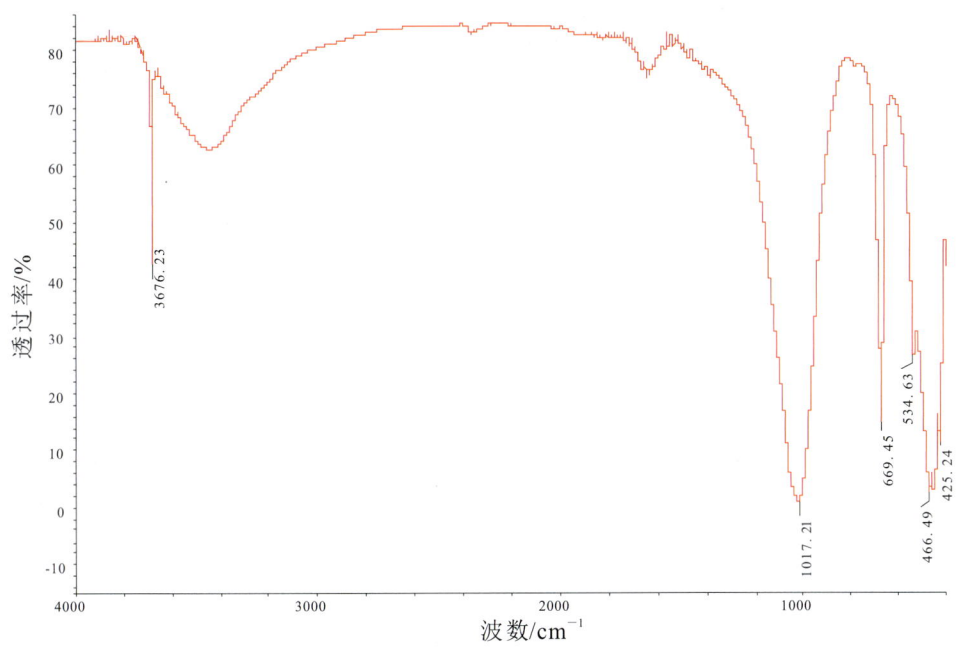

图 2-2-30　昌化石相似品红外光谱图（滑石）

昌化鸡血石中的辰砂在远红外区具特征红外吸收谱带。

2. 昌化石优化处理

优化处理指除切磨和抛光以外，用于改善宝玉石的外观（颜色、净度或特殊光学效应）、耐久性或可用性的所有方法。优化处理可进一步划分为优化和处理两类。

优化是指"传统的、被人们广泛接受的使珠宝玉石潜在的美显示出来的各种改善方法"。可直接使用该名称，也可在相关质量文件中附注说明具体优化方法。

处理是指非传统的、尚不被人们广泛接受的优化处理方法。经过处理的珠宝玉石定名时必须在基本名称处注明。

昌化石天生丽质，更有独特的"名石"文化加持，资源日益稀缺，而喜爱收藏的人却越来越多，其价值自然是越来越高。在利益驱动下，昌化石特别是其中的昌化鸡血石以次充好、以假乱真时有发生。由于其品种繁多，作假手段不断提升，鉴别难度大，即便行家里手也偶会走眼。

1)常见优化

封蜡:将蜡类物质加热融化,均匀覆盖于昌化石的表面,是一种传统的用以改善保持其外观特征的方法。

浸蜡、浸油:用少量无色蜡、无色油充填昌化石裂隙缺口或表面,以轻微改善外观、保养产品。

覆无色膜:在昌化石表面覆无色膜,以保护产品。需注意的是,定名或商贸交易时,应说明该制品"覆无色膜"。

2)常见处理

(1)充填

昌化石受外力作用及环境变化易发生破裂,行业内常用无色胶充填裂隙或用胶等黏合剂黏合以复原产品。

昌化石充填视充填物多少分为两类:若是少量胶充填细小裂隙或微小孔洞,以改善其外观和耐久性,可归于优化,应在定名或商贸交易时附加说明,如该制品经过"复位黏结"等;若是大量的胶等黏合剂充填多处裂隙或孔洞复原产品,以改变其外观和耐久性,则属于充填处理,应在定名或商贸交易时标注经过"充填处理"。

昌化石放大检查可见充填部分表面光泽与主体玉石有差异,呈树脂光泽,充填物沿裂隙分布,充填处有时可见气泡或搅动状构造;长、短波紫外光下,充填部分荧光多与主体玉石有差异,呈蓝白色荧光;红外光谱测试可见充填物特征红外光谱;发光图像分析(如紫外荧光观察仪等)可观察到充填物分布状态。

(2)染色

染色是指将致色物质(如染料)涂抹、充填附着或渗入到昌化石,以改善或改变其颜色,提高其颜值。

下面以昌化鸡血石的染色处理(行业内所谓的"真'地'假'血'")为例进行阐述。

早期鸡血石的染色处理,是将无血的方章,参照鸡血石的血形,将红色染料抹在方章表面,待干燥后,放到透明的树脂里浸染,干后即成,非常易于分辨。

现在更多的是将加入辰砂粉末或红色染料与胶的混合物,充填附着方章或者摆件等制品的表面或裂隙凹坑中,干燥后再涂上一层树脂,以增加"血"色,提高观感和档次(图2-2-31)。

染色鸡血石"血"色单一,多浮于表面,或沿裂隙及表面凹坑处富集,缺乏层次感和连贯性,染色处有时可见气泡或搅动状构造。

若为红色染料染色,则颜色颗粒无定形,光泽较辰砂弱,呈油脂光泽。在长波紫外光下,染料可引起蓝白色荧光。成分分析仪器(如X射线荧光光谱分析仪等)检测红色染料多无汞元素,并可检测到染料中的外来元素。红外光谱测试可见胶类充填物特征红外光谱。

鸡血石染色中更具欺骗性的染色处理方法,是在原有部分真血的基础上,添加了部分假血。在血少、血淡的低档鸡血石产品上,增加涂抹红色辰砂混合物,以增加血的幅面或血的浓度,同时也可掩盖一些地子上的瑕疵。一般在添加血色后,采用高透明度树脂覆盖材质表面,再经过细心打磨,形成结构紧密的薄层,以假冒高档鸡血石,可谓"色上加色"或者"锦上添花"(图2-2-32)。这种方法往往稍不注意,便会以假乱真。

图2-2-31 鸡血石染色
(染色处理,图片来源于亓利剑)

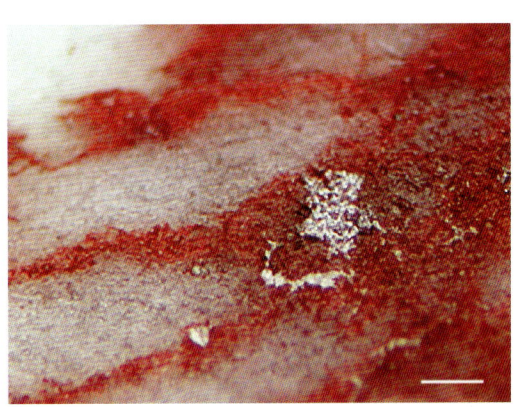

图2-2-32 鸡血石染色
(色上加色处理,图片来源于亓利剑)

(3)覆有色膜

在昌化鸡血石表面覆盖一层有机膜,膜中还混有辰砂粉末或其他色染料,用以改变光泽、颜色等外观,视为处理(图2-2-33)。

覆膜品放大检查表面光泽异常、折射率异常,局部或可见薄膜脱落现象,红外光谱或拉曼光谱测试可见膜层特征峰。

若膜中混有辰砂粉末或红色染料,仔细观察可见"血"色飘浮于透明层中,鉴定特征同染色处理。

(4)镶嵌

一般指鸡血石的镶嵌处理。在鸡血石制品合适的区域,经人工刻挖出大小不一的坑,然后再用胶填入红色的鸡血石有色碎料,以扩大"血"面,提升颜值。经过该方法处理的鸡血石与自然真品价值差距巨大,需要谨慎鉴别。

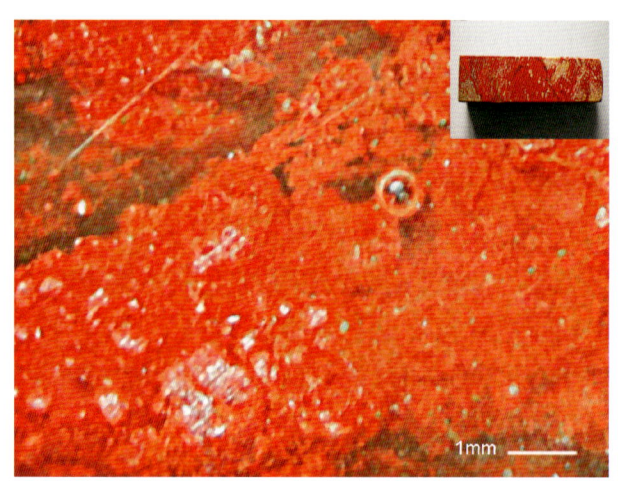

图2-2-33 鸡血石染色(覆有色膜处理,图片来源于亓利剑)

镶嵌鸡血石的制作方法通常有三类:一类是在原本没有鸡血的昌化石上贴鸡血石片;一类是选用质地相似的鸡血石嵌入,使得原本较小的鸡血石变大;还有一类更具欺骗性,往往出现在雕刻品中,在制品原本没血的地方嵌入黏合一块鸡血石小片,然后将黏合处周围加以俏色雕刻处理,修饰结合处具过渡生硬的特征。

镶嵌过的鸡血石只要用心检查、仔细观察,必要时借助放大检查、荧光检测及红外检查等技术手段,还是能够分辨出蛛丝马迹、准确加以鉴别的。

(5)拼合

一般指鸡血石印章的拼合处理,又叫"组拼法""组合法""拼接法"。选鸡血石地色相近者拼接成整体,再用树脂、色料填充不足之处,加以表面处理,经切磨抛光,即成为一块完整的鸡血石印材。

此法工艺精细,技术含量高,难度较大,须有相当的工艺技能。因为是拼接的,所以拼合面的颜色可能存在深浅不匀,光泽可能存在差异,拼合处有时可见气泡,接触边界两侧"血""地"及纹理不连贯、不自然,有违自然形成规律。长、短波紫外光下,拼合处呈蓝白色荧光。红外光谱测试可见充填物特征红外光谱。

(6)包皮

一般指鸡血石印章的包皮处理,是一种特殊的拼合方法。包皮有几种类型:一种是用鸡血石的下角料切成薄片,粘贴在普通印石的毛坯上,再用树脂、色料或少许辰砂,绘制涂抹出与鸡血石相似的"自然"图案,再在表面覆盖一层树脂薄层,如此反复修饰几遍,其厚度2~3mm,凝固后再磨平抛光。此工艺表里不一,容易被篆刻者识破。另一种是把方形章料6个面切割出6片薄片,然后在章料上涂抹辰砂或染料混合物仿造出血色,再将6个薄片用胶粘回复原。该方法初看血色分布在石皮中,但细看能发现血分布在一个平面上,有违常规并不自然。还有一种是比较有欺骗性的方法,在方形章料6个面,贴上严丝合缝的6片鸡血石薄片,但通过仔细观察,印章棱角处以及每个面的"血"和"地"的过渡处仍有不同常态的蛛丝马迹可寻,比如可能有粘接痕迹或气泡等。

（7）再造

一般指鸡血石的再造,是将块度较小的鸡血石原料粉碎成细小颗粒,再与辰砂和胶黏剂等混合,在一定温度及压力下固化,做成块状体后再加工成各种形状,行业内称为"假'地'真'血'"（图2-2-34）。

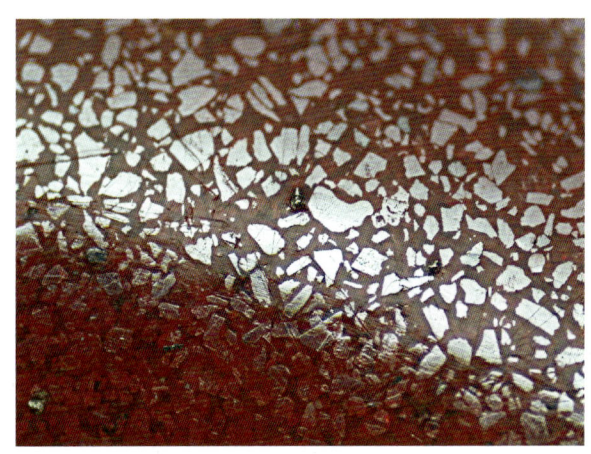

图2-2-34 再造鸡血石（假"地"真"血",图片来源于亓利剑）

再造鸡血石可以利用显微镜放大观察加以鉴别,镜下可见明显不同于天然鸡血石的颗粒状结构,辰砂颗粒（红色部分）分布于地开石等碎块与颗粒之间。

因为再造鸡血石经碎化再用胶黏结,所以密度会比天然鸡血石低,可借助掂重比较法或静水称重法测试密度加以检测。

3. 鸡血石仿制品与其他相似品

1）仿鸡血石

由石粉、树脂、色料或辰砂粉等原料,经过工艺调配、铸型、磨光抛光,用以仿制鸡血石制品,行业内称为"假地假血"。

按此工艺仿制出的成品表里如一,初看外观相似,其密度、硬度以及雕刻手感也可以调至相近于真品,但血色单一、血形呆板,光泽亮度均有别于天然石,易于辨别。

也有用黑色或灰黑色塑料做"地",在其上涂抹调制的辰砂粉末或红色染料当作"血",并在其外表覆盖一层保护树脂,俗称"工艺鸡血石",此类塑料仿制品易于鉴别。

2)其他相似品

(1)桂林鸡血石

桂林鸡血石又名"桂林鸡血玉",产于桂林市所辖的龙胜县,又叫"龙胜红碧玉"。

桂林鸡血玉以石英为主要矿物成分,可含有较多的赤铁矿、针铁矿、黏土矿物等矿物,不含辰砂,莫氏硬度6.5～7,不适合治印。颜色有大红、紫红、浅红、褐红等各种红色,属隐晶质结构石英质玉,密度 $2.7\sim2.95\text{g/cm}^3$,玉质细腻,抛光性能良好,抛光后呈玻璃光泽或油脂光泽,具有一定的雕琢加工特性(图2-2-35)。

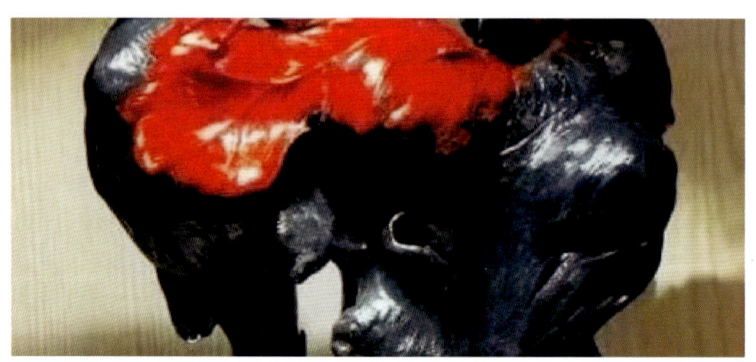

图2-2-35 桂林鸡血石

(2)贵州鸡血石

贵州鸡血石产于贵州东部铜仁,主要组成矿物为方解石,"血"与昌化鸡血石类似,为辰砂,此外还含有少量的铁、钛等致色元素,莫氏硬度4～4.5,不太适合治印。

贵州鸡血石的地子岩性主要为灰岩及硅化灰岩,多以黑、白、灰等色为主,通常局部微透明;"血"呈鲜红色,以细脉状、条带状、片状、团块状、斑点状和云雾状分布于"地"上,极细腻。

贵州鸡血石的"血"大多数呈鲜红色,可见通体布满辰砂的类型,类似传统昌化鸡血石中的大红袍,但缺少层次感和灵动感。贵州鸡血石的"地"透明度差,光泽感不强,显得有些干涩(图2-2-36)。

图2-2-36　贵州鸡血石

(3)朱砂玉

朱砂玉又称"牡丹玉",为含辰砂的石英岩玉。1981年最初发现于吉林一金矿顶部,因此也称为"金顶红"。

朱砂玉石质坚硬,质地细腻致密,不透明,莫氏硬度7,密度$3\sim6g/cm^3$(因辰砂含量而异)。辰砂细小,多均匀分布,颜色为红色至淡暗红色,也有类似缠丝玛瑙的暗红色环。含辰砂高者,可呈金刚光泽,常呈玻璃—油脂光泽(图2-2-37)。

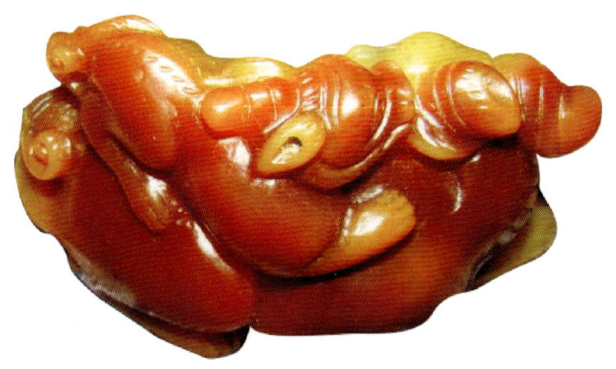

图2-2-37　朱砂玉

(4) 染色岫玉

染色岫玉俗称"血丝玉",市场上常见的"血丝玉"由岫玉染色而成,主要组成矿物为蛇纹石。

在染色之前,通常先将岫玉进行淬火处理,以使其产生众多的细小绺裂,然后浸入红色颜料中,颜料渗入并沉淀于这些绺裂中,看上去好像布满了红色的血丝。一般常见制成手镯或者仿古玉器(图2-2-38)。

(5) 血玉髓

血玉髓是石英的隐晶质异种,主要成分为二氧化硅。

血玉髓是一种微透明—不透明的暗绿色碧玉,分布有由赤铁矿致色的血红—棕红色斑点,玻璃—蜡状光泽,断口呈油脂光泽,莫氏硬度5~7,密度2.5~2.77g/cm³。

其中分布的红色斑点颜色艳如鲜血,常呈血滴状、星点状,故又有"血滴石""血星石"之称(图2-2-39)。

图2-2-38 染色岫玉

图2-2-39 血玉髓

血玉髓只在我国有些地区俗称其为"鸡血石",其实纯属谬误,切不可将其与著名的印石昌化鸡血石混为一谈。血玉髓的著名产地是印度。

巴林鸡血石

巴林鸡血石出产于内蒙古自治区赤峰市巴林右旗赤峰山,主要成分与昌化鸡血石类似,由地开石、高岭石、辰砂和赤铁矿等组成。

巴林鸡血石物性与昌化鸡血石基本相同,石质细腻,质地温润,而且有较高的透明度,硬度适中,非常适于印章篆刻,也很适合雕刻成工艺品。

民间有"南血北地"之说,指的是昌化鸡血石血色鲜艳纯正、浓厚灵动,而巴林鸡血石石质细润、温润清透,二者各有千秋。

昌化鸡血石中的血与周围非血颜色往往决然分开,血形分布具明显的方向性,高档品血聚集程度高;而巴林鸡血石中的血与周围非血部分颜色往往逐渐过渡,血不具方向性,血形比较分散,巴林鸡血石见光后颜色常变为暗红色(图2-2-40)。

昌化鸡血石中经常有石英斑晶,俗称钉;而巴林鸡血石中无石英斑晶,石质更细润清透。

图2-2-40 巴林鸡血石

真真假假"昌化鸡血石"

昌化鸡血石的真假鉴别包括两部分内容:

首先,鉴别是不是昌化鸡血石。

从矿物组成、颜色、光泽、硬度、透明度、结构等特征方面,通过肉眼观察、放大检查、仪器鉴定等手段,来确定其是否为昌化鸡血石。

将鸡血石与仿鸡血石以及其他相似品区别开来。

其次,鉴别是不是经过处理。

在确定其是昌化鸡血石的基础上,还需要鉴定是否经过处理,即鉴别"地"与"血"的真假及其完整性。

(1)真"地"假"血":如染色(或色上加色)、覆膜处理。

(2)假"地"真"血":如再造处理。

(3)真"地"真"血":如镶嵌、组拼、包皮处理。

将自然天成,仅经过切割雕琢等传统方式加工的鸡血石与经过处理的所谓"作假"的鸡血石区别开来。

五、昌化石材质评价

"万象皆从石中出,刻画始信有天工。"昌化石色彩瑰丽且富于变化,其中的鸡血石更是闻名遐迩,在战国时已被贵族使用,宋元时已享盛誉,明清时期更被列为皇室贡品,用于帝后玺印。

昌化石,尤其是昌化鸡血石,凭借其优良的材料性质,成为最受篆刻家喜爱的印石材料之一,新中国成立之后也是多次作为国礼赠送给他国领导人,其"印石皇后""印石之宝"的美称蜚声中外,成为代表国家文化和形象的玉石材料之一(图2-2-41)。

图2-2-41 昌化鸡血石与昌化石

昌化石种类众多,可分为昌化鸡血石、昌化田黄石、昌化田黄鸡血石、昌化冻石、昌化彩石五大类。昌化鸡血石质地细腻灵动、血色浓烈艳丽,以羊脂冻、牛角冻、刘关张等珍贵奢品名扬天下;昌化田黄石为后起之秀,其质地温润细腻、色泽雍容华贵,依托寿山田黄文化,引起广泛关注并迅速走红;昌化田黄鸡血石兼备鸡血石和田黄石的优点,堪称质色俱佳;昌化冻石微透清丽、润泽多色、石性稳定,主要品种如芙蓉冻、五彩冻、桃花冻、朱砂冻等,极具观赏和收藏价值;昌化彩石色彩丰富,纹理奇巧,引人入胜。

昌化石材质的评价主要从质地、颜色、纹理、形状等方面讨论(其工艺价值在第三章叙述）。

1. 昌化石质地

昌化石是由地开石、明矾石、高岭石等矿物组成的隐晶质或微晶质矿物集合体，当含有辰砂矿物呈鲜艳红色酷似鸡血时，称昌化鸡血石。其质地受组成矿物颗粒的种类、大小、形状、均匀程度以及颗粒间隙相互关系等因素的影响，会呈现出不同的细腻度、透明度、洁净度、光泽以及硬度，以致密细腻、透明度高、硬度适中、润泽莹洁为上品。

昌化石质地受杂质和裂绺等瑕疵的影响，瑕疵的存在影响其美观和耐久性，进而降低其价值。只有对瑕疵的性质、大小、位置、分布等进行综合分析，才能判断出瑕疵对昌化石石质价值的影响程度。

昌化石以洁净无杂、外形完整者价值为高。但是如果其他物质或结构特征对净度的影响是有规律而富有特色的，呈现出有观赏价值的图纹图案，例如著名的水墨冻、雪花冻品种，则属锦上添花，对其品质价值起到正向的提升，具体见纹理部分内容。

2. 昌化石颜色

颜色是影响昌化石品质价值的重要因素。

昌化石颜色丰富，各具特色，别具一格，极具价值。

昌化石中质地上佳的冻石，晶莹、清亮、细润，按颜色可分为单色冻（图 2-2-42）和多色冻（图 2-2-43）。单色冻指石色为单一颜色，以颜色纯正为上品，如著名的羊脂冻、白玉冻；多色冻则是指具有两种或两种以上颜色，以颜色纯正、搭配协调美观为上品，若斑斓色彩形成象形图纹或巧夺天工如诗意画卷，则属极具价值的珍品，如名品金银冻、水墨冻、五彩冻。

羊脂冻呈乳白色，质地细腻，半透明或微透明，宛如凝结的羊脂而得其名；金银冻由黄、白两色相间，黄色无瑕，白色纯净，整体晶莹透亮，质地温润，极具价值；水墨冻则是在较明净的黄色、灰色或白色的冻地上，飘逸着黑色花絮，或黑白相伴，宛如水墨画般清丽，奇巧而精美，别有一番意境。

昌化石中常见的昌化彩石，颜色丰富、纹理奇巧，行业内常常以颜色称谓石种，简单明了，方便实用。白色的昌化石常称为"白昌化"，黑色或灰黑色者常称为"黑昌化"，多色相间者则称为"花昌化"。昌化彩石的颜色以色彩鲜艳纯正、图纹精美奇巧为佳，若色彩奇特且形成富于变化的图纹，达到栩栩如生、叹为观止的境界，则极具收藏价值。

图 2-2-42　单色冻（白玉冻）

图 2-2-43　多色冻（水墨冻）

昌化鸡血石是昌化石中令人瞩目的品种，色彩绚丽娇艳，呈现出奇巧莫测、意蕴深远的自然造化之美，令人叹为观止。

昌化鸡血石由"血"和"地"两个部分组成。

按主血色的色调、明度、饱和度可以分为鲜红、大红（橙红）、暗红（紫红）、淡红等色级，或热烈奔放、或凝重深邃、或清新柔美，极具观赏价值。

"地"色是指除血色外部分的颜色，常见有白、灰、黄、黑等颜色，"血""地"交相辉映，成就了昌化鸡血石的多姿多彩、瑰丽绚烂。

鸡血石的"血"主要从血色、血量、血形的分布特征3个方面来对其进行综合评价，一般来说，以色鲜、血多、形美为佳。

血色级别最高的是鲜红色，鲜红者又称"活血"，色调纯正，颜色鲜艳、饱和度高，是优质极品鸡血石的必要条件（图2-2-44）；其次是大红（橙红）色，虽相比鲜红略微逊色，但色调纯正，饱和度较高，美观娇艳，是昌化鸡血石中极具价值的品种；再次是暗红（紫红）色，色调偏暗，黑色调增多，饱和度较高，如果地子、图纹等搭配得当，仍不失为收藏佳品；血色级别更低的是淡红色，淡红色鸡血石颜色饱和度低，颜色较稀薄较淡，价值相对较低，但是如果地子出色、搭配出彩，依然惹人喜爱而颇具价值。

血色的美艳离不开"地"的衬托（图2-2-45），高品质鸡血石的"地"细腻莹润，纯净通灵，半透明，呈现油脂或蜡状光泽，尤以冻地和软地为佳，如洁白的羊脂冻更能将鲜红的"鸡血"映衬得娇艳欲滴、惊艳绝伦；反之，如果地子干涩暗淡多杂，了无生趣，再红再多再好的血色也无法显现，无法实现高品质价值。

图 2-2-44 血色（左：鲜红、中：大红、右：暗红）

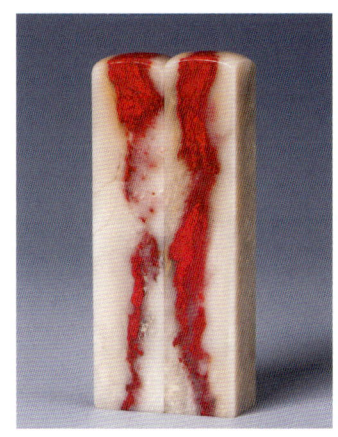 

图 2-2-45 冻地映衬"鸡血"

血量的多少对鸡血石价值的影响很大（图 2-2-46）：

血量少于 10% 的价值相对较低，以零星血为主；血量达到 30% 的为中档，以星点状、细脉状血形为主；血量达到 30%~50% 的属比较珍贵的高档品，常见以网脉状、云雾状血形为主；血量超过 50% 的属十分珍贵难得的珍品，往往以团块状、大片状血形为主；血量达 70% 以上便是极其珍贵、极为稀少的极品，几乎为全红品种，俗称大红袍。

有时鸡血石虽然血量不多，但如果血形及其所构成的花纹图案美观奇特，也会极大提升其品级和价值，成为高档收藏品（图 2-2-47）。

鸡血石的血形没有固定的形状，常见有星点状（梅花血）、条带状（条血）、

高血量　　　　　　　中血量　　　　　　　低血量

图 2-2-46　鸡血石血量

团块状、浮云状等(图 2-2-48)。一般来说,血形呈团块状分布优于星点状、条带状。当然也不尽然,对血形的评价还要观其在整块石中的分布特点,若构成的图案自然灵动、意境悠远,价值则会更高。

图 2-2-47　图案象形美观　　图 2-2-48　鸡血石血形(左:团块状;右:星点状)

昌化田黄石有黄、白、红、黑等色系,以黄色系为主。根据色调及色泽,当地行业将黄色系又形象地分为金黄、桂花黄、鸡油黄、橘黄、栗黄、枇杷黄等俗称品类,其中色泽较浓的可以附加称之"熟"或"老",色泽较浅的田黄石则对应附加称之"淡"或"嫩"。

昌化田黄鸡血石在黄色"地"上配以鲜浓的"血",红黄撞色,十分艳丽醒目、雍容华贵,可谓"帝后合一"的自然奇迹,品质优者极富价值(图2-2-49)。昌化田黄鸡血石以颜色纯艳、搭配协调为佳,其血色的价值评价方法与鸡血石基本相同,黄色"地"的价值评价可以参考昌化田黄石。

图2-2-49 昌化田黄鸡血石

3. 昌化石纹理

昌化石的纹理指因颜色不同、浓淡不同形成的纹理或组成的图纹,直接影响其材质价值,可以从纹理的精美度及其韵味两方面来评价:精美度,包括纹理是否精致流畅、颜色是否美观协调、图纹是否生动别致等;纹理的韵味,指其呈现出来的整体图案效果是否有意境与艺术感。

总体来说,以纹理色彩美观明丽、走势清晰流畅、图纹意蕴悠远者为佳(图2-2-50)。对于鸡血石品种,纹理的走向往往与血色的走向密切相关。

纹理的精妙呼应对昌化石/鸡血石对章价值的提升尤为突出。以鸡血石对章为例,若对章的血色纹理工整对称、比例协调、线条流畅,组成的图案精致美观、意境悠远,实属可遇不可求的珍品(图2-2-51)。

4. 昌化石形状

形状是指昌化石的几何尺寸和外部形态,是在自然的作用下其特有的形、质、色、纹所组成的一个整体,以比例协调、形态完整为佳。

昌化石的原石多呈块状和板状,根据原石的大小及形态来决定制作的品类,若原石颜色鲜艳、石型方正,无过多裂隙、杂质等瑕疵,首先考虑制作印章;若原石颜色丰富、地子尚可,但形状不规则、有较多的瑕疵,可以考虑用来制作

  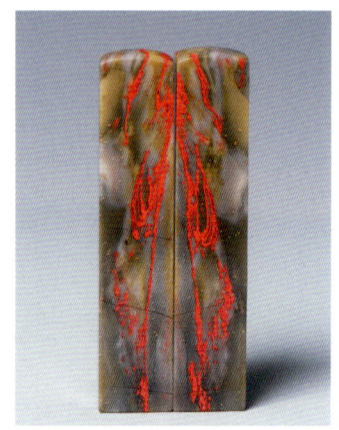

图 2-2-50　精美别致的纹理　　　　图 2-2-51　鸡血石对章

雕件,体积小者则通过打磨用以观赏或制作小件饰品。一般来说,同等品质下,形态协调、块度越大,价值越高。

在昌化石石型的价值评鉴中可用"全""奇""意"来概括。

首先"全",无论是作为印章还是雕件,其形态一定要完整,不能破损残缺,否则影响其价值;其次"奇",无论从形态还是立意,能独树一帜、别具一格者为佳;最后"意",赏石,是一个悟自然之妙趣、修精神之境界的过程。

昌化石凝聚了天地之神气,汇集了日月之精华,无论是那一枚小小的印章,还是那一个气势恢宏的雕件,均源于自然,并由历代能工巧匠、文人雅士赋予其精神追求,融自然美与艺术美于一体(图 2-2-52)。

从昌化石质地、颜色、纹理、形状等方面对其材质价值进行综合评价。质地以冻地、软地且尽可能少瑕裂者为佳,颜色则以鲜艳纯正、搭配协调、清亮不带杂色调为上品,纹理则要求清晰精美,形状要求比例协调、形态完整。

一般来说,昌化石价值中质地的权重会高于其他几个要素,而对昌化鸡血石而言,血色的权重占比最高,因为鸡血石最大的特色集中在"血"上,鸡血石的血色以"艳、正、活、浓"为佳。

昌化石的印章或是雕件作品的价值评价,除考虑材质价值外,还需要综合考

图 2-2-52　《大汉雄风》
(昌化鸡血石,钱高潮)

虑其工艺价值与艺术价值,这部分内容将在第三章中论述。

保养Tips

1. 应避免外力的撞击、刻划和磨损,要注意轻拿轻放。制品以保存在锦盒内为佳。

2. 避免强光直射、阳光暴晒或长期将其置于高温环境,以防鲜艳鸡血氧化、颜色变暗变淡、石质枯燥。

3. 沾染灰尘或杂质,可使用软毛刷或绒布轻轻擦拭干净。避免用其他化学制剂清洁以免损坏制品。

4. 当一些鸡血石血色变暗时,行业内会通过磨去表皮显露出鲜艳红色,但须注意表皮零散分布的薄层"鸡血",可能会因为打磨而造成"失血"。

5. 对于一些印章或小雕件,可以适当把玩,使表面呈现"宝光"而显古朴高雅。但对刻有薄意的印石或雕刻品则应避免把玩,以防损坏雕工。

第三节 泰顺石

泰顺石名称源于产地浙江省温州市泰顺县,其质地温润、色彩丰富、纹理精美、脆软相宜、宜于受刀治印,成为优质的印章石和玉石雕刻石(图2-3-1)。近年来,泰顺石因其鲜明而独具特色的产业发展,不断丰富提升的文化内涵,以及已探明可支撑产业发展的资源储量,受到业内人士的广泛关注。

图2-3-1 泰顺石

一、泰顺石概况

泰顺县位于浙江最南部,峰峦叠嶂,绵亘起伏;涧谷蜿蜒,浅滩激流;郁郁苍苍,生机盎然。常年云雾缭绕,风光旖旎,宛若仙境。泰顺素有"九山半水半分田"之称,地势西北向东南倾斜,地貌以低山丘陵为主,平均海拔超过500m,被称为"浙南屋脊",是浙江省海拔最高的县城(图2-3-2)。

图2-3-2 泰顺县

提起泰顺,最先让人联想到的便是历史悠久的"古廊桥"和三杯后犹存余香的"三杯香",而对产于泰顺县的美石泰顺石却相对了解较少。

"泰顺有五宝,廊氡茶石鸟。"其中的"石"是指巍峨、沉默的大山中埋藏着的珍宝——泰顺石。

泰顺龟湖镇叶蜡石矿区是泰顺石最著名的产区,与叶蜡石矿伴生的泰顺石品种多、储量大、硬度适中、韧性强,是上好的印材和雕刻材料,其中细腻温润、色彩绚丽、纹理精美、图案精致的泰顺石极具艺术创造价值和收藏价值。

泰顺石是新石器时代文化遗址的代表物之一,蕴藏亿年,却鲜为人知,直到20世纪80年代,随着泰顺龟湖镇叶蜡石矿山进入大规模工业开发利用,人们才开始品味到它的独特之美,泰顺石也开始作为独立的玉石品种进入治印和玉石雕刻艺术创作领域,成为颇具特色的玉石材料而引起行业广泛关注。

泰顺石是以叶蜡石、伊利石(绢云母)或地开石为主要矿物成分的具有工艺价值的矿物集合体,可含高岭石、石英、刚玉、赤铁矿等(图2-3-3)。按浙江省地质矿产研究所和泰顺石产业研究院制定的团体标准《泰顺石 鉴定、分级及命名》（T/ZJATA 0003—2020），定名泰顺石；按现行国家标准《珠宝玉石 鉴定》（GB/T 16553—2017），泰顺石定名归于青田石。

图 2-3-3 泰顺石

1. 泰顺石地质成因

泰顺石伴生于叶蜡石矿中，叶蜡石矿的形成则经历了漫长的地质时光，向前可以追溯至中生代。2亿多年前，华北、扬子、华夏陆块碰撞、拼合，古特提斯洋闭合，形成了古中国大陆和古亚洲大陆的雏形，地质学家称之为印支运动。在此之后，中国大陆进入了燕山运动时期，开始了大陆内部构造变形阶段。距今1.3亿～1.4亿年前，太平洋板块向亚洲大陆俯冲。可以试着想象一下，两侧地层迎面滑向对方，当它们相撞时，彼此会因为受到挤压而产生褶皱。这个相似的过程出现在太平洋板块与亚洲大陆的碰撞中，它导致了我国许多地区的地壳受到强而有力的挤压，褶皱隆升成山，形成了连绵起伏的山脉，奠定了我国地势起伏大致轮廓。

如此剧烈的构造运动也诱发了强烈的岩浆和火山活动，形成了大面积的酸性火山碎屑岩，泰顺石就赋存于该时期的地层中，地质学家称之为早白垩世西山头组。与此同时，火山喷发也带来了丰沛的热液，火山热液提供了大量的成矿物质，并对矿源层中成矿物质起到调整、搬运、迁移、富集的作用。

火山期后具有一定压力的火山热液沿次级断裂缓慢上升，对围岩形成热液渗透带，热液对渗透带中的矿物进行选择性活化、蚀变，酸性火山玻璃质在低温热液的作用下，脱玻重组，经去SiO_2作用，形成层状、似层状、透镜状黏土矿（叶蜡石、地开石、高岭石、明矾石等），并伴有黄铁矿化、绢云母化。分解出的SiO_2溶解在热液中向周围扩散，在矿（化）体顶底板及其边缘形成广泛分布的面状硅化带。在后期断裂作用下,断裂带岩石因动力变质产生活化、分解,叠加富集形成叶蜡石(泰顺石)矿。

在这些矿体中,仅有少量叶蜡石化较为彻底或叠加富集形成达到宝玉石级的泰顺石矿体,它们石质细腻、结构致密、温润似玉、颜色丰富、纹理精美、图案精致,十分珍贵。

2. 泰顺石资源状况

泰顺县叶蜡石资源极为丰富,县域内从北到南均有分布,主要矿区在龟湖—叶瑞垟一带,地处沿海成矿带,是泰顺-温州叶蜡石、伊利石、明矾石、地开石、黄铁矿、铜、铅、锌、锡成矿区,也是龟湖-洋滨叶蜡石、锡石成矿远景区的南西段。

泰顺石是20世纪70年代伴随着大型叶蜡石矿的发现与开发而进入人们视野的石中瑰宝。

1958年,北京地质学院勘探专家们首次在泰顺县龟湖镇发现叶蜡石矿。20世纪70年代,浙江省第十一地质大队探明龟湖叶蜡石矿区面积达3.6万km^2,矿脉长5580m,储量极大,居亚洲第一,世界第二,泰顺因此有了"世界蜡都"的美誉。

1) 分布特征

叶蜡石矿体一般赋存在早白垩世西山头组二段的一套酸性—中酸性陆相火山碎屑岩夹火山沉积岩之中,受到严格的层位控制。在成矿有利部位大部分形成叶蜡石矿体或构成矿化带,呈长条形、浑圆状、椭圆状。

现今已知的叶蜡石矿产点有龟湖、白岩、将军炉、叶瑞垟、陈家坪、楹垟、章荣7处,其中大型和中型矿床各1处,均为叶蜡石矿;另有小型矿床10处、矿点23处、矿化点3处。除此之外,近些年龟湖外围发现的叶蜡石矿点也越来越多,显示龟湖地区叶蜡石具有良好的资源潜力。

泰顺石作为印章及雕刻用玉石,主要伴生在叶蜡石矿中,十分珍贵。现市场上的泰顺石主要产于龟湖叶蜡石矿区,其次零星分布于白岩、百步岭、将军炉、叶瑞垟等叶蜡石矿区。以龟湖矿区为例,泰顺石开采面积约为$0.63km^2$,约占整个矿区面积的17.5%。据估算,泰顺石比例仅为叶蜡石储量的5%,而在实际开采情况中,泰顺石产出的比例可能更低。据统计,2010年泰顺叶蜡石开采量达150万t,其中可作为雕刻用泰顺石的仅仅只有1000t。

不同的矿区或矿层都出产了各种各具特色的泰顺石品种(图2-3-4):主要矿区——龟湖,产出有白果冻、红花冻、黑白冻、青玉冻、桃花冻、三彩冻等十几个品种,其中还包括灯光冻、金玉冻等泰顺石中的精品;竹坪产出的木文石,造型奇特精致;百步岭产出的紫藤,则是泰顺石中极富特色的珍贵品种。

图 2-3-4　泰顺石

（1）龟湖叶蜡石矿

龟湖矿区位于泰顺县城南东 27km 龟湖镇西侧,是泰顺叶蜡石最集中、品质最好的矿区。矿区矿脉长 5580m,总面积约 3.6km²,已探明储量 5000 万 t,理论储量达 1 亿 t 以上,为特大型叶蜡石矿,也是亚洲最大的单矿体(图 2-3-5)。矿区位于浙东南褶皱带温州-临海坳陷带,泰顺-青田拗断束南西部,区域内断裂构造较发育,大面积覆盖火山碎屑岩。叶蜡石矿化带分布于龟湖镇西侧,长约 2km,宽约 1km,厚度 30～110m 不等(图 2-3-6)。

矿区内共发现 6 个矿体,矿石主要矿物组分为叶蜡石、石英,次要矿物为绢云母(伊利石)、水铝石、刚玉、明矾石、伊利石、高岭石、地开石,还有少量蒙脱石、埃洛石、绿泥石、黄玉、红柱石及黄铁矿等矿物。矿石具显微鳞片粒状柱状变晶结构、变余凝灰结构、变余含角砾凝灰结构、变余粉砂质结构、变余砂状结构等;矿石构造以块状构造为主,次为角砾状构造及条带状构造。

图2-3-5 泰顺龟湖叶蜡石矿山开采现场

图2-3-6 龟湖叶蜡石矿区中的泰顺石

泰顺叶蜡石矿石类型主要有以下4种：水铝石叶蜡石型、石英叶蜡石型、地开石叶蜡石型、绢云母（伊利石）叶蜡石型。矿石呈浅黄色、浅绿色，具蜡状光泽。

泰顺石现多产于龟湖矿区10号矿及3号矿。其中10号矿为规模最大矿点，可产出十几个品种，如白果冻、红花冻、黑白冻、青冻、桃花冻、三彩冻等。矿坑上部30%盖层呈黄色，品位低而一般不采用，但在其中偶尔可见精品独石。下部灰白色，矿体出露约20m，底部据查可达300m深。3号矿点为质量最好的矿点，现已停止开采。在硅质岩中不均匀产出薄层、透镜状的优质冻石。

（2）白岩叶蜡石矿

白岩矿区位于泰顺县龟湖镇北西侧西山一带，矿区出露的地层为早白垩世西山头组二段;构造以北东向断裂为主;侵入岩主要有花岗斑岩脉;围岩蚀变较强烈,主要有叶蜡石化、绢云母(伊利石)化、硅化和黄铁矿化等。叶蜡石资源量 40 余万吨。

矿区内主要圈定了 3 条矿化带:1 号矿化带成因为龟湖叶蜡石矿的崩塌、运移、堆积,主要由大小不等的不规则状叶蜡石矿块组成。在较大的矿块中可见透镜状、团块状的优质叶蜡石,可以作为雕刻用泰顺石。2 号、3 号矿化带主要为中低温火山热液交代蚀变成因,分别位于矿区北西部一带山坡处及西山东部。

2)矿化蚀变

蚀变有叶蜡石化、硅化、绢云母化、黄铁矿化、碳酸盐化、高岭土化,其中以硅化、叶蜡石化最为强烈。

3)资源利用

泰顺石虽然开采和使用的历史久远,但由于泰顺地处相对偏僻山区,交通不便,多以叶蜡石矿粗加工后当作工业原料销售。

泰顺龟湖叶蜡石矿于 20 世纪 70 年代探明发现,80 年代开始进入大规模的工业开发利用,使用挖掘机、凿岩机、爆破等手段进行矿产开发,矿石初加工后主要用作陶瓷产业原料等工业用途。工业开采促进了龟湖叶蜡石矿的开发,但工艺用石的开发利用并未引起重视,优质矿石严重浪费。爆破开采造成了大量优质工艺用石的破坏,资源价值未能得到充分体现。

随着龟湖叶蜡石矿的工业化开采,一些优质泰顺石被发现并流入市场,泰顺石的工艺利用逐步兴起,泰顺石开始作为独立的石种进入玉石雕刻艺术创作,并受到诸多雕刻大师的青睐。泰顺石作为印章石和玉石雕刻石的优质品种引起行业的广泛关注,开始得以"优矿优用"。泰顺石是国内现阶段已探明的、为数不多的、可长期支撑特色玉石文化产业发展的工艺材料之一。

3. 泰顺石产业发展

1)泰顺石·历史传承

泰顺石文化历史久远,早在新石器时代,就有泰顺先民在此繁衍生息、打制器具用于日常。据《飞云江志》记载,1988 年 5 月,文物部门在飞云江上游考古调查中首次发现古文化遗址,县内共有 5 处新石器时代的文化遗址、4 处宋代以来的古窑址等(图 2-3-7)。《温州工艺美术》一书在开篇就提到了泰顺莒江下湖墩新石器文化遗址(图 2-3-8),标志着泰顺史前石雕文化的出现,也开启了泰顺石文化的大门。

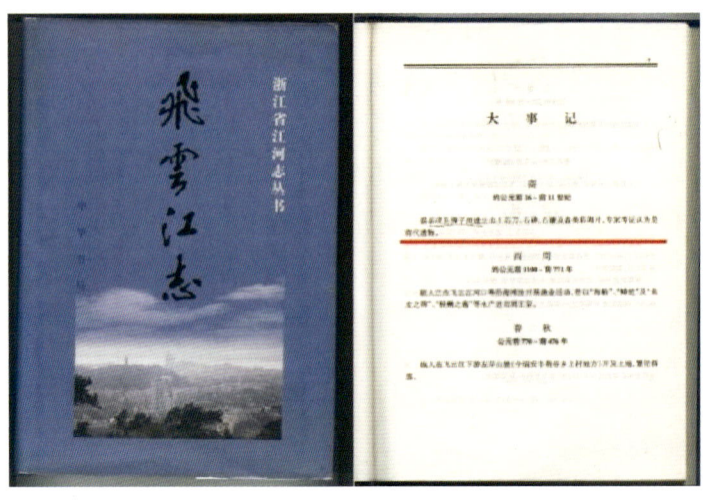

图 2-3-7 《飞云江志》封面及内文展示

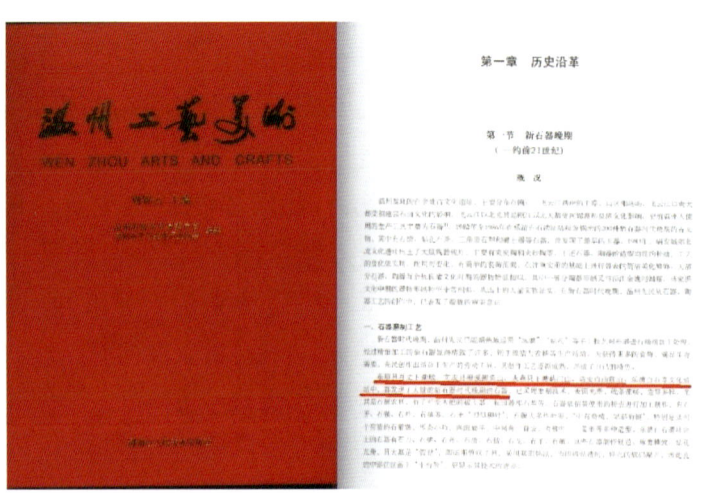

图 2-3-8 《温州工艺美术》封面及内文展示

据文物部门调查,龟湖泰顺石的开采历史悠远。泰顺石质软色艳,居住在当地的先民将其用于生活中的磨刀石、建筑雕刻、祭祀用具、印石(章石)等。当地人称泰顺石为"匣石",有的称"软石"。如今,当地还有一个自然村名叫磨石坑。清朝泰顺艺术家潘鼎、曾壁晋也曾采用泰顺石篆刻。

泰顺地处偏僻,山高岭峻,自古交通靠走、通信靠吼,其出产的叶蜡石矿多被粗加工后销往国内外,纵使有优越的自然资源和丰厚的人文氛围,其中的优矿未能优价,价值被严重低估。

20世纪80年代,泰顺县龟湖镇探明叶蜡石储量在亿吨以上,并进行了大规模的工业开采,其中石性脆软相宜、石色丰富多彩、石质温润细腻的泰顺石,开始逐渐作为独立石种为人们所知晓并引起行业内的广泛关注(图2-3-9)。

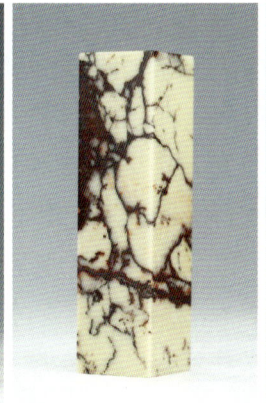

图2-3-9 泰顺石印

2)泰顺石·创新发展

(1)产业发展

泰顺有很长一段时间身在"金山"不识宝,泰顺石,即叶蜡石中高品质工艺用石未受到有效的保护和开发利用。随着龟湖叶蜡石矿工业化开采的规模不断扩大,泰顺石的工艺利用也逐步兴起。

由于青田石、鸡血石、昌化石、巴林石"中国四大名石"开采历史久远,目前储量均已告急,大量泰顺石资源的探明和开发,恰好填补了用以治印及雕刻的此类玉石原材料的不足。

为了促进泰顺地方特色产业的发展,推动泰顺石文化产业崛起,泰顺县政府和行业做了大量的工作。

2011年泰顺县成立了泰顺石产业管理委员会,同时正式将泰顺产出的叶蜡石中达到工艺级的雕刻用石材命名为"泰顺石",并注册了泰顺石商标,规范泰顺石名称,保护产权。自此,泰顺石有了自己的"名片",泰顺石文化创意产业就此开启。

泰顺县创立了石雕艺术学校,开设泰顺石雕刻、工艺品设计与制作等专业,为石雕行业培养输送人才;创立了泰顺石文化创意园,作为泰顺为石雕人才打造的产业"集散地",吸引了许多技艺人才入园创作,成为泰顺石石雕作品创作、展示及销售的创新平台；创立了泰顺石文化创意街，成为集泰顺石原石交易、成品销售，以及泰顺石文化传播、展示、科普、体验于一体的主题文化创意街区。

泰顺县政府在龟湖村洋坪成立泰顺石文化展示中心，充分利用原石主产区地理优势，建设集大师工作室、原石公盘交易市场及原石博物馆于一体的综合体；建立了泰顺石文化驿站，馆藏泰顺石原石、大师精品、红色主题、文创产品等泰顺石产品近千件，成为泰顺石文化集中展示的重要平台。

泰顺石文化创意园（图2-3-10）、泰顺石文化创意街区、泰顺石文化展示中心（图2-3-11）、泰顺县石雕艺术学校（图2-3-12）、泰顺石文化驿站等产业发展平台，形成了集原石交易、石雕文化创意、石雕产品产业集群、石雕人才培养于一体的石文化产业"组合拳"。泰顺为石雕产业的发展所获得的成就，得到了中国轻工业联合会、中国工艺美术协会的充分认可，被联合授予"泰顺·石雕小镇"的荣誉称号。

图2-3-10　泰顺石文化创意园

图2-3-11　泰顺石文化展示中心　　图2-3-12　泰顺县石雕艺术学校

一些知名雕刻大师纷纷在泰顺、北京、青田等地创办了泰顺石相关工作室,并形成了自己独特的艺术风格,在全国工艺美术石雕行业形成了一定的知名度和影响力。

随着诸多雕刻大师以优质泰顺石为原材料进行艺术创作,越来越多的泰顺石作品在国内外大赛上屡获佳绩。作为印章石和雕刻石界的"新宠",泰顺石名声渐起,得到业内外人士的高度评价和赞誉。

据悉,目前泰顺县从事石雕技艺人才达1600人,其中,中国工艺美术大师2人,省级工艺美术大师24人,市级工艺美术大师39人,并有大量的学徒学生在培,为泰顺石雕产业的持续发展提供了人才保障。

(2)创意创新

当地政府以产业为支撑打造特色景区公园——泰顺石主题文化公园(图2-3-13),占地105亩,有"一林三馆三街区"。"一林"即中国印林(图2-3-14),在园内溪岸边各式的泰顺石拓上泰顺先贤、前西泠印社副社长方介堪先生及其弟子、书法名家的雕篆刻作品;"三馆"为艺雕展示馆、原石博物馆和乡愁驿馆;"三街区"为泰顺石文化创意街、美食步行街和民宿一条街。公园里的小路、台阶、景观小品都由泰顺石构成。泰顺石主题文化公园已成为一张泰顺旅游"新名片"。

在露天原石博物馆,能看到大多数的泰顺石品种的展示,游客只需轻松一扫二维码,就能了解该种泰顺石的相关信息。这一创新为游客带来更多便利的同时,亦增加了游客旅游的乐趣,同时游客也能直观地了解不同种类泰顺石的特点。

图2-3-13 泰顺石主题文化公园

图2-3-14 中国印林

泰顺石的宝石学特征与青田石有许多相似之处,却也有其自己的特色,但针对泰顺石的分类与宝石学方面的研究、鉴评研究却非常少。

受浙江省国土资源厅委托(现为浙江省自然资源厅),浙江省地质矿产研究所所属的浙江省珠宝玉石首饰鉴定中心,开展泰顺石野外实地调查,对其矿物学、宝石学特征进行系统分析、提炼总结,并对当地的雕刻师、从业者、贸易商等走访调查、征求意见,完成了泰顺石的分类与鉴评研究。

图2-3-15 团体标准《泰顺石鉴定、分级及命名》封面

在此项目研究的基础上,浙江省地质矿产研究所和泰顺石产业研究院制定了浙江测试团体标准《泰顺石 鉴定、分级及命名》(图2-3-15),并于2020年12月起正式颁布并实施。该标准在规范泰顺石生产、贸易、质量评价以及促进泰顺石文化发展方面起到了积极作用,为泰顺石的市场管理提供了技术支撑,也提升了"泰顺石"品牌形象,得到行业各方的认可。

新时期泰顺石雕产业积极与时尚元素相结合,在传统题材雕刻的基础上,向文创产品研发拓展,以石为媒,开拓出属于泰顺石雕文化的年轻态、青春味和时尚感。

近年来当地研发设计了大量与泰顺石雕相关的旅游商品、时尚饰品、商务礼品等文创产品。如以泰顺文旅宣传语"走走泰顺,一切都顺"创作的泰顺石印章、纪念章的衍生设计,寓意着事事顺利的美好祝福;以非遗古廊桥作为表现主体,以传统印信文化为媒介进行艺术化创作,设计制作出泰顺石挂件、手把件、旅游纪念品等,宣传泰顺、弘扬诚信的同时,吸引更多人了解石雕、喜欢石雕(图2-3-16)。

"好风凭借力,扬帆正当时。"如今,"泰顺石"已成为泰顺独特的文化符号,优越的文创环境、独特的技艺技法、丰富的资源优势,都让这方原本藏于深山的灵石愈发地熠熠生辉、风采迷人。

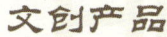
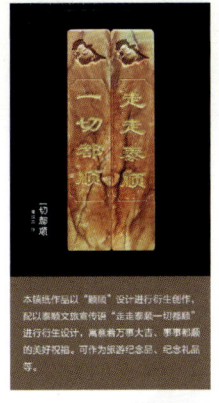
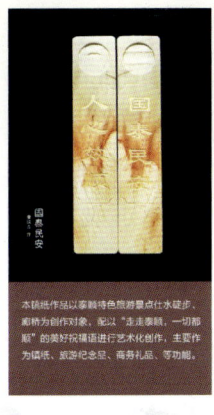

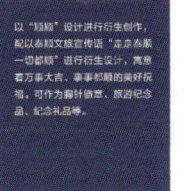

图 2-3-16　泰顺石文创产品

二、泰顺石基本特征

1. 泰顺石矿物组成

泰顺石矿物组成复杂多样,是以叶蜡石、伊利石(绢云母)或地开石为主要矿物成分的具有工艺价值的矿物集合体,可含高岭石、石英、刚玉、赤铁矿等。

大多数泰顺石以叶蜡石为主要矿物成分,少数以伊利石(绢云母)或地开石为主要矿物成分。

2. 泰顺石基本性质

1)颜色

泰顺石的颜色非常丰富,以绿色、黄绿色为主,也有红色、紫色、蓝色、灰色、白色、黑色等,更有不同颜色在同一块泰顺石中构筑出美丽多姿的图纹,自然造化、赏心悦目。

泰顺石丰富的色彩主要源于其所含矿物成分的差异性。一般来说,以叶蜡石为主要矿物的泰顺石呈绿色、浅黄绿色、浅黄色和灰白色。

泰顺石中次要矿物富集或者铁质浸染,还可形成美丽的纹理和图案。如含铁氧化物则呈现红色、紫色、黑色、灰(白)色;含刚玉等蓝色矿物处则呈现蓝色,若色彩鲜艳明润且组合精美奇妙,则具有极强的观赏性而备受青睐,极具收藏价值。

泰顺石中著名的紫藤、梅花枝等品种,正是因为含铁氧化物而在天然纹理周围形成伴生红晕,在浅青色基底上嵌以紫红色树枝状纹理,酷似怒放红梅;泰顺石中的蓝钉、蓝带等品种,则是因为含刚玉等蓝色矿物,并以斑点状、条带状肆意散布在浅色基底上,形成的图纹如水中蓝花,自然天成,美不胜收(图2-3-17)。

青玉冻

多彩石

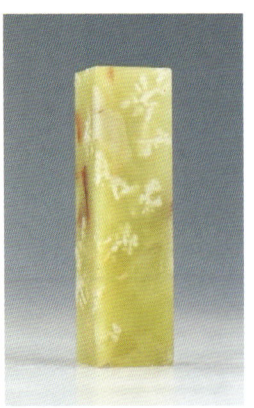
花乳石

蓝带

梅花枝

图2-3-17 多彩多姿的泰顺石

2) 光泽

光泽是指宝玉石表面反射光的能力,影响因素比较多,如质地、透明度、抛光程度等。

泰顺石大多呈油脂光泽、蜡状光泽,少数呈土状光泽(图2-3-18)。

泰顺石光泽与质地密切相关,质地细腻、结构致密的泰顺石,常呈油脂光泽,例如著名的仰天湖底冻,是泰顺石中非常珍贵的上品;质地细腻但透明度较低的泰顺石,常呈现出蜡状光泽,如青玉冻、金玉石、白果等这些常见的品种;而结构疏松、质地粗糙的泰顺石则呈现暗淡的土状光泽,这种石料缺乏美感及观赏价值。

透明度、抛光程度在一定程度上也会影响泰顺石的光泽,透明度越高、抛光程度越好的泰顺石通常光泽也会越强,反之则光泽越弱。

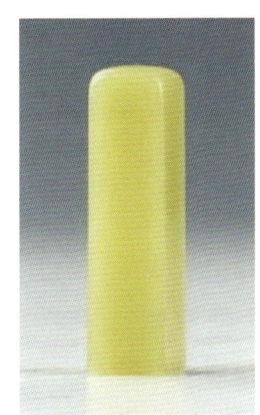  

油脂光泽　　　　　　　蜡状光泽　　　　　　　土状光泽

图 2-3-18　泰顺石的光泽

3) 透明度

透明度是指宝玉石透过可见光的能力,大多数泰顺石为半透明—不透明,以颜色艳丽、半透明者为上品(图2-3-19)。

泰顺石的透明度与所含矿物成分及其纯净度、结构致密程度等相关。

当泰顺石的矿物成分为比较纯净的叶蜡石时,透明度会较高;当泰顺石中绢云母(伊利石)的含量较多时,整体颜色偏浅,透明度也比较高。

结构越致密、细腻,泰顺石的透明度也越高。例如冻地泰顺石颗粒极细腻,呈微透明—半透明;而刚地泰顺石颗粒较粗,呈现微透明—不透明。

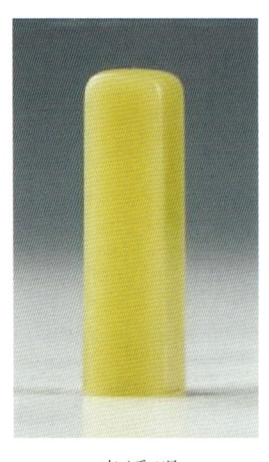  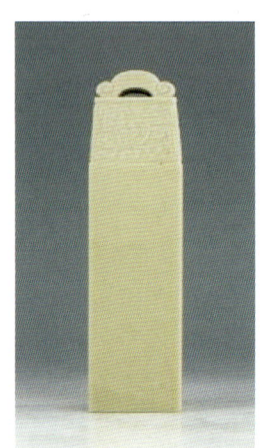

| 半透明 | 微透明 | 不透明 |

图 2-3-19 泰顺石的透明度

4）密度

泰顺石的密度范围常为 2.65～2.90g/cm³。

矿物颗粒之间的致密程度、所含微量元素的种类及含量多少都会影响其密度，使密度在一定范围内浮动。若存在微裂隙，密度也会略有降低。

5）硬度

硬度是指抵抗刻划和磨损的强度，泰顺石的莫氏硬度常见为 1～3。

通常情况下，石英等硬度较高的杂质混入泰顺石时，会使泰顺石硬度增大。由于泰顺石的莫氏硬度较低，韧性较好，因此属上佳治印用石。

6）净度

净度指泰顺石中的杂质和缺陷等对其美观或耐久性影响的程度。根据泰顺石表面和内部的杂质、裂隙等瑕疵的多少可以将其划分为纯净、较纯净、微瑕。

纯净的泰顺石肉眼观察基本无杂质等瑕疵，不易观察到裂绺、絮状物、黑点等，或者仅在边缘处，对整体外观几乎无影响。

较纯净的泰顺石肉眼观察有轻微的杂质等瑕疵，对整体外观有轻微影响。

微瑕的泰顺石肉眼观察具有较明显的杂质等瑕疵，对整体外观有一定影响。

7）质地

泰顺石质地是指组成其矿物颗粒的种类、大小、形态、均匀程度及颗粒间结合方式等，直接关系其品质，具体表现在泰顺石的细腻度、透明度、光泽、硬度、韧性等方面。

泰顺石的质地可以分为冻地、蜡地、刚地和花冻地（图2-3-20）。

冻地泰顺石颗粒极细腻，微透明—半透明，强油脂光泽，硬度低，易于雕刻。冻地基底通常为绿色或黄绿色，也有红色、黄色、紫色冻地。主要包括仰天湖底冻（天湖冻）、青果冻、青冻石、菜叶冻、金玉冻、桃花冻、红花冻、紫檀冻、青龙冻、牛角冻等。

蜡地泰顺石颗粒细腻，微透明，蜡状光泽，硬度低，易于雕刻。蜡地基底通常为绿色或黄绿色，也有红色、黄色、紫色等。大部分雕刻用途的泰顺石都属于蜡地。

刚地泰顺石颗粒较粗，微透明—不透明，蜡状或土状光泽，因含有石英等硬质物，硬度较高，不宜雕琢，雕刻易裂。主要包括水泥地。

花冻地泰顺石以冻地与刚地相交杂为特点，细腻处细润光泽强，透明度高，硬度低，韧性强；粗颗粒处，含石英颗粒，透明度低，硬度高，雕刻易裂。

花冻泰顺石在泰顺叶蜡石中产量很大，一般来说，如果花冻地泰顺石含有过多杂质，影响其美观甚至耐久性，价值较低，但如杂质和基底相交所呈现的图纹奇特美观，也会得到部分收藏家的追捧喜爱，价值则会较高。

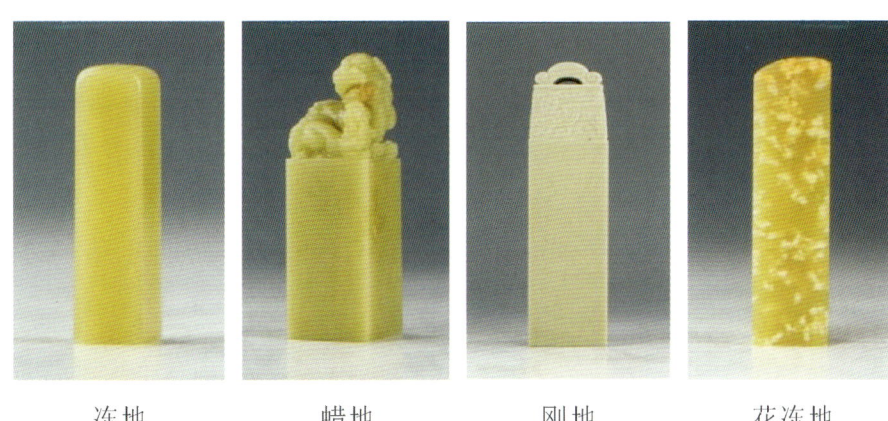

冻地　　　　蜡地　　　　刚地　　　　花冻地

图2-3-20　泰顺石的质地

三、泰顺石分类

泰顺石组成复杂、色彩丰富、纹理多样、种类繁多，分类命名对于鉴评极为重要。目前的分类方法主要有主要矿物分类法、行业内常见分类法及浙江测试团体标准《泰顺石 鉴定、分级及命名》(T/ZJATA 0003—2020)分类法。常见分类大致归纳如下。

1. 按主要矿物分类

与青田石类似,泰顺石据主要矿物成分可分为叶蜡石型和非叶蜡石型两大类。大多数是以叶蜡石为主要矿物成分的叶蜡石型,少量以伊利石、绢云母、地开石为主要矿物成分的非叶蜡石型(伊利石型、绢云母型、地开石型及混合型)。此法科学客观,适于科学研究,但难以在日常商贸中推广应用。

2. 行业常见分类

当地行业约定俗成有按颜色将泰顺石分为霞红、桃黄、湖蓝、牙白等类别,按图纹将泰顺石分为紫藤、梅花枝、流纹、蓝花等类别,也有按质地将泰顺石分为冻地、蜡地、刚地和花冻地等类别。相比之下,相对客观的是将泰顺石按照颜色、质地、纹理等进行的综合分类法。

综合分类法将泰顺石分为7个系列,分别为金石冻、东方红、凤黄石、虎白石、乳花石、湖蓝石和华文石。

金石冻系列,因其质地细腻而闻名;东方红、凤黄石皆因颜色而得名;华文石则因纹理精美而独特。每个系列又根据颜色、质地、图纹等再细分品种。

(1)金石冻

金石冻指泰顺石中质地温润细腻如冻的品种(图2-3-21)。金石冻系列又包括天湖冻、青龙冻、神龟冻、珍珠冻、牛角冻、紫檀冻等十几个品种。其中,最著名的是天湖冻,颜色金黄、蜡黄,质地细腻、润如凝脂、纯净雅致,是目前为止泰顺石中最好的冻石品种。

图2-3-21 金石冻

(2) 东方红

东方红指泰顺石中的红色品种(图 2-3-22)。在中国传统文化中,红色代表吉祥喜庆、积极热情。根据红色的色调、明度和饱和度的不同,东方红系列又分为状元红、女儿红、彩霞红、纤丝红、朱雀红、枣红等,以红色鲜艳、饱和度高、质地细腻、光泽温润者为佳。

(3) 凤黄石

凤黄石指泰顺石中的黄色品种(图 2-3-23)。凤是凤凰的简称,百鸟之首,象征美好和平,而黄色则象征高贵优雅。根据黄色的色调、明度和饱和度不同,凤黄石系列又分为鸡蛋黄、菊花黄、金象黄、虎皮黄等品种。

图 2-3-22 东方红　　　　　图 2-3-23 凤黄石

(4) 虎白石

虎白石指泰顺石中的白色品种(图 2-3-24)。虎为百兽之王,白虎在中国传统文化中是四象之一。虎白石色彩独特,色调稳重的特点极像白虎,故而得名。虎白石系列包括白果、象牙白等。

 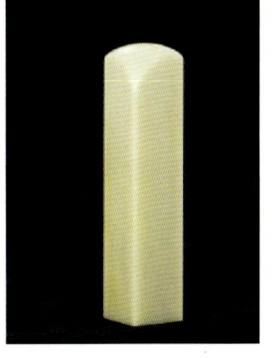

图 2-3-24 虎白石

(5)乳花石

乳花石以不同质地相互交融为特点(图2-3-25)。乳花石集中产于竹坪区,有表皮分化层,内质嫩似乳,部分有冻质,有星云飘移,图纹丰富、逼真,花色俏丽。主要品种有龟心、红星、黄星、牡丹、云龙等。

图2-3-25 乳花石

(6)湖蓝石

湖蓝石指泰顺石中的蓝色品种,主要由其含有大小不一的蓝色伴生矿物而得名(图2-3-26)。其中的特色精品蓝带,可见优美的蓝色纹理,错落有致地分布在浅色石底上,别有一番意境,惹人喜爱。湖蓝石系列泰顺石包括蓝钉、蓝带等。

图2-3-26 湖蓝石

(7)华文石

华文石亦称"泰顺文人石",灵动有致的自然纹理构成华文石与众不同的特征。华文石寓意着中华五千年文明史,体现了中华文化之美(图2-3-27)。

华文石中著名的紫藤玉、梅花枝品种,由矿物富集而形成的天然图纹,或构图如画似"紫藤",或仿佛暗香浮动的"梅花枝"。

图2-3-27 华文石

上述7个系列综合分类法,虽然存在商贸名称(俗称)数量很多、无法穷尽囊括纷繁多样的泰顺石品种,有些名称也未必科学合理,以及经口口相传、标准无法统一的问题,但由于通俗形象,在行业内还是得到一定程度的认可,起到方便行业交流的作用(表2-3-1)。

表2-3-1 泰顺石7个系列分类命名表

系列分类	释义	品种分类
金石冻	质地细腻,温润柔和,半透明,光泽强	天湖冻、青龙冻、神龟冻、珍珠冻、牛角冻、紫檀冻、白玉冻、冰花冻、鸽蛋冻、龟板冻、桂花冻、金钱冻、仰天湖底冻等
华文石	泰顺石中的图纹石品种	紫藤玉、梅花枝等
东方红	泰顺石中的红色品种	状元红、女儿红、彩霞红、千丝红、枣红等
凤黄石	泰顺石中的黄色品种	鸡蛋黄、菊花黄、金象黄、虎皮黄等
虎白石	泰顺石中的白色品种	白果、象牙白等
乳花石	有表皮分化层,内质嫩似乳	龟心、红星、黄星、牡丹、云龙等
湖蓝石	泰顺石中的蓝色品种	宝石蓝、玉蓝、蓝星、蓝钉、蓝带等

常见颜色泰顺石对应的商贸名称(俗称)

浙江泰顺石颜色丰富,以绿色、黄绿色为主,也有其他各色,与青田石类似,常见一块石头上同时具有多种颜色,多姿多彩、美轮美奂。泰顺石的商贸名称(俗称)常常源于其颜色,按颜色与商贸名称(俗称)对应如表2-3-2所示。

表2-3-2 常见颜色泰顺石对应的商贸名称

分类	商贸名称
绿色	青苔绿、青龙冻、仰天湖地冻
黄绿色	灯光冻、青果冻、青冻石、菜叶冻
黄色、金色	金玉石、紫檀黄、黄白果、桃黄冻、稻穗黄、土黄石、蜜蜡黄、黄独石、鸡蛋黄、菊花黄、金象黄、虎皮黄等
紫色	紫墨花(紫藤和梅花枝在图纹石中分类)
红色	大红袍、彩霞红、红果、红圈石、红花、红花冻、红石、血脉冻、猪肝红、红沙冻、红带、牛角冻、桃花冻、酒糟红、红独石、朱砂冻、状元红、女儿红、纤丝红、朱雀红、枣红等
白色	白果、象牙白
灰色	皮蛋绿、水泥石、独石、灰色
黑色	浓墨泰顺
蓝色	蓝带、蓝花、宝石蓝、蓝钉、湖蓝石等

各式图纹泰顺石的商贸名称(俗称)

精妙绝伦的天然纹理是泰顺石的特色与价值所在,仅用简单颜色概括,很难将其准确分类。因此,将含有特殊纹理的泰顺石单独按图纹特点进行分类,准确清晰,一目了然(表2-3-3)。

例如构图如画、自由舒展的紫藤、梅花枝类泰顺石;有纹理似行云流水般随意灵动的流纹类泰顺石;有蓝色矿物错落分布在浅色基底,似水上蓝花的蓝花类泰顺石等。

各式图纹千变万化,别具一格,具体分为紫藤类、梅花枝类、流纹类、层纹类、龙蛋石类、蓝花类、砂石类。

表 2-3-3　各式图纹泰顺石的商贸名称（俗称）

分类	特征	商贸名称（俗称）
紫藤类梅花枝类	紫色如紫藤花一般，分布在黄色、绿色、灰色等浅色基底上。基底质地可细可粗	紫藤玉、紫檀冻、绿豆冻、蚕豆冻、花瓣石、格子冻、豹纹、老虎花、梅花枝、刺枝纹、水墨枝、蜘蛛网
流纹类	颜色不固定，形状不规则，呈行云流水般纹理	蚯蚓纹、水印石、花乳石、波纹冻、国画石
层纹类	多种颜色，平行分布	年轮石、木纹石、层石、条纹石、针线石
龙蛋石类	黑、红双色，或者黑、白双色	墨韵石、黑白石、浓墨、黑圈纹
蓝花类	蓝色刚玉分布在浅黄绿色基底上，如水中蓝花	蓝钉、蓝带、青花石、蓝花冻
砂石类	通常质地较粗，呈细沙石状分布在基底上	白砂冻、黄砂冻、芝麻花、豆腐花、雀斑纹、猫花石

3. 泰顺石分类、分级及命名

泰顺石种类名称复杂多样，无统一标准规范，不仅让普通爱好者一头雾水、无所适从，连行家之间也会彼此品名混淆、难以统一。甚至出现个别商家将普通质地的泰顺石命名为"冻"，并依此虚高定价。

浙江省地质矿产研究所和泰顺石产业研究院作为主要起草单位制定的浙江测试团体标准《泰顺石　鉴定、分级及命名》（T/ZJATA 0003—2020），于 2020 年由浙江省分析测试协会正式发布并实施，得到业内的普遍认同。

该标准对泰顺石的鉴定、分级和定名作了详细规定，通过对颜色、图纹、净度、质地进行分级，并对高档或者特色品种备注商贸名称（俗称），对其特点提出规范要求，有利于更客观地表述其品质特征，也有利于市场的规范和发展。

标准中将泰顺石分为八大系列，分别为青玉冻、红花石、金玉石、紫藤、木纹石、青花石、花乳石和多彩石。

（1）青玉冻

青玉冻以通体青色微黄、润如凝脂而得名。呈半透明或微透明，蜡状光泽或油脂光泽,脆软适中,易于受刀,是作为印石的绝佳材料(图2-3-28)。灯光冻为青玉冻中的珍贵品种,颜色微黄,纯净细腻,因块大难求更是极为难得。

图2-3-28 青玉冻

(2)红花石

以红色系为主色调,部分沁润黄色、白色冻地。红花石颜色艳丽,石质温润,以蜡状光泽或油脂光泽为佳(图2-3-29)。状元红为红花石中的典型品种,属泰顺石中的上品。

图2-3-29 红花石

(3)金玉石

以黄色为主色调,略泛红。冻地金玉石质地纯净、高贵典雅;达蜡状光泽或油脂光泽的金玉石,颜色鲜艳浓郁,富有层次感,是极具收藏价值的珍品(图2-3-30)。黄金耀属金玉石中的典型品种,属泰顺石中的上品。

图 2-3-30　金玉石

(4)紫藤

以形似紫藤的花色纹理而得名。紫藤的石质地细腻,在黄色、绿色、浅灰色的基底上,分布紫色、褐色、黑色等深色条纹,纹理自然洒脱,图纹精美、栩栩如生,属泰顺石中极具特色的名品(图 2-3-31)。若纹理呈紫红色树枝状,似怒放的红梅,则称梅花枝。梅花枝是紫藤中的上品。

图 2-3-31　紫藤

(5)木纹石

以具有天然的木质状纹理而得名,质地细腻。木纹石呈黑色、赤褐色或黄褐色纹理,形似天然的古木,软硬适中,颇具特色(图 2-3-32)。

图 2-3-32 木纹石

(6)青花石

以浅黄绿色冻地夹天蓝色或紫色硅质刚玉而得名。青花石色泽清新淡雅,蓝色或紫色硅质刚玉呈不规则条带状、星点状分布在浅色的基底上,极具观赏价值(图 2-3-33)。其中,飘逸着不规则条带状美丽纹理的蓝带为青花石中的上品。

图 2-3-33 青花石(左:蓝带)

(7)花乳石

以形似含苞待放的花朵而得名。花乳石的表皮有分化层,石质细腻偏硬,以刚地为主,少有冻地(图 2-3-34)。花乳石图文丰富多变、色彩柔和素雅,其中精品极具观赏和收藏价值。

图 2-3-34　花乳石

(8)多彩石

以色彩丰富而得名。多彩石通常集红、黄、黑、白、绿、紫、蓝、灰等颜色中的多种颜色于一体,质地多以蜡地刚地交错,蜡地温润细腻,刚地柔和坚韧(图2-3-35)。多彩石色彩斑斓,刚柔并济,是雕刻大师俏色创作的极佳石种。

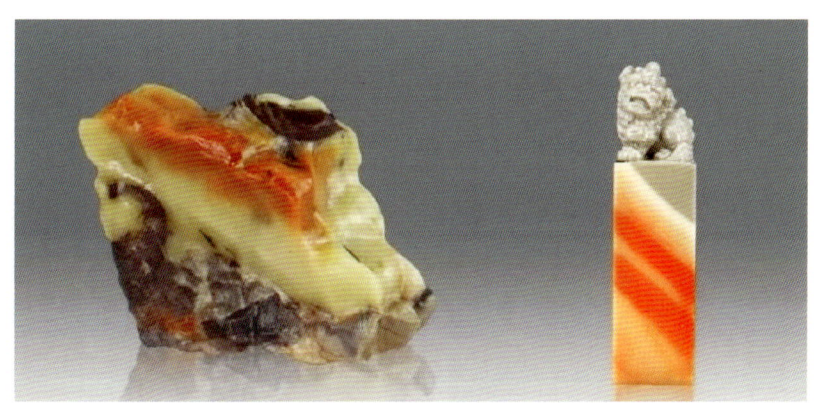

图 2-3-35　多彩石

《泰顺石　鉴定、分级及命名》(T/ZJATA 0003—2020)

该标准从颜色(仅绿色、黄色、红色)、图纹、净度、质地几个方面对泰顺石进行分级。颜色、图纹、净度分为特级、一级、二级3个级别(图2-3-36);质地分为冻地、蜡地、刚地、花冻地4个级别(图2-3-20)。

图 2-3-36 泰顺石的颜色分级

对具有特殊颜色、图纹、质地的泰顺石可在备注中注明"商贸名称：***"，但要符合表 2-3-4 的要求。

表 2-3-4 泰顺石商贸名称命名要求

类别序号	商贸名称	特点			备注
		颜色	图纹	质地	
一	灯光冻	黄绿色（特级）	/	冻地	精品
	青玉冻	绿色（特级、一级）	/	冻地、蜡地	/
二	状元红	红色（特级）	/	冻地、蜡地	精品
	红花石	红色（一级、二级）	/	冻地、蜡地、刚地	/
三	黄金耀	黄色（特级）	/	冻地	精品
	金玉石	黄色（一级、二级）	/	冻地、蜡地	/
四	多彩石	两种以上颜色	/	冻地、蜡地、刚地	颜色丰富，图纹不特征
五	梅花枝	紫色	特级	冻地、蜡地	精品，紫色矿物呈完美树枝状分布在浅色基底上
	紫藤	紫色	一级、二级	冻地、蜡地、刚地	紫色矿物呈粗藤状、团块状分布在浅色基底上
六	蓝带	蓝色	特级	冻地、蜡地	精品，蓝色矿物呈带状分布在浅色基底上
	青花石	蓝色	一级、二级	冻地、蜡地、刚地	蓝色矿物呈点状、团块状分布在浅色基底上
七	木纹石	多种颜色	特级、一级、二级	冻地、蜡地、刚地	多种颜色平行分布
八	花乳石	/	特级、一级、二级	花冻地	点状或团块状矿物分布在浅色基底上

四、泰顺石鉴定

1. 泰顺石鉴定方法

一般来说，有经验的专业人士在肉眼观察（必要时配合放大镜和手电筒）的基础上，再适当借助宝石鉴定仪器设备，运用现代分析测试技术，能够给予准确定名。

1）肉眼观察

肉眼观察的内容包括颜色、图纹、光泽、硬度、质地等。

泰顺石以绿色、黄绿色为主，含有不同数量其他矿物时还可呈红色、紫色、蓝色、灰色、白色、黑色等，亦有梅花枝、木纹石等特色图纹石易于识辨。

泰顺石主要呈油脂光泽、蜡状光泽，少数呈土状光泽。

泰顺石硬度较低（莫氏硬度2~3），明显低于翡翠（莫氏硬度6.5~7.5）、和田玉（莫氏硬度6.0~6.5）、石英质玉（莫氏硬度6~7）等这些常见玉石种类。用小刀（莫氏硬度5.5）可轻易在其表面刻划出痕迹，此种方法属于有损试验，需慎用。

2）放大检查

放大检查是肉眼观察的进一步扩展，借助放大镜或显微镜可以观察到肉眼无法看到的内外部的某些细微特征。

观察内容主要包括结构构造、次要矿物等。泰顺石具有隐晶质结构、细粒状结构，结构较细腻、致密。进一步观察可见蓝色、红色等矿物包裹体，主要为刚玉、含铁氧化物等。

3）仪器鉴定

实验室往往还根据需要借助一些仪器设备，通过测试一些参数和特征，如光性特征、折射率、吸收光谱、荧光特征、红外光谱、X射线衍射分析等，来综合判断鉴定。

(1) 常规参数特征

折射率：1.53~1.60（点测）；双折射率集合体不可测。

莫氏硬度：1~3（刚地除外）。

密度：2.65~2.90g/cm^3。

紫外荧光：长波（365nm）无；短波（254nm）无。

紫外可见光谱:无特征。

(2)红外光谱分析

红外光谱分析,有助于鉴别泰顺石的种类并区分其他相似玉石。

①透射光谱特征:采用 K-Br 压片法,对泰顺石进行红外光谱分析。

泰顺石大多是以叶蜡石为主要矿物成分的叶蜡石型,测得红外光谱图具叶蜡石特征吸收谱带,在官能团区和指纹区可见 $3675cm^{-1}$、$1121cm^{-1}$、$1067cm^{-1}$、$1051cm^{-1}$、$948cm^{-1}$、$853cm^{-1}$、$835cm^{-1}$、$812cm^{-1}$、$540cm^{-1}$、$482cm^{-1}$ 等附近的吸收谱带(图 2-3-37)。

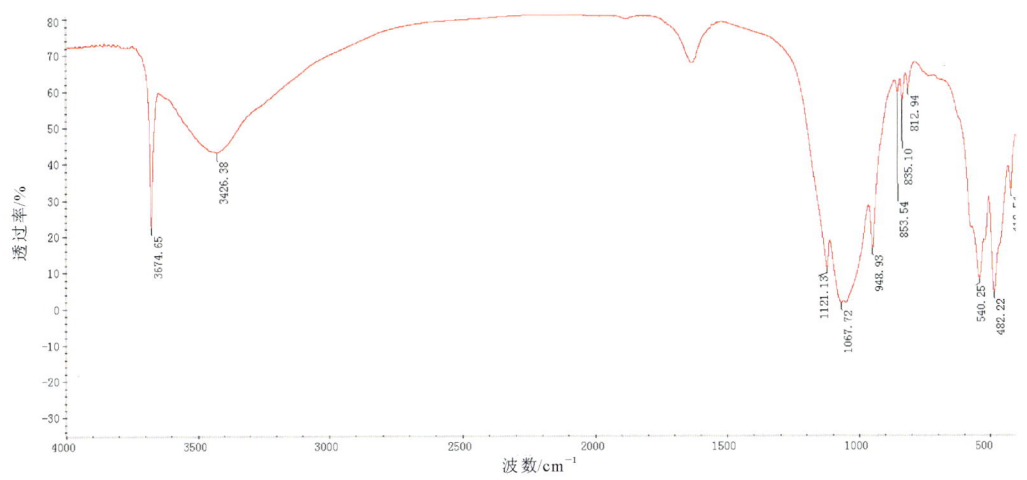

图 2-3-37　叶蜡石型泰顺石红外光谱图

少数泰顺石为非叶蜡石型,如伊利石型泰顺石,测得红外光谱图具伊利石特征吸收谱带,在官能团区和指纹区可见 $3630cm^{-1}$、$3420cm^{-1}$、$1020cm^{-1}$、$910cm^{-1}$、$745cm^{-1}$、$520cm^{-1}$、$470cm^{-1}$ 等附近的伊利石特征吸收谱带(图 2-3-38)。

②反射光谱特征:珠宝鉴定中更多采用反射法进行红外光谱无损分析。

叶蜡石型泰顺石红外光谱图的指纹区可见 $1117cm^{-1}$ 和 $971cm^{-1}$ 强吸收峰(图 2-3-39)。

非叶蜡石型泰顺石,如以伊利石为主要矿物成分的泰顺石,红外光谱图的指纹区可见 $1117cm^{-1}$ 弱吸收峰、$1054cm^{-1}$ 弱双吸收峰(图 2-3-40)。以地开石为主要矿物成分的泰顺石,红外光谱图的指纹区可见 $1131cm^{-1}$、$1056cm^{-1}$、$1006cm^{-1}$ 三组强吸收峰、$935cm^{-1}$ 弱吸收峰和 $911cm^{-1}$ 较强吸收峰(图 2-3-41)。

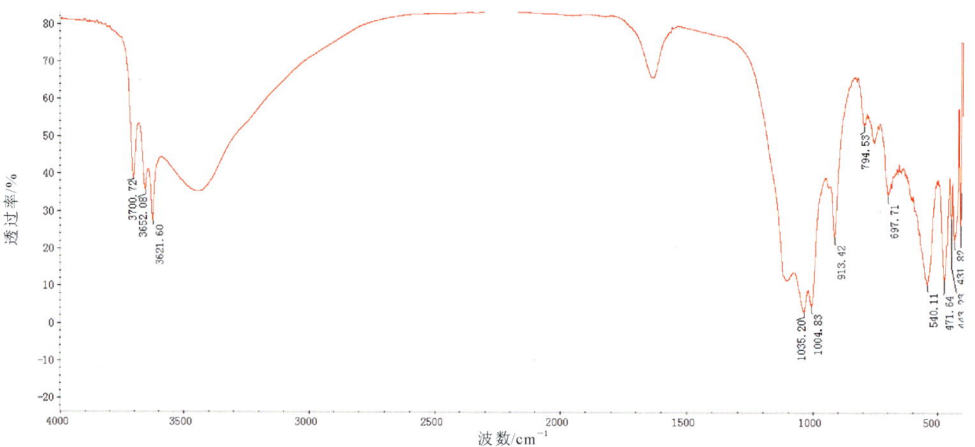

图 2-3-38 非叶蜡石型泰顺石红外光谱图(主要矿物成分为伊利石)

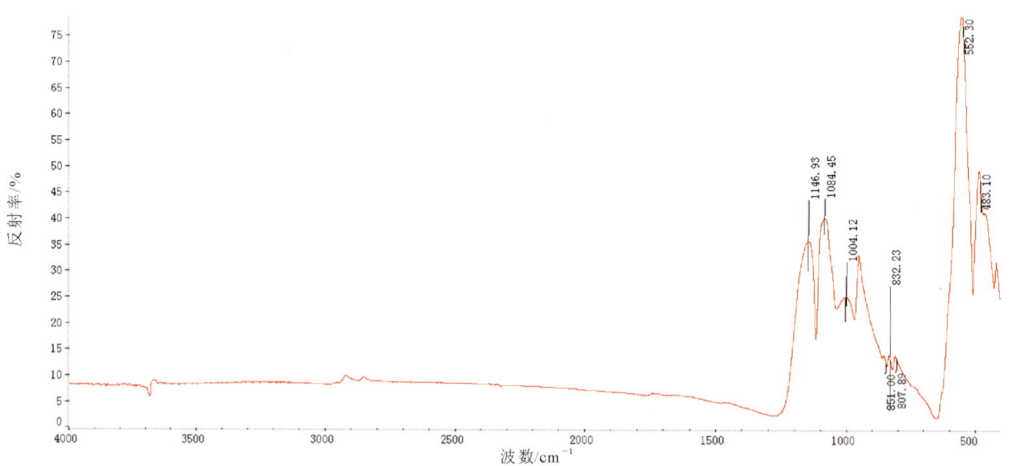

图 2-3-39 叶蜡石型泰顺石红外光谱图(反射法)

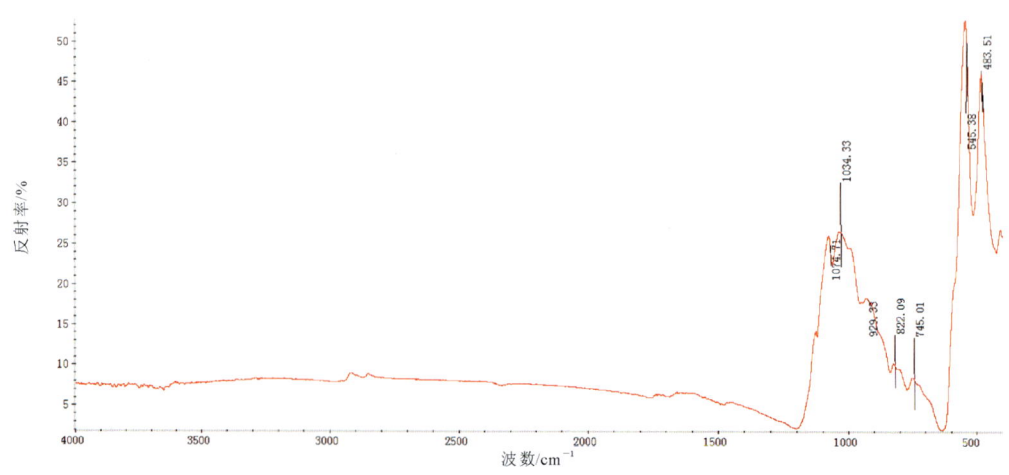

图 2-3-40 非叶蜡石型泰顺石红外光谱图(反射法,主要矿物成分为伊利石)

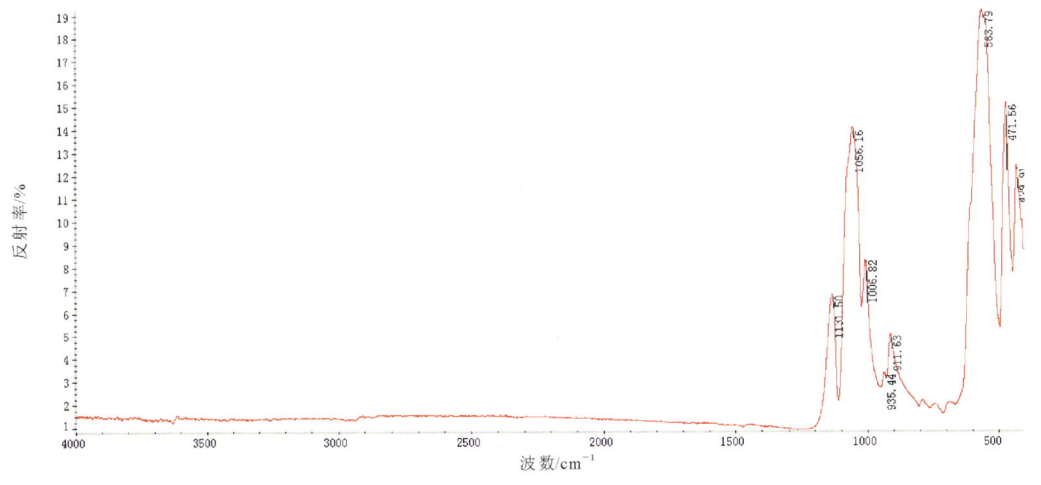

图 2-3-41　非叶蜡石型泰顺石红外光谱图（反射法，主要矿物成分为地开石）

(3) X 射线衍射分析

通过 X 射线衍射分析，有助于泰顺石的鉴别。大部分的泰顺石由较纯的叶蜡石组成，还有少量泰顺石以绢云母（伊利石）、地开石为主要矿物成分（图 2-3-42～图 2-3-44）。

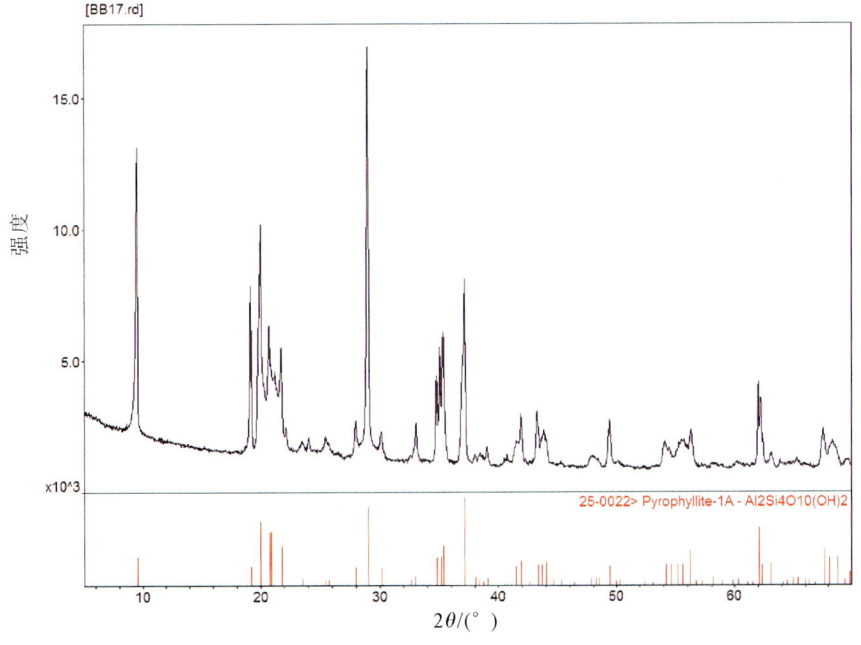

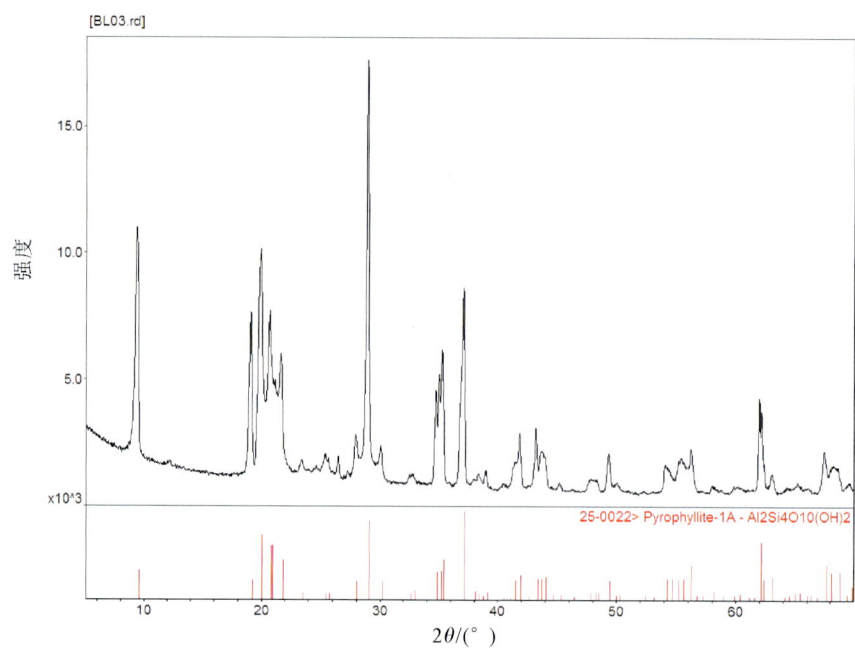
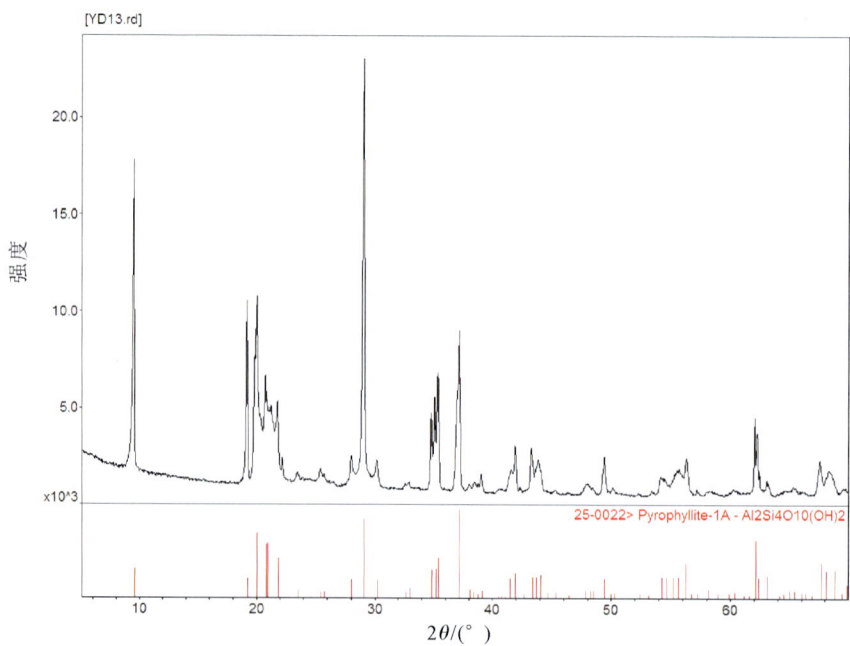

图 2-3-42　泰顺石 X 射线衍射图（较纯叶蜡石类）

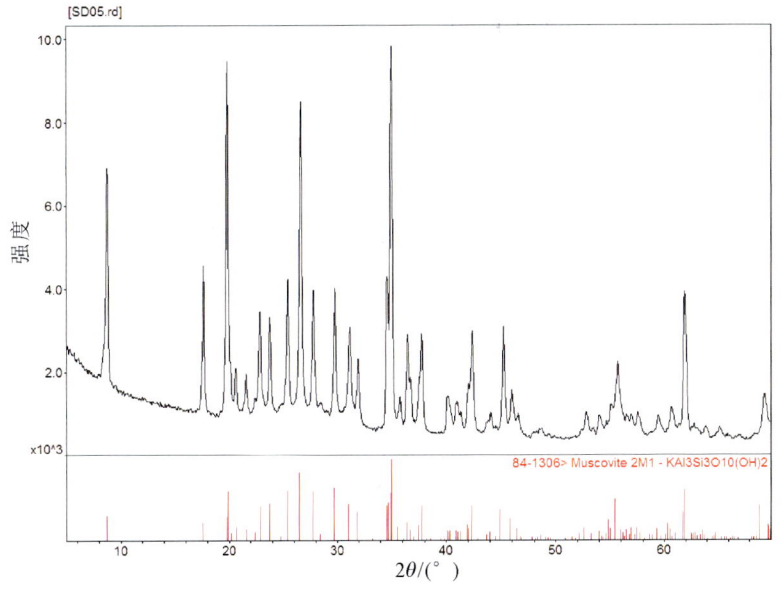

图 2-3-43　泰顺石 X 射线衍射图［以绢云母（伊利石）为主要成分］

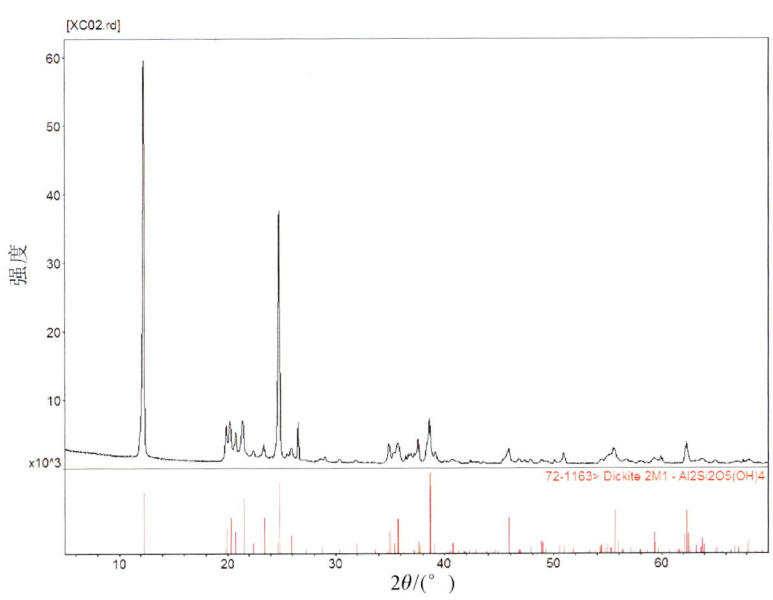

图 2-3-44　泰顺石 X 射线衍射图（以地开石为主要成分）

2. 泰顺石优化处理

泰顺石的优化处理主要是为了改善外观,提升品质,通过优化处理的方法让品质较为一般的泰顺石提升其美观度和耐久性等。

1)常见优化

浸蜡:用无色蜡充填泰顺石裂隙缺口或表面,以改善外观、保养样品。

浸油:用无色油涂抹泰顺石表面,以保养产品。

2)常见处理

(1)充填

用蜡或胶等充填灌注在裂隙处,改善或改变泰顺石的耐久性和外观。若仅少量充填则可以归属优化;若是大量充填,则属于充填处理,应在定名或商贸交易时标注经过"充填处理"。

放大检查可见充填部分表面光泽与主体玉石有差异,呈树脂光泽,充填处可见气泡或搅动状构造;长、短波紫外光下,充填部分荧光多与主体玉石有差异;红外光谱测试可见充填物特征红外吸收谱带;发光图像分析(如紫外荧光观察仪等)可观察到充填物分布状态。

(2)染色处理

通过染料染色来改善泰顺石的颜色或图纹,以提升其价值。

放大检查可见颜色分布异常,多在裂隙、粒隙间或表面凹陷处富集;长、短紫外光下染料可引起特殊荧光;染色处有时可见气泡或搅动状构造;通过成分分析仪器(如 X 射线荧光光谱分析仪等)能检测到染料中的外来元素。

(3)覆膜

通过表面覆膜以改善泰顺石的颜色或光泽。

放大检查可见表面光泽异常,折射率异常,局部可见薄膜脱落现象,红外光谱和拉曼光谱可见膜层特征峰。

五、泰顺石材质评价

2020 年发布的浙江测试团体标准《泰顺石 鉴定、分级及命名》(T/ZJATA 0003—2020),将泰顺石分为 8 个类别,并从颜色、图纹、净度、质地等方面进行品质分级,对具有特殊颜色、图纹、质地的特色名品,备注商贸名称(俗称)的,就其特点提出规范要求。

下面结合相关标准，从质地、颜色、纹理、形状等方面，讨论泰顺石的材质评价（其工艺价值在第三章叙述）。

1. 泰顺石质地

质地是影响泰顺石材质价值的重要因素。

泰顺石质地包括其结构特征、组成矿物、光泽、温润度、透明度、净度等，影响质地的各因素之间有内在的联系并相互影响。

优质泰顺石结构致密、矿物颗粒细腻，表面温润光亮，呈现油脂光泽或蜡状光泽，其中的极品质地非常细腻，呈强油脂光泽，颜色多以青色和青黄色为主，如著名的金石冻。反之，若是泰顺石组成矿物颗粒较粗、结构疏松，表面呈现暗淡的土状光泽，其价值相应就低。

泰顺石净度是其质地品质的重要方面。泰顺石除主要矿物叶蜡石以外，往往还含有少量的石英（石英含量越高，硬度越高，不利于雕刻）、铁质物等其他杂质，这些杂质多以碎屑状、团块状、树枝状、云雾状等形式呈现，或多或少影响其净度，特别是各类深色斑杂、裂隙等瑕疵，更是可能造成其美观甚至耐久性的降低，进而造成其品质和价值的降低。

泰顺石以洁净细腻、杂质裂隙等瑕疵少、外形完整者价值为高。但是如果杂质等其他物质或结构特征对净度的影响是有规律而富有特色的，呈现出有观赏价值的图纹图案，例如形成水草花或者其他象形图纹，则会锦上添花，对其品质价值起到正向的提升，具体见纹理部分内容。

综合泰顺石的结构、光泽、透明度、净度、硬度等特征要素，泰顺石的质地品质从高到低可以分为冻地、蜡地、刚地和花冻地。

冻地泰顺石颗粒极其细腻，半透明—微透明，强油脂光泽，温润净透、硬度低，易于雕刻，属于上品。

蜡地泰顺石颗粒细腻，微透明，蜡状光泽，硬度低，易于雕刻，属于中上品。

刚地泰顺石颗粒较粗，微透明—不透明，蜡状光泽或土状光泽，石英等硬质物含量较高，硬度较高，不易手工雕刻甚至易裂，品质中到下。

花冻地泰顺石则是冻地与刚地相交杂，细腻处润泽强韧易雕，粗劣处光泽差，雕刻易裂。花冻地在泰顺石中产量很大，品质跨度也大。若花冻地的杂质和基底相交能呈现出有观赏价值的图纹图案，其价值就比较高；反之，若花冻地含有过多杂质影响美观甚至耐久性，其价值则低。

2. 泰顺石颜色

颜色是泰顺石价值评估中的重要因素。

颜色是最为直观地给人的第一印象,色彩的色调、明度、饱和度以及色彩的搭配等,都会影响泰顺石的价值。

泰顺石的颜色有单色和多色之分。单色主要考虑颜色的色调、明度和饱和度;多色考虑除色彩本身质量外,更多考虑色彩之间的协调和美观。

泰顺石颜色非常丰富,常见有红色系、黄绿色系、蓝色系、多色系等。

红色一直是中国人最喜爱的颜色,在中国传统文化中代表着吉祥喜庆、温暖祥和,象征着热忱、奋进、团结的民族品格。红色系列的泰顺石有大红袍、状元红、彩霞红、枣红、红花冻、朱砂冻、桃花冻等,其中以状元红的颜色最受欢迎(图2-3-45)。

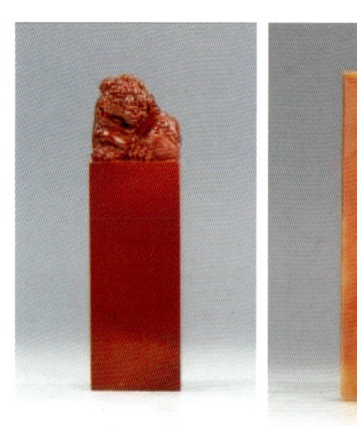 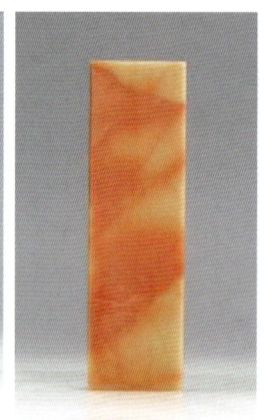 

状元红　　　　　　彩霞红　　　　　　枣红

图 2-3-45　红色系列泰顺石

黄绿色系列的泰顺石有灯光冻、青玉冻等,其中以灯光冻最为出类拔萃;黄色系列的泰顺石有黄金耀、金玉石等;蓝色系列的泰顺石有蓝带、青花石等;黑色系列的泰顺石有浓墨泰顺等。

多色系列是指在同一块泰顺石上有多种颜色,其品质价值除考虑色彩本身质量外,更多考虑色彩之间的协调和美观。

多色系泰顺石有时还可呈现出精美的花纹,如紫藤、梅花枝、蓝星等,颇具观赏价值。花纹对品质价值的影响将在纹理中讨论。

在《泰顺石　鉴定、分级及命名》标准中,根据颜色的色调、明度和饱和度将泰顺石颜色(红色、黄色、绿色)品质从高到低分为特级、一级、二级3个等级(见图2-3-36)。

3. 泰顺石纹理

泰顺石纹理是指由于颜色、结构或构造不同,形成的各种条带或花纹的现象,纹理有时又能构成精美的图纹。

美石之所以具有观赏价值,原因之一是其具有各种精致的纹理、精美的图纹(图2-3-46)。这些图纹或抽象或具体,或自然或奇特,如奔马、似廊桥(图2-3-47),巧夺天工、妙不可言。

图2-3-46 精致的纹理

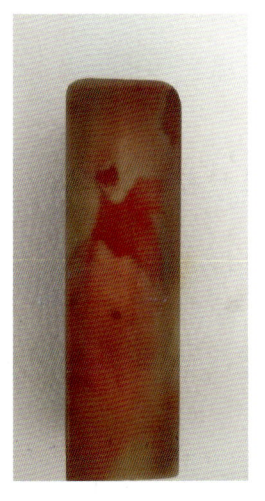 

图2-3-47 奇特的图纹

泰顺石纹理的评鉴，包括纹理是否清晰、线条是否流畅、图纹是否奇特、呈现出的意境是否悠远等。

在《泰顺石 鉴定、分级及命名》标准中，将图纹分为3个级别（图2-3-48）。

特级：图纹清晰明亮，与底色形成鲜明对比，整体观赏起来具有独特美感，令人赏心悦目，其价值最高。

一级：图纹较清晰明亮，对比色不明显，对整体美观影响不大。

二级：图纹较为杂乱，且对整体美观有一定影响。

  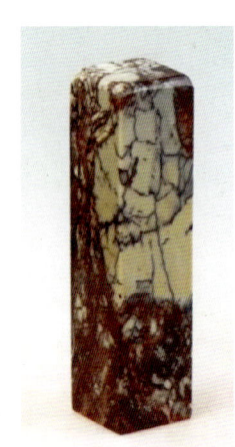

特级　　　　　　　一级　　　　　　　二级

图2-3-48　泰顺石图纹分级

泰顺石中别具特色的木纹石，因具有天然木质状纹理而得名。该品种石质细腻，呈现出黑色、赤褐色或黄褐色纹理，形同古木年轮，枯而不朽，用于创意巧雕则作品韵味无穷（图2-3-49）。

精美的图纹可以提升泰顺石的品种价值；反之，如果图纹比较杂乱，对比色不具美感，则会对泰顺石整体外观造成负面影响，降低其价值。

4. 泰顺石形状

形状是指泰顺石的几何尺寸和外部形态，

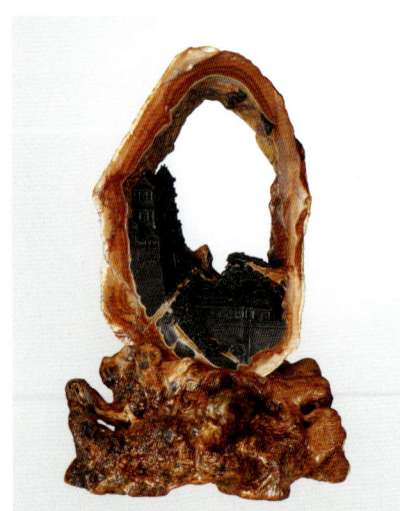

图2-3-49　《玄空奇光》
（泰顺石，卓乃枢）

在价值评定中重点考虑形态是否完整或者奇特、形象是否逼真、寓意是否深刻。一块好的泰顺石，无论古朴、方正、趣怪或者雄健，都会第一时间撩动把玩者的心，这就是"境由石造，意到石生"的道理。

泰顺石的天然造型，力求形态完美，切忌在主要观赏面上有形体破损。

泰顺石材质的价值评价，主要从质地、颜色、纹理、形状等方面综合进行判断，以质地细腻、纯净莹润、色彩美观、纹理精致、形状完整为上品。加工工艺部分内容将在第三章中论述。

泰顺石保养方法

1. 避免阳光直射，避免存放处温度过高，以防枯燥损伤。
2. 避免接触有腐蚀性的化学物质，以免产生不可逆的损坏。
3. 轻拿轻放，避免碰撞或接触硬物，谨防破损。制品以单独保存在锦盒内为佳。
4. 若沾染灰尘或脏杂，可使用软毛刷或绒布轻轻擦拭干净，避免用其他化学制剂清洁。

第四节 黄蜡石

黄蜡石古称"碪砆"，意思是一种像玉的石头。黄蜡石属石英质玉，因石表层或内部有蜡状质感，色多呈黄色而得名。黄蜡石以其亮丽富贵的暖调、坚硬稳定的质地、奇特多样的形状，被世人所青睐。

21世纪初，随着云南龙陵地区所产的这种黄色石英质玉被形象地称为"黄龙玉"，在打响了"黄龙玉"品牌后，浙江金华、衢州、丽水等地的黄蜡石也开始大量发掘应用。浙江作为优质黄蜡石的产地，以及浓厚的赏石和交易氛围，再次成为关注的热点。

本节主要讨论浙江金华、衢州、丽水等地产出的具观赏及工艺价值的黄蜡石（图2-4-1）。

一、黄蜡石概况

黄蜡石在我国分布较广，以浙江、江西、广东、广西、云南等地最为集中，浙

图 2-4-1　黄蜡石

江黄蜡石品种丰富、质色俱佳,赏玩收藏文化悠久,在业内享有一定的声誉。

黄蜡石在浙江各地多有产出,大多依当地地名称谓。

分布在婺江、兰江、东阳江流域的金华市及所辖的兰溪、浦江、义乌、永康、武义等地的,称婺江黄蜡石或金华玉。

分布在衢江流域衢州市及所辖的龙游、常山、江山等地的,称衢州黄蜡石或衢州黄玉。

分布在瓯江流域的丽水松阳、遂昌等地的,称处州黄蜡石。

分布在曹娥江上游澄潭江流域绍兴新昌、嵊州的,称越州黄蜡石。

"三江之汇"——兰溪,位于浙江省中西部、钱塘江中上游,地处金衢盆地北缘,东北群山环抱,西南低丘蜿蜒,境内江河错综,衢江、婺江和兰江三江在城区交汇成兰江,是浙江优质黄蜡石籽料的主要产区之一。其资源之丰富,品质之卓越,可称为黄蜡石的"聚宝盆"。

"溪以兰名,邑以溪名",兰溪有着"中国兰花之乡""中国黄蜡石之乡"等美誉,于唐咸亨五年(公元 674 年)建县,至今已有 1300 多年历史。这里矿产资源丰富,文化底蕴深厚,历代名人辈出。300 多千米的兰江穿城而过,水流深缓,宝藏暗藏(图 2-4-2)。

作为兰溪的瑰宝,兰江流域的黄蜡石又有着"兰江玉"之美称,被人夸赞"色如田黄,质如翡翠,温润如玉",可雕可赏,可塑性高,备受省内外雅石界人士青睐并竞相收藏。

图 2-4-2 兰城全景

浙江省内黄蜡石山料产出地区有丽水的缙云、松阳两县。缙云黄蜡石矿区的黄蜡石黄中带红,以艳丽的红色调为特色;松阳黄蜡石矿区的黄蜡石以蓝绿色调为主。

1. 黄蜡石地质成因

根据实地调查和文献资料,依据产出状况,浙江黄蜡石可以分为山料和籽料。

黄蜡石山料主要分布于酸性火山岩中,呈脉状。目前浙江省内发现原矿山料的地区有丽水缙云、松阳。

黄蜡石籽料主要产在河道沉积物中,其分布和产出受到河流流域控制。浙江省河流众多,衢江、兰江、婺江、瓯江、浦阳江、曹娥江等流域均有黄蜡石产出。黄蜡石籽料主要在河道沉积中出露。籽料的质地差别大,产量不均,品质佳者堪比高档玉石,肉质细腻、温润。

黄蜡石为硅质岩或硅质岩脉经成岩、变质及风化磨蚀而形成。根据现有资料,浙江有确切时代产出的黄蜡石的最古老的地层是震旦系上部皮园村组化学成因的硅质岩,古生代地层中也有产出的记录。

黄蜡石主要产于中生代火山岩中,中生代火山岩中产出的大量硅质岩脉提供了丰富的黄蜡石成矿"原料"。硅质岩分为硅质沉积岩和硅质蚀变岩,硅质沉积岩是水体中沉积形成的硅质岩层,如皮园村组;沉积岩或火山碎屑岩经岩浆或火山含硅热液交代后形成了硅质蚀变岩。硅质岩脉则可分为沿构造裂隙热液充填型和岩层变质分泌型。

黄蜡石矿部分以原生矿山料产出（如缙云矿区、松阳矿区）；部分受构造变动的影响，岩石出露地表，与地表酸性土壤环境长期接触，或滚入溪流中，经历流水冲刷、磨蚀、浸染、搬运，大量汇聚于宽阔的河床底部形成河谷中的籽料（如衢江、兰江、婺江、瓯江等流域），其中玲珑圆润、姿彩艳丽、质地细腻者成为优质黄蜡石。

2. 黄蜡石资源状况

黄蜡石矿产资源在浙江分布较广，金华的兰溪、义乌、武义，丽水的缙云、松阳，衢州的衢江区、龙游、常山，绍兴的新昌、嵊州，宁波的宁海等地均有产出。

1) 矿体分布特征

(1) 金华

①兰溪河床产地：兰溪河段开阔河床谷底，谷坡平缓，谷底开阔，独特的地理地质环境，为优质黄蜡石资源的形成提供了有利、独特的条件。经千万年水流冲击，兰江黄蜡石主要分布在兰江、衢江、婺江绵延1000多千米的河道之中，沿岸游埠、赤溪、上华、灵洞、兰江、云山、女埠、香溪8个乡镇（街道）为主产地。

黄蜡石产于全新统冲积砾石层之中，冲积层具有明显的二元结构，下部为砾石层，上部为粉质黏土层。砾石主要成分为凝灰岩、石英砂岩、闪长岩、花岗岩等，磨圆度好，被人工扰动后定向性不明显，具一定分选性，砾径以3～10cm为主。黄蜡石赋存在部分质地细腻的石英砂岩中，偶见高品质黄蜡石。颜色以黄色、黄白色为主，透明度以微透明—不透明为主。

②义乌后宅村产地：义乌黄蜡石矿位于义乌市后宅村曼头山。产于中更新统汤溪组（Qp_2t）地层中。位于古河床的Ⅲ级阶地之上。主要为全风化含碎石黏土，土层厚度约5m，黄蜡石主要赋存于全风化土层中。风化层原岩为紫红色石英砂岩。

当地居民听闻此处有黄蜡石产出后，开始疯狂无序采挖，导致植被严重破坏，出露范围内的黄蜡石基本已被采走，目前具有工艺价值的黄蜡石较少。该区所产黄蜡石以黄色料为主。

③婺城区杨石村金华江河床产地：金华黄蜡石主要分布在金华江（又称婺江）沿岸。金华婺城区杨石村金华江河漫滩河段属于金华盆地，河床宽约200m，砾滩相间分布在河流的凸岸，宽度约50m，黄蜡石产于全新统冲积砾石层中。冲积层上部为粉质黏土层，厚度约0.5m，下部为砾石。砾石成分主要

为凝灰岩、石英砂岩、闪长岩、花岗岩等。部分石英砂岩质地细腻,经过河水的冲刷作用,磨圆度较好,大小不均一,小至2~3cm,大至20cm。颜色以浅黄色、黄色为主,透明度以微透明为主,可见高品质黄蜡石。

(2)丽水

①缙云舒洪镇矿产地:缙云黄蜡石矿位于丽水市缙云县舒洪镇东南侧山坡上。区内出露晚白垩世地层,该地层分布受北东-南西向断裂构造所控制,后期遭断裂破坏,大致呈北东-南西向展布。出露厚度约350m,可分上、下两部分:上部约150m,为红色、紫红色砂砾岩、砾岩、砂岩和泥质粉砂岩;下部约200m,为灰紫色、紫红色砂砾岩、砾岩、粉砂岩夹灰绿色流纹质角砾凝灰岩、流纹质玻屑凝灰岩及具交错层理的沉凝灰岩。该套地层不整合于早白垩世末期流纹岩之上。

缙云黄蜡石主要产于上白垩统下部的流纹质角砾凝灰岩中,呈不规则脉状产出,推测其为火山期后热液充填形成的玉髓质矿脉。矿脉厚度不均,宽处约20cm,窄处约1cm。一般黄蜡石矿脉上部较宽,下部较窄。该矿区所产黄蜡石颜色丰富,有红色、黄色、红黄色、象牙白、灰色等。尤其以红色、红黄色者品质突出,质地细腻,纯净莹润,呈半透明—微透明,当地称之为"仙都丹玉"(图2-4-3)。

图2-4-3 缙云黄蜡石

②松阳古市镇矿产地：松阳黄蜡石矿位于松阳县古市镇谢树寮村东山麓。松古盆地明显受北西向断裂控制，总体呈北西向条带状展布。盆地边缘低山区出露地层主要为早白垩世磨石山群高坞组及西山头组；盆地内出露地层为馆头组粉砂质泥岩、砂岩等，为后期盆地内的河湖相沉积物。

产地处于松古盆地东侧低山与盆地的过渡地带靠山体一侧及溪沟两侧，溪流为谢树寮水库上游，山体地形坡度25°～35°，为典型的"V"字形沟谷。产地低山区出露地层主要为早白垩世磨石山群高坞组及西山头组，矿体赋存地层岩性为高坞组流纹质晶（玻）屑熔结凝灰岩，晶屑成分主要为长石，长石多蚀变为高岭土。

矿区构造以北东向断裂构造为主，发育多组间距1km左右的平行断裂，其中多有霏细岩、闪长玢岩等脉岩充填。沿断裂带多见由富含硅质的热液交代形成的次生石英岩，次生石英岩通常呈脉状展布，也有少量顺层交代，呈层状产出。脉状石英岩长度一般300余米，宽3～5m，产状近直立，走向NE55°。黄蜡石产出于次生石英岩之中，呈角砾状或条带状（厚度宽处约50cm，窄处约5cm）。该矿区所产黄蜡石具隐晶质结构，圆润细腻，颜色以白色、青色为主，透明度较好，以半透明为主，具有工艺价值（图2-4-4）。

图2-4-4 松阳黄蜡石山料露头

(3) 衢州

衢州黄蜡石主要分布在衢江沿岸，黄蜡石产于全新统冲积层中。与兰江黄蜡石和婺江黄蜡石类似，衢州市衢州区樟潭街道方杨村衢江河床的河漫滩上，黄蜡石以籽料形式产出，磨圆度较好，大小不均一，小至3cm，大至30cm。砾石主要为凝灰岩、石英砂岩、闪长岩、花岗岩等，可见黄蜡石出露其中。

该产地发现"竹形"黄蜡石，推测其由热液充填交代作用所形成，其后孔隙中松散的物质被河水冲刷带走,形成竹形的黄蜡石观赏石。

衢州衢江黄蜡石的发现量较兰江、婺江多,颜色以红黄色、黄色、黄白色为主(图2-4-5)。

图2-4-5 衢州衢江黄蜡石籽料

另外,浙江省金华市武义县、衢州市龙游县、绍兴市新昌县、宁波市宁海县等地区的河道内也有黄蜡石产出(图2-4-6),品质与兰江、金华江类似,矿石主要为籽料,经过河水的冲刷作用,磨圆度较好,在水中浸染,受三价铁离子的影响,矿石氧化程度较高,形成以黄色调为主的黄蜡石。

图2-4-6 新昌黄蜡石籽料产地

2)资源利用

黄蜡石是一种硅质岩,虽然产地较广,储量丰富,但资源不可再生,随着大规模地开发利用,优质品越来越少。

近年来,浙江各地根据《中共中央 国务院关于加快推进生态文明建设的意见》,坚持节约资源和保护环境的基本国策,加大了生态环境保护力度,禁止或限制了一些资源的无序开采。

以兰溪为例,兰溪黄蜡石的开采有40多年历史,之前都是作为建筑用途的砂石料,直到20世纪90年代,作为具有观赏价值的玉料用途被挖掘后,当地刮起了黄蜡石热,高峰时在江边捡石者多达上万人,引得周边金华、衢州、绍兴、丽水等地和江西、福建、上海、安徽等省市黄蜡石爱好者、经营者争相前来采购。经过10多年的发展,黄蜡石于2011—2018年间进入开采高峰,优质品不断销往省内各地以及江西、福建等省市,并在当地由最初的单一原石交易转变为集原石采捡、收藏、交易、雕刻于一体的完整产业链,形成了集产、销、赏、藏于一体的观赏石文化。

3. 黄蜡石产业发展

1) 黄蜡石·历史传承

黄蜡石最早发现于古真蜡国(今柬埔寨),故称为"蜡石"。另有说法是因为黄蜡石大多以黄色为主且表层呈现蜡油状釉彩而得名。

早期关于黄蜡石的文字记载非常少,据永安县(今广东省河源市紫金县)县志记载:"永安产蜡石,贡于朝,盛于名也。"

据史料记载,岭南一带是我国有历史记载最早赏玩黄蜡石的地区。明清时期,广东粤东和潮汕地区便有不少文人雅士竞相收藏,并为之吟诗作赋,黄蜡石赏石文化兴盛。

尽管黄蜡石早期的史料记载很少,但考古发现,早在远古的新石器时代,距今约9000年的上山文化时期,浙江的先民便已开始将黄蜡石用以磨制石器,以简单玉石制品用以装饰。浙江龙游青碓遗址一块经过磨制的黄蜡石制品,是迄今为止发现的最早使用黄蜡石的实物。

浙江赏石文化悠久,曹娥江流域的古剡溪出产的黄蜡石,在唐代作为"剡石"的主要石种之一,得到诸多文人墨客的咏赞,并随着唐诗之路盛名远扬。

剡石是产于剡溪之中的雅石,而黄蜡石为其中一种重要石种。据徐跃龙先生考证,当时剡石与剡纸、剡茶、剡桂等当地特产,进入了皇家权贵、名人雅士的橱柜。著名诗人李白对剡石有独特的偏爱,多次咏诗颂之,更有大批好事者追慕效仿;唐朝宰相李德裕也酷爱剡溪水石,曾慕名亲临剡东追搜奇石异木,并留诗为记。

令人遗憾的是,自清代以来,剡溪沿岸风光屡遭破坏,而剡石也逐渐消失在人们的视野之中。

2）黄蜡石·创新发展

2000年前后，随着在云南龙陵与芒市交界一带的苏帕河中发现石质细润、色泽金黄的石英质玉，并以"黄龙玉"一举成名，相类似的黄蜡石也开始引起世人的广泛关注。

此后，随着玉石市场的升温，短短几年时间，黄蜡石的市场价值不断攀升，其中玉质好、工艺佳者售价昂贵，成为收藏者的"新宠"、媒体报道的"疯狂的石头"。

高品质的黄蜡石因其具有翡翠般的硬度、田黄似的颜色以及和田玉般的温润，而广为市场所欢迎，掀起了一股收藏黄蜡石的热潮。

当时相关国家标准以及多地地方标准给予其同类石英质玉以规范命名，此举又进一步助推此类玉石市场的快速发展，浙江金华等地的黄蜡石市场也应运而生。

浙江金华古子城黄蜡石市场始于2006年，参与者从最初的寥寥无几，到慢慢发展日益壮大。2009年经营者创新首开黄蜡石市场中国民间拍卖（图2-4-7），此举迅速引起报社等媒体、自媒体特别是业内的广泛关注，并广为传播。该市场在全国的影响力和知名度陡然提升，因此又进一步吸引全国各地以及海外的黄蜡石经销商和爱好者纷至沓来，市场热闹非凡、购销两旺。2015年，中国观赏石协会授予金华"中国黄蜡石之城"荣誉称号。

由于产地优势，兰溪赏石氛围十分浓厚，玩石、藏石成风，涌现出一大批黄蜡石藏家与藏馆，从事黄蜡石产业的石农、石商、玩家、藏家高峰时多达上万人。2015年，兰溪成功举办了中国兰溪首届黄蜡石玉石文化博览会，单日创下1600万元的交易额，吸引全国各地10余万人次前来观展、交易和研讨。当时市内设立了黄蜡石交易市场和"黄蜡石一条街"，成立了黄蜡石协会，兰溪的黄蜡石产业初具规模，享誉各地。

除金华、兰溪外，衢州、丽水等市县也形成了规模较大的黄蜡石交易市场，在高峰期各地形成了集原石采捡、收藏、交易、雕刻于一体的产业链，发展了集产、销、赏、藏于一体的赏石文化（图2-4-8）。

随着黄蜡石产业的快速发展，富有创新精神的浙江从业者，开启了黄蜡石产业的转型升级，从原来简单加工用以观赏，转向玉石雕刻制作，使其具有更高的工艺附加值。浙江本地及苏州等地的能工巧匠，将优质的黄蜡石精雕细琢成精美的玉石制品，使黄蜡石开始走上了玉石工艺品的舞台（图2-4-9、图2-4-10）。

黄蜡石由于其地质形成过程中掺杂的矿物和微量元素不同而有不同色彩

图2-4-7 金华古子城黄蜡石拍卖现场

图2-4-8 黄蜡石交易市场

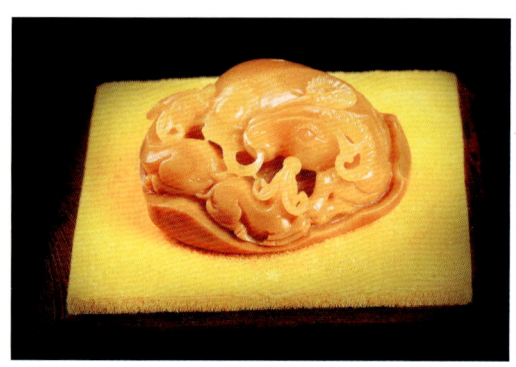
图2-4-9 《情深》(黄蜡石,洪小平)

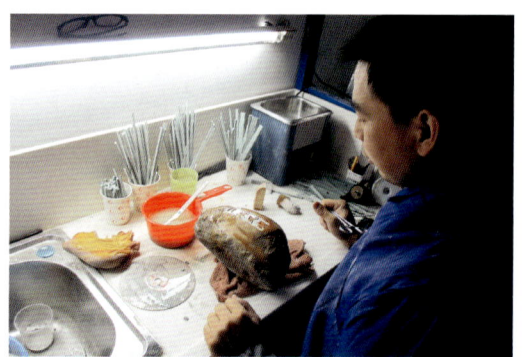
图2-4-10 黄蜡石加工

的品种,又因其组成矿物的纯度、颗粒大小及结合方式等的不同,造成其质地千差万别,形成品质等级高低悬殊。

普通与优质的黄蜡石价格迥异,需要对黄蜡石进行系统的科学研究和规范评价,以利于黄蜡石产业的资源保护和健康发展。

目前浙江黄蜡石产业以其特有的价值,走向更加健康的可持续发展之路。

二、黄蜡石基本特征

1. 黄蜡石矿物组成

黄蜡石矿物成分主要为石英,可含有少量的长石、云母、赤铁矿、高岭石、方解石等共生矿物,色彩美观,稳定性高,石质细腻,具蜡状质感,能达到胶蜡、冻蜡的属难得的极具价值的珍品。

黄蜡石的化学成分主要为二氧化硅(SiO_2),可含有少量或微量铝(Al)、镁

(Mg)、铁(Fe)、钙(Ca)、钾(K)、钠(Na)、锰(Mn)、钛(Ti)、磷(P)、铬(Cr)等元素。

浙江省黄蜡石分布广泛,品种繁多,不同地区的黄蜡石因其产地地质环境及共生矿物的差异性,除主要化学成分外的其他元素在组成及含量上略有不同,如浙江金华和衢州地区的黄蜡石中氟(F)、钙(Ca)含量较高,缙云地区的黄蜡石中钼(Mo)、硫(S)的含量较高。

2. 黄蜡石基本性质

1)颜色

浙江黄蜡石颜色丰富,以黄色和红色最为常见,此外还有粉色、绿色、黑色、浅蓝色、浅灰色、白色等蜡石(图2-4-11),亦有外黑内黄、外红内黄、外褐内蓝等混合色,部分具有条带结构。

黄蜡石的颜色与其所含致色元素种类及含量相关,浙江黄蜡石中铁的含量较高,更多呈现黄、红色调。

据调查,浙江黄蜡石的颜色与产地有不同程度的相关性。如,产自缙云矿区的黄蜡石,颜色非常丰富,有以红色和红黄色为特色的"仙都丹玉",也有黑色、灰色、白色等黄蜡石产出;产自松阳矿区的黄蜡石,多见浅蓝色、浅绿色;产自河床中的黄蜡石,颜色以黄色和褐黄色为主,部分黄蜡石表面呈黄色,内部颜色变浅。

图2-4-11 黄蜡石的颜色

2)光泽

光泽是指黄蜡石表面反射光的能力。影响光泽的因素较多,如质地、透明度、抛光程度等。质地细腻、透明度较高的黄蜡石,可以呈现油脂—玻璃光泽,结构疏松、质地粗糙、杂质较多的黄蜡石光泽相对较弱。

浙江黄蜡石大多呈油脂光泽、蜡状光泽,少数可呈玻璃光泽,若结构疏松、含一定量的高岭土等杂质,则呈现较弱的土状光泽,缺乏美感及观赏价值(图2-4-12)。

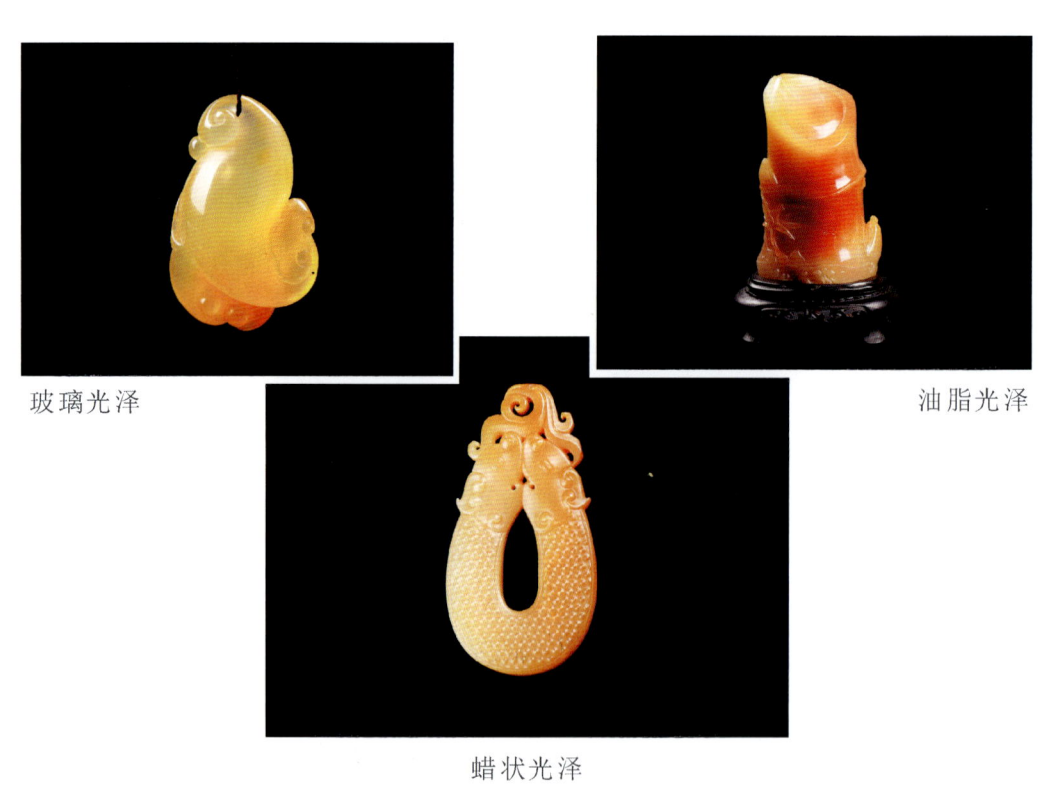

图2-4-12 黄蜡石的光泽

3)透明度

黄蜡石的透明度与其组成晶粒的大小、致密程度、纯净度等有关。若黄蜡石由较纯净的石英组成,晶粒细小、结构细腻致密,其透明度较高;如果晶粒粗大、结构松散,其透明度则低,甚至基本不透明。

浙江黄蜡石观赏石多数为半透明—微透明,契合国人对玉石似透非透的审美(图2-4-13)。

4)密度

浙江黄蜡石的密度为2.53～2.66g/cm³。矿物颗粒之间的致密程度(若存在微裂隙,密度会略降低)、共生矿物的存在(比石英密度大的共生矿物会使

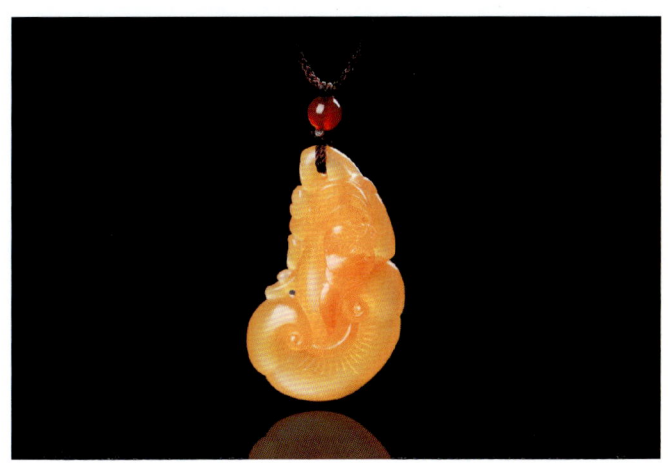

图 2-4-13　半透明—微透明的黄蜡石

其密度增高,反之降低)以及微量元素的多少都会使其密度在一定范围内变动。

5) 硬度

黄蜡石的硬度较高,莫氏硬度为 5.5~7。通常情况下,黄蜡石的石英含量高则硬度相对高,若有黏土矿物等杂质的混入,或者黄蜡石中有微裂隙(呈现棉絮状)的存在,则会使其硬度降低。常见物质的莫氏硬度见表 2-4-1。

浙江黄蜡石的莫氏硬度大多为 6.5~7,具有较好的耐久性。

表 2-4-1　常见物质的莫氏硬度

指甲	小刀	玻璃、石英质玉	钢锉	金、银
2.5	5.5	6~7	7.5~8.0	2.5~3.0

6) 净度

净度指黄蜡石的内部和外部特征(诸如杂质和缺陷等)对其美观和耐久性的影响程度。

黄蜡石在其形成过程中可能伴有一些共生矿物、一些后期充填的其他矿物以及绺裂等瑕疵,会对其净度产生影响。黄蜡石所含杂质或绺裂等瑕疵越少、颜色及所处位置越不明显,对净度影响也就越小。一般来说,优质的黄蜡石尽可能纯净,尽可能少含甚至不含裂绺、白棉、黑点等瑕疵。

当然也有例外,如果对净度的影响是规律而富有特色的,例如黄蜡石中含有象形的水草花、协调分布的黄铁矿或凹凸有致神形兼备的各式图纹,则是另有一番自然天成的韵味,对其品质价值反而起到了很大的正向提升作用。

7)质地

黄蜡石质地是指组成其矿物颗粒的大小、形态、均匀程度及颗粒间结合方式等,具体表现在黄蜡石的细腻度、透明度,以及光泽、硬度、表皮特征等方面。黄蜡石按质地品质从高到低可以分为冻蜡、胶蜡、细蜡、中蜡和粗蜡。

冻蜡表皮光滑如玉,透明度高,优质的冻蜡在灯光下晶莹剔透;胶蜡质地细腻、透明度较高,光洁油润,脂感强;细蜡质地细腻油润,表层光滑,微透明或不透明,手感良好;中蜡肉眼观察颗粒感明显,结构较为疏松,质地尚细腻;粗蜡颗粒粗、不透光,光泽差,显粗糙,手感差。

石英质玉、石英岩玉

石英质玉是一种品类繁多、分布广泛的玉石,指天然产出的、达到工艺要求的、以石英为主的显晶质—隐晶质矿物集合体。根据矿物成分、结构和外观特征,现行国家标准将石英质玉分为石英岩玉、玉髓和硅化木三大类,每个类别又包含多个亚种,如玉髓类常见的玛瑙和碧石,具体见表2-4-2。

表2-4-2 石英质玉的分类

类型	名称	市场常见商贸名称(俗称)
隐晶质石英质玉石	玉髓(玛瑙、碧石)	玉髓、玛瑙、南红、黄龙玉、台山玉
显晶质石英质玉石	石英岩玉	东陵石、密玉、贵翠、京白玉
二氧化硅交代型石英质玉石	木变石、硅化木、硅化珊瑚	虎睛石、鹰睛石、树化玉

黄蜡石是指主要矿物为石英,以黄色和蜡状质感为主要特征,可以呈现各种颜色,具观赏及工艺价值的玉石,如今广义的黄蜡石包括隐晶质至显晶质石英质玉。黄蜡石按现行《珠宝玉石 名称》标准定名归为石英质玉。

一般来说,矿物颗粒较粗,观赏性和雕刻性较差的石英岩,不纳入黄蜡石范畴。

三、黄蜡石分类

黄蜡石色彩丰富、种类繁多，常常直接按颜色称谓，如红蜡、绿蜡、黑蜡、灰蜡、白蜡等。除此之外，行业常见的还有如下几种分类方法。

1. 按地质产状分类

黄蜡石按产出的地质状况分为山料、山流水和籽料。这种分类方法类似于和田玉的产状分类，既能便于大众理解，又有一定的科学依据。

（1）山料

山料是指产于山体的原生黄蜡石料石，或者产自由地质作用形成的未经搬运、出露在地表及向地下延伸埋藏的原生矿床中的黄蜡石料石。山料棱角分明，无皮壳，形体不规则，大小不均匀（图2-4-14）。

黄蜡石山料主要分布于酸性火山岩中，呈脉状。

目前浙江省内发现原生矿床的地区有丽水市的缙云、松阳两县。缙云黄蜡石矿区部分矿脉呈隐晶质，颜色黄中带红，以艳丽的红色调为特色，质地纯净、晶莹润泽者可达宝玉石级别，具有较高的工艺价值；松阳古市镇黄蜡石矿区的黄蜡石以蓝绿色调为主，质地细腻者价值较高。

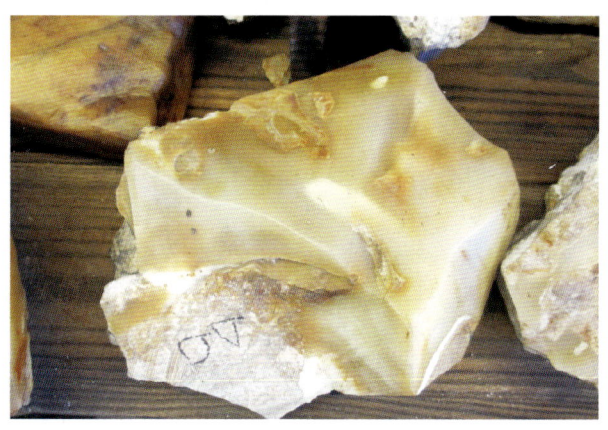

图2-4-14 黄蜡石山料

（2）山流水

山流水属于次生矿料，指石英原岩受地质作用分裂后，散落在山沟、河床浅表，经长期风化、剥蚀、氧化和矿物元素浸染而成的黄蜡石料石。

山流水皮质较好,呈次棱角状,块度较大,常具薄皮壳,品质介于山料、籽料之间。

浙江省黄蜡石产地往往从矿山至河流距离较短,山流水料石相对少见。

(3)籽料

籽料也称水料,指石英原岩受地质作用分裂、滚入河流中,经过长期的水流搬运、滚动、冲刷、矿物元素浸染而成的黄蜡石料石。多为圆形、扁圆形等卵石状,以小块体为常见,颜色丰富、表皮光滑、高品质者温润细腻(图2-4-15)。

黄蜡石籽料的分布和产出主要受河流控制。浙江省河流众多,衢江、兰江、婺江、瓯江等多处河段均发现有黄蜡石,主要在河道沉积处出露。

图2-4-15 黄蜡石籽料

从实际野外调查发现,浙江黄蜡石籽料的质地差别大,产量不均,其中质地细腻温润品质佳者比例较少。

衢州产出的黄蜡石籽料,经过经年累月江水的冲刷,玉化程度较高,外形较为浑圆;丽水松阳产出的黄蜡石籽料,由于瓯江上游地质变迁剧烈,经亿万年的风化、搬运、冲刷等,其表面纹理非常丰富;而金华武义产出的黄蜡石籽料表面多凸起或凹陷,呈蜂窝状,平坦光洁者较少。

浙江黄蜡石籽料和山料均有颗粒细腻、质地温润、颜色丰富的品种,其中精品可与高档玉石媲美,颇具观赏价值和工艺价值。

2. 按质地分类

黄蜡石根据其细腻度、透明度等外观特征,将质地分为冻蜡、胶蜡、细蜡、中蜡和粗蜡等类别。

(1)冻蜡

冻蜡表皮光滑,质地极为细腻致密,呈隐晶质—微晶质,莹如肉冻,多呈透明—半透明,具有很好的透光性,打灯可透光至石心(图2-4-16)。

冻蜡石质纯美,温润如玉,是黄蜡石中最珍贵的品种。也有将其中透明、具有"荧光"或称为"宝光"的品种,称为"冰蜡",依颜色不同称作黄冰、红冰、白冰等。

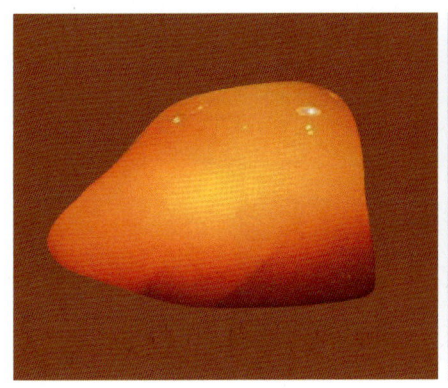 

图 2-4-16　冻蜡

(2) 胶蜡

胶蜡肉眼观察质地极为细腻,呈胶状感,在 10 倍放大镜下观察无颗粒感,颜色相对单一,多呈半透明或微透明,石质纯美(图 2-4-17)。

胶蜡光洁油润,如胶似蜡,属高档黄蜡石。

图 2-4-17　胶蜡

(3) 细蜡

细蜡肉眼观察质地细腻致密,在 10 倍放大镜下观察无明显颗粒感,呈微透明—不透明。虽不透光,但手感仍然温润,属中档黄蜡石。

细蜡表面常有石皮、石壳,通过巧妙设计,可以雕刻出精美的作品,极具观赏价值(图 2-4-18)。

图 2-4-18 细蜡

（4）中蜡

中蜡肉眼观察质地尚细腻，在 10 倍放大镜下观察颗粒感较明显，结构较为疏松，呈微透明或不透明，有一定的光泽，手感尚好，属中档黄蜡石（图 2-4-19）。

（5）粗蜡

粗蜡肉眼观察质地较粗糙，在 10 倍放大镜下观察颗粒感明显，结构疏松、光泽暗淡、不透明，手感、观感均较差，常用于假山等园林观赏（图 2-4-20）。

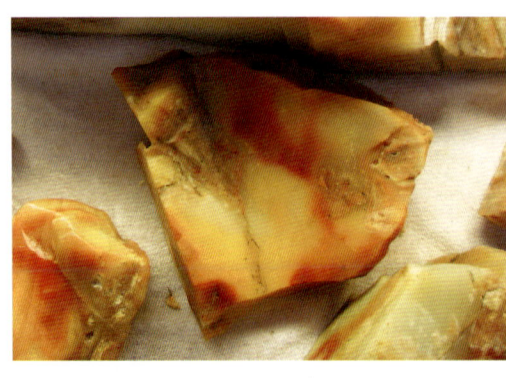 

图 2-4-19 中蜡　　　　　图 2-4-20 粗蜡

彩蜡,花蜡,晶蜡

彩蜡:各种质地的色彩斑斓的蜡石统称彩蜡。黄蜡石的色彩纹极具特色,多数呈红黄绿三色,画面形象逼真,意境优美,浑然天成。

花蜡:花蜡是指黄蜡石石体上有条带状花纹,看似玛瑙的缟带纹,但是手感不同,玛瑙滑手,而花蜡粘手。

晶蜡:晶蜡指带水晶状物的黄蜡石。结构疏松、肉眼可见较粗的晶粒,半透明,有的在表面有空洞或缝隙的地方长出未成熟的水晶状物质,往往晶莹亮丽,有较高的观赏性。晶蜡的组成矿物颗粒大小与粗蜡较为接近。

3. 按观赏石特征分类

按传统习惯和审美特点,岩石类观赏石可分为3类,即造型石、图纹石和色质石。观赏石或具象、或抽象、或意向,极具艺术特色和观赏价值。

黄蜡石观赏石可以分为造型黄蜡石、图纹黄蜡石、色质黄蜡石。

(1)造型黄蜡石

造型黄蜡石指石形呈现奇特或典雅的三维几何形态,多具有人物、动物、植物、山水、景观等造型,神形兼备,极具观赏价值(图2-4-21)。

图 2-4-21 造型黄蜡石

(2)图纹黄蜡石

图纹黄蜡石指石体具有不同色彩变化或结构变化而产生的丰富的条纹、条带、字符或文字,纹理变化丰富,凹凸有致,优美而富有意境,如竹叶纹、哥窑纹(图2-4-22)、鸟巢纹(图2-4-23)等。

图 2-4-22 哥窑纹

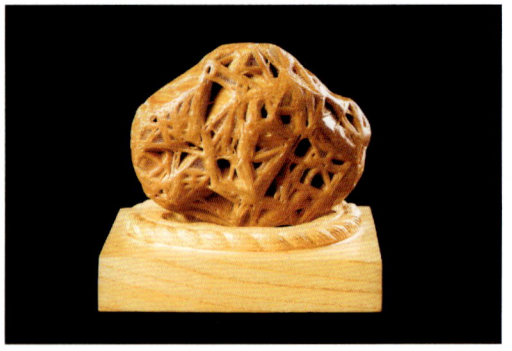
图 2-4-23 鸟巢纹

（3）色质黄蜡石

色质黄蜡石指以质地、色彩、光泽为主要审美要素，而形态和纹理在鉴赏中处于次要地位的观赏石（图 2-4-24）。

图 2-4-24 色质黄蜡石

四、黄蜡石鉴定

1. 黄蜡石鉴定方法

一般来说，有经验的专业人士在肉眼观察（必要时配合放大镜和手电筒）的基础上，再适当借助宝石鉴定仪器设备，运用现代分析测试技术，能够给予准确定名。

1)肉眼观察

肉眼观察的内容包括颜色、光泽、硬度、质地等。

浙江黄蜡石最常见的颜色是黄色和红色,此外还有粉色、绿色、黑色、浅蓝色、浅灰色、白色等颜色,亦有外黑内黄、外红内黄、外褐内蓝等混合色,可见条带结构。

浙江黄蜡石多数呈油脂光泽、蜡状光泽,少数呈玻璃光泽,半透明—微透明。高档黄蜡石细腻温润,为隐晶质结构,肉眼观察无颗粒感。

2)放大检查

放大检查是肉眼观察的进一步扩展,借助放大镜或显微镜可以观察到肉眼无法看到的内外部的某些细微特征。

观察内容主要包括结构构造、次要矿物等。其中冻蜡、胶蜡、细蜡属显微隐晶质结构,放大镜下无颗粒感。少数黄蜡石含有微量的长石、高岭石、赤铁矿、黄铁矿、方解石、赤铁矿、萤石等共生矿物。

3)仪器鉴定

实验室往往还根据需要借助一些仪器设备,通过测试一些参数和特征,如光性特征、折射率、吸收光谱、荧光特征、红外光谱、X射线衍射分析等,来综合判断鉴定。

(1)常规参数特征

光性特征:非均质集合体。

折射率:1.53～1.55(点测);双折射率集合体不可测。

莫氏硬度:5.5～7。

密度:2.53～2.66g/cm^3。

紫外荧光:长波(365nm)无;短波(254nm)无。

紫外可见光谱:无特征。

(2)红外光谱分析

黄蜡石中红外区具石英特征红外吸收谱带。红外光谱分析有助于黄蜡石的鉴别和研究。

采用K-Br压片法,对黄蜡石进行红外光谱分析。

黄蜡石的主要矿物成分为石英,测得红外光谱图具3450cm^{-1}、1634cm^{-1}、1164cm^{-1}、1090cm^{-1}、801cm^{-1}、780cm^{-1}、697cm^{-1}、513cm^{-1}、465cm^{-1}等附近的石英特征吸收谱带(图2-4-25)。

部分黄蜡石含有少量的高岭石矿物成分,红外光谱图可见 3697cm^{-1}、3619cm^{-1}、1033cm^{-1}、920cm^{-1} 等附近的高岭石特征吸收谱带(图 2-4-26)。

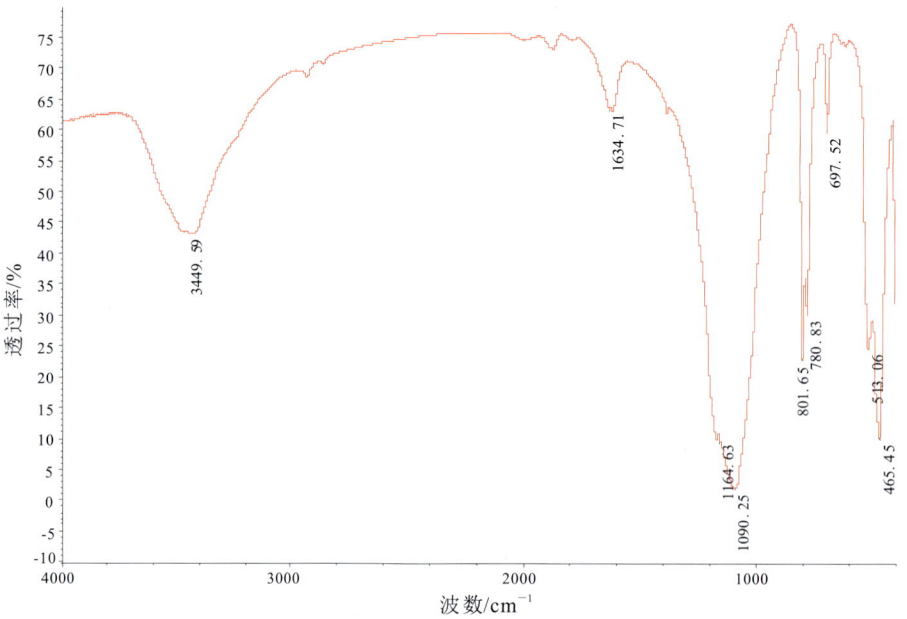

图 2-4-25　黄蜡石红外光谱图(主要矿物成分为石英)

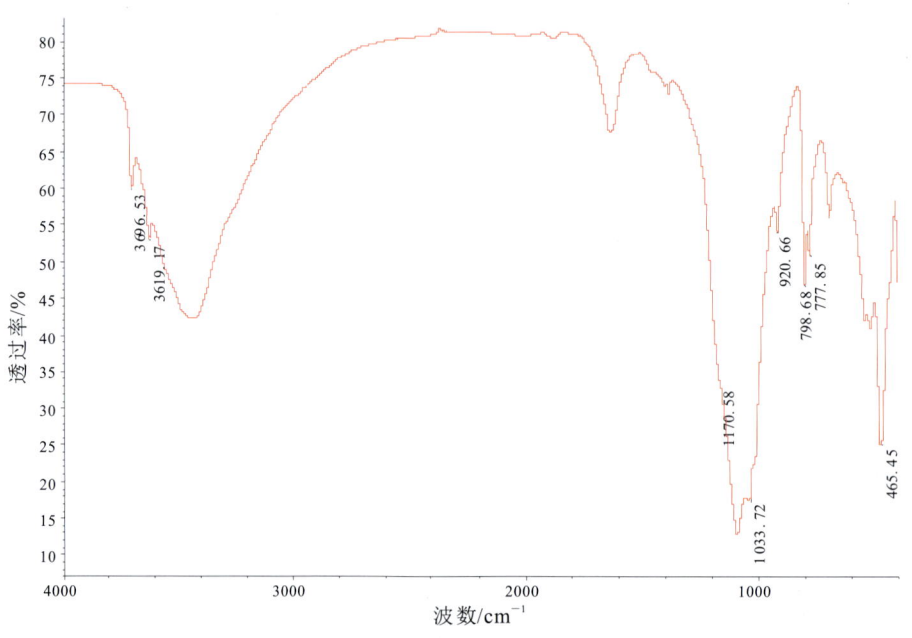

图 2-4-26　黄蜡石红外光谱图(主要矿物成分为石英,含少量高岭石)

珠宝鉴定中更多采用反射法进行红外光谱无损分析。黄蜡石红外光谱图的指纹区可见1200cm^{-1}和1000cm^{-1}之间强双吸收峰,800~780cm^{-1}之间弱双吸收峰,690cm^{-1}附近弱吸收峰和470cm^{-1}附近的强吸收峰(图2-4-27)。

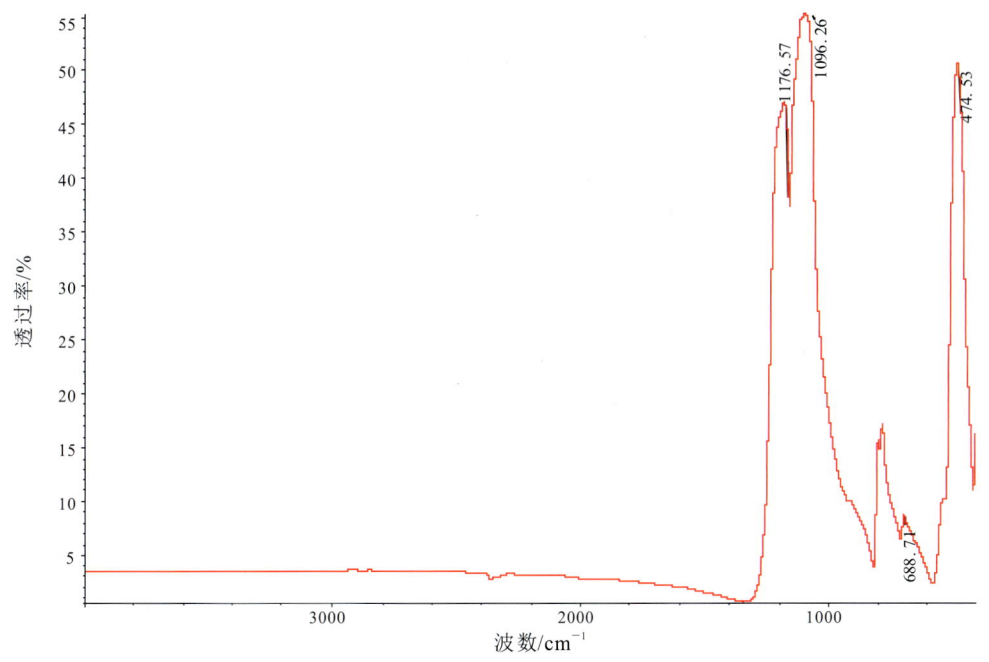

图2-4-27 黄蜡石红外光谱图(反射法,主要矿物成分为石英)

(3)X射线衍射分析

通过X射线衍射分析,有助于黄蜡石的鉴别及研究。黄蜡石矿物成分主要为石英,部分样品含有少量的长石、云母、赤铁矿、高岭石、方解石等共生矿物。X射线衍射分析结果见图2-4-28~图2-4-29。

2. 黄蜡石优化处理

黄蜡石的优化处理主要是为了改善外观,提升品质。通过优化处理的方法可以让品质较为一般的黄蜡石提升美观性和耐久性。

1)常见优化

浸蜡:用无色蜡充填黄蜡石裂隙缺口或表面,以改善外观、保养样品。
浸油:用无色油涂抹黄蜡石表面,以保养产品。

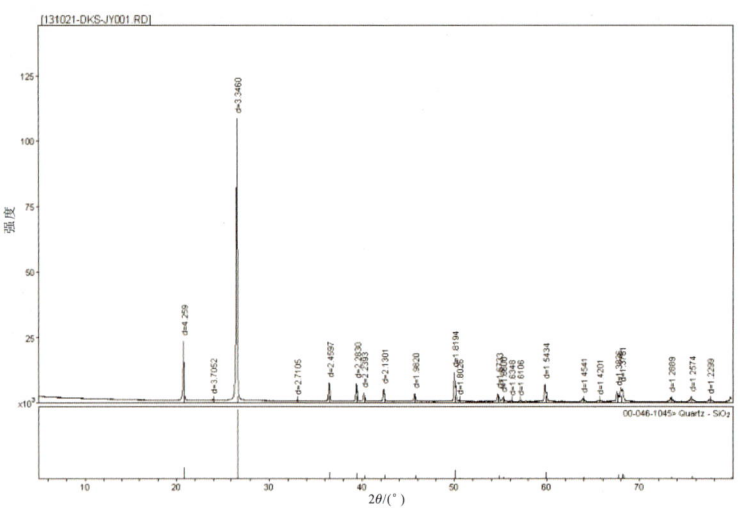

图2-4-28 黄蜡石X射线衍射图(主要矿物成分为石英)

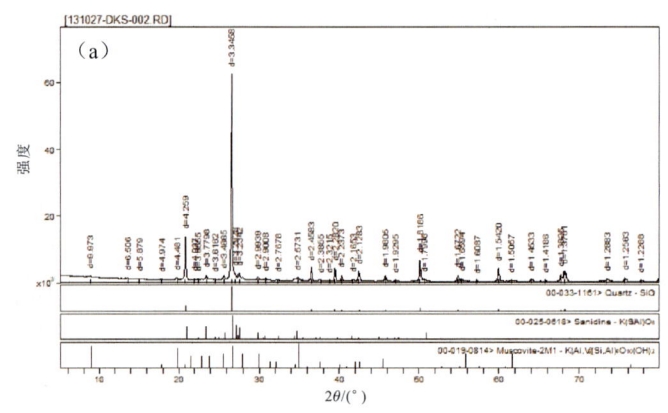

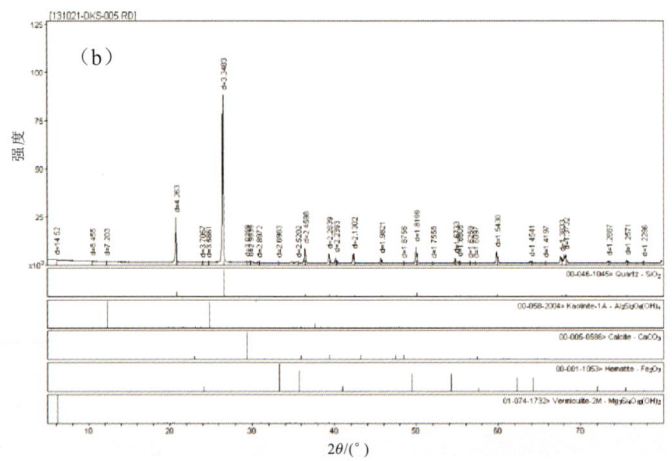

图2-4-29 黄蜡石X射线衍射图

[主要矿物成分石英,(a)含少量长石、云母,(b)含少量高岭石、方解石、赤铁矿、云母]

2) 常见处理

染色处理：放大检查可见颜色分布不均匀，多在裂隙、粒隙间或表面凹陷处富集（图2-4-30）；长、短波紫外光下，染料可引起特殊荧光；紫外可见光谱可见异常；经丙酮或无水乙醇等溶剂擦拭可掉色。

漂白、充填处理：放大检查可见表面呈橘皮状或沟渠状结构，抛光面见显微细裂纹，内部结构松散；抛光面呈现树脂或蜡状光泽；密度、折射率较天然样品偏低；长、短波紫外光下，呈无色或蓝绿色荧光；红外光谱测试可见填充物特征红外吸收谱带；发光图像分析（如紫外荧光观察仪等）可观察充填物分布状态。

图2-4-30 染色处理的黄蜡石

黄蜡石与以石英为主要矿物组成的各种石英质玉

黄蜡石是指主要矿物为石英，以黄色和蜡状质感为主要特征，可以呈现各种颜色。广义的黄蜡石包括隐晶质—显晶质石英质玉，"黄蜡石"之名更多为观赏石界关注，按《珠宝玉石 名称》标准定名为石英质玉。

黄蜡石分布之广泛，品种之多，可谓玉石之最。不仅遍布浙江全境，在全国许多省（自治区、直辖市）都有产出，如广东、广西、云南、安徽等。黄蜡石因具有美丽多彩的颜色、细腻温润的质地、千姿百态的石型石纹、相当稳定的石性，成为大家喜闻乐见的玉石品种。

虽然各地的黄蜡石都以石英为主要矿物成分，但所含其他成分还是略有差异，且名称更是各不相同，知名的有金丝玉、台山玉、黄龙玉、大别山玉等。

各地为规范地方玉种的名称，提升地方玉种的知名度，促进相关产业健康发展，先后出台了一些相关地方标准，对其鉴定与命名进行了规定。

◎金丝玉

《金丝玉》（DB 65/T 3442—2013），新疆维吾尔自治区地方标准。

金丝玉产于新疆维吾尔自治区内，常见于新疆准噶尔盆地及周边地区。主要是由隐晶质—显晶质石英及少量云母、绢云母、绿泥石、褐铁矿等矿物组成的集合体，化学成分以二氧化硅为主，常见颜色为黄色、红色、白色等。

◎台山玉

《台山玉》（DB 44/T 1716—2015），广东省地方标准。

台山玉产于广东省北陡镇及其周边地区,以隐晶质石英为主要矿物、地开石或高岭石为次要矿物的集合体,其化学成分以二氧化硅为主,含少量铝、铁及锰等元素,颜色主要以黄色、红色、白色为主。

◎黄龙玉

《黄龙玉》(DB 53/T 440—2012),云南省地方标准。

黄龙玉产于云南省龙陵县,是以二氧化硅为主的隐晶质或(及)微显晶质矿物集合体,含铁、铬、锰、钙、镁、铌、钽、硒、砷等微量元素,颜色以黄色、红色、白色为主。

黄龙玉曾经列入 2010 版的国家标准《珠宝玉石 名称》(GB/T 16552—2010)中天然玉石基本名称,归属石英质玉的玉髓类别,与黄玉髓以括号内名称并列。

◎大别山玉

《大别山玉》(DB 34/T 1852—2013),安徽省地方标准。

大别山玉是产于大别山区(安徽省霍山、金寨等县及其周边)的石英质玉石,是以二氧化硅为主要成分的隐晶质—显晶质矿物集合体,含少量绢云母、绿泥石、萤石、黄铁矿及其他黏土矿物等。

五、黄蜡石材质评价

"春山凝脂谁与共,石中精品不可求。"关于黄蜡石的文字记载,可以追溯到清代谢堃所著的《金玉琐碎》,其中描述:"蜡石者,真蜡国所出之石也,质坚似玉,非砂石不能磨与琢也。""真蜡国"即是柬埔寨的古称。

黄蜡石产地众多,在各地都形成了一定规模的黄蜡石交易市场。黄蜡石石质细腻润泽,石色灿烂多姿,石形奇异迭出,深受消费者喜爱。

黄蜡石主要矿物成分为石英,由于含有的微量元素不同而呈现出不同的颜色,常见有黄、红、白、黑等色;又由于组成矿物的颗粒大小、排列方式、结构构造等的不同,体现在细腻度和透明度等特征上也有不同。黄蜡石按质地分为冻蜡、胶蜡、细蜡、中蜡和粗蜡。

黄蜡石材质的评价,主要从其质地、颜色、纹理、形状等方面讨论(其工艺价值将在第三章展开叙述)。

1. 黄蜡石质地

质地是影响黄蜡石价值的重要因素。

根据黄蜡石的细腻度、透明度,以及光泽、硬度、表皮等外观特征,可将其质地品质从高到低分为冻蜡、胶蜡、细蜡、中蜡、粗蜡。

冻蜡表皮光滑如玉,通体晶莹透亮,质如琥珀,呈玻璃光泽或油脂光泽,为最高档黄蜡石。其中透明的"冰蜡",晶莹细腻、润洁清雅,极具美感。

胶蜡呈胶质状,透明度较冻蜡略低,如胶似蜡,属于高档黄蜡石。

细蜡质地细腻油润,属于中档黄蜡石。细蜡多有沁色,表面常有黄色、褐色的石皮、石壳,雕刻师常利用石皮石心的颜色不同进行俏色设计,创作出颇具特色的精美作品,极具艺术价值。

冻蜡、胶蜡、细蜡等都适宜进行雕刻。冻蜡和胶蜡属于上好的雕刻玉材,可加工成挂件及摆件等饰品,细蜡多有沁色,适于巧雕(图2-4-31)。

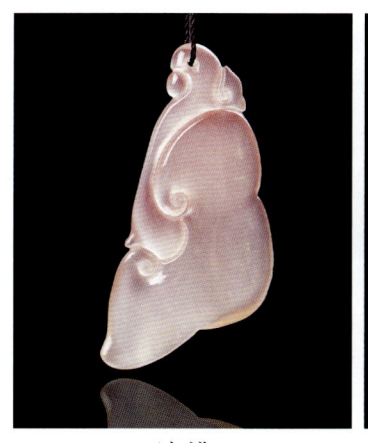 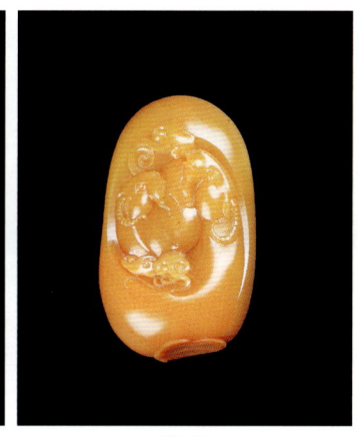 

冻蜡　　　　　　　　胶蜡　　　　　　　　细蜡

图 2-4-31　黄蜡石适于雕刻的质地

中蜡颗粒较粗,介于细蜡与粗蜡之间,肉眼观察质地尚细腻,属中档黄蜡石;粗蜡颗粒粗、不透光、显粗糙,为低档黄蜡石。

中蜡常用作观赏石,部分可雕刻;而粗蜡一般多用作观赏石。

带水晶状物的晶蜡,虽然颗粒粗,但因其清纯亮丽,惹人喜爱,具有较高的观赏价值(图2-4-32)。

黄蜡石净度是其质地品质的一个重要方面。

黄蜡石除主要矿物石英以外,往往还含有少量的其他矿物杂质及绺裂等瑕疵,这些瑕疵或多或少影响其净度,特别是各类深色斑杂、裂隙等造成其品质和价值的降低。

黄蜡石以洁净细腻、外形完整者价值为高。但是如果杂质对净度的影响是有规律而富有特色的,呈现出有观赏价值的图纹图案,则会锦上添花,对其品质价值起到正向的提升作用,具体见纹理部分内容。

2. 黄蜡石颜色

图 2-4-32 晶蜡

颜色是黄蜡石价值评估中的重要因素。

黄蜡石的颜色较为丰富,其中黄色和红色最为常见,此外还有白色、灰色、黑色、彩色等(图 2-4-33)。

红色　　　　　　　灰色

白色　　　　　　　黄色

黑色　　　　　　　彩色

图 2-4-33 黄蜡石的颜色

黄蜡石的颜色以红、黄为最佳。红、黄两色为中华民族传统主色调,寓意喜庆和富贵吉祥,深受国人喜爱。

黄蜡石石体上有多种颜色相间的品种,被称为"彩蜡"。彩蜡的色彩纹多呈红、黄、绿三色,若画面图纹精致、形象逼真、意境优美,则极富观赏和收藏价值。

黄蜡石的颜色有单色和多色之分,单色主要考虑颜色的色调、明度和饱和度,多色除考虑色彩本身质量外,更多考虑色彩之间的协调和美观。

黄蜡石颜色评价,首先是色调要纯正,除主色调外尽可能少或无其他杂色;其次颜色要明亮,颜色越明艳价值越高;最后看颜色的饱和度,饱和度越高,颜色越鲜艳、越美观。当然还有颜色的均匀程度,以色泽均匀协调为佳(图2-4-34)。

对于多色的黄蜡石,同时还需考虑色彩之间的协调和美观,以色彩均匀协调、色调反差适度、浓淡有致为上品(图2-4-35)。

图2-4-34 单色黄蜡石

图2-4-35 多色黄蜡石

在对颜色的评判中,如有巧色自然天成、相得益彰,或俏色巧雕、巧夺天工,则能增加其观赏性而价值倍增。

3. 黄蜡石纹理

黄蜡石丰富多姿、神形兼备的纹理,是其价值的组成要素之一。

黄蜡石具有各种清晰、美观的纹带构造,像花纹、似图案,或抽象或具体,或自然或奇异。如竹叶纹、龙鳞纹、线纹、哥窑纹、鱼子纹等,无不洋溢着一种律动之美、细密之美,涌动着一股勃勃生机与无穷力量。

黄蜡石的纹理以自然流畅、清晰别致、神形兼备者为上品。

黄蜡石的纹理主要是在成岩时期原石受矿液浸染而成,也有在成岩后期发生风化、蚀变、碰撞、矿物充填、水冲等作用而形成,正是这些千姿百态的纹理,赋予了黄蜡石观赏石无穷的韵味。

黄蜡石的纹理按其表现形式可以分为色彩纹(图2-4-36)、凹凸纹(图2-4-37)和裂隙纹。

色彩纹:主要以色彩纹理形式表现,如黄蜡石红、黄、绿三色彩蜡品种。

凹凸纹:指石体上有明显凹凸触感与观感的纹理种类,表皮由不同物质成分和结构显现出来高低起伏、错落有致的花纹、斑块、纹理等图案。

裂隙纹:指石表深陷露出裂隙,多为原生纹理,也有受撞击、冲刷次生形成,也指原石裂隙经长期的矿物质充填形成的细脉。

图2-4-36 色彩纹(彩蜡纹)

图2-4-37 凹凸纹(竹叶纹)

黄蜡石的纹理按其存在的部位分为石表纹和石体纹。

石表纹是指存在于黄蜡石表层或外皮的纹理,如哥窑纹(见图2-4-22)、彩蜡纹;石体纹则是存在于黄蜡石的内部,如鸟巢纹、蜂窝纹等(图2-4-38)。

黄蜡石的纹理丰富多变、形象生动,往往能构成许多令人意想不到且耐人寻味的图案,增加了黄蜡石的艺术观赏性和价值,并为广大爱好者津津乐道、争相收集。观赏石界将此类以观赏图纹为主的黄蜡石称为"图纹黄蜡石"。

图纹黄蜡石在纹理评价方面,突出关注其画面的协调、纹理的流畅、图案的精美、意蕴的深邃及整体造型的匹配。

4. 黄蜡石形状

黄蜡石造型多样、石形奇特、体量大小不一。

图 2-4-38　石体纹（蜂窝纹）

黄蜡石形状的价值从形状的完整性、逼真性、奇特性，以及意蕴的生动性、是否自然天成等方面加以鉴评。

黄蜡石之所以能成为观赏名石，因其具有丰富美观的色彩、温润细腻的质地、神形兼备的纹理；更因其具有奇特多样的造型以及因材施艺进行的巧妙绝伦的构思（图 2-4-39）。

黄蜡石以表面光滑润泽、石质细腻纯净、如蜡似玉为佳；以色彩美观、浓淡有致、自然协调为上品；如若图纹精致流畅、形意生动完整、创意新颖独特，更有可能成为收藏珍品。

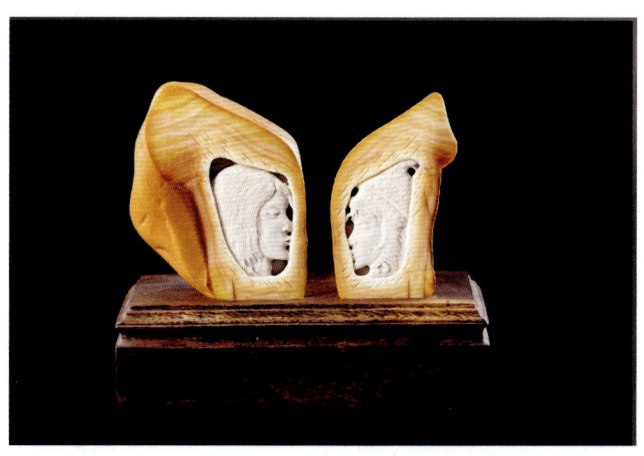

图 2-4-39　石头恋（黄蜡石，洪小平）

黄蜡石是大自然的产物，或多或少会带有不同程度的瑕疵。对于瑕疵，可以通过分析其对作品的影响程度，是否可以在雕刻时进行规避和利用，有时黄蜡石的瑕疵或许还能给雕刻师提供进一步的艺术表达空间,在取材和作品设计上给雕刻师带来更加深入而多样化的选择。

保养Tips

1. 避免阳光直射,避免存放处温度过高,以防枯燥损伤。
2. 避免接触有腐蚀性的化学物质,以免产生不可逆的损坏。
3. 虽然硬度相比黏土矿物质玉高,但依然需要轻拿轻放,避免碰撞或接触硬物,谨防破损。
4. 若沾染灰尘或脏杂,可用水洗,或用软毛刷、绒布轻轻擦拭干净,避免用其他化学制剂清洁。
5. 黄蜡石有水养和油养之说。水养可保湿,更显水灵、生气,但也不宜长时间置于水中;油养常用的有橄榄油、润肤油、石蜡等,保养时用细软绸布轻轻擦抹,用油不可过多。注意不是所有的黄蜡石都适合油养。质地细腻的黄蜡石无需用油,以免沾染灰尘脏杂。

第五节　萤石

萤石又称氟石,其中颜色艳丽、晶莹剔透、形态优美的萤石作为观赏石和工艺品用石颇受人们喜爱,又有"软水晶"之称(图2-5-1)。萤石在紫外线照射下常具有荧光,并能发出蓝色或蓝绿色磷光,神秘而梦幻,着实奇特,因此又有"夜明珠"之誉。

图2-5-1　萤石

浙江金华武义是全国最早开采和利用萤石的地区之一,萤石蕴藏量大质优,久负盛名。萤石用途广泛,为国家战略性矿产资源,有"第二稀土"之称。本节主要讨论浙江武义等地产出的具观赏及工艺价值的萤石。

一、萤石概况

武义县山川秀丽,物产丰富,是历史悠久的革命老区,同时有着"温泉之城、萤石之乡"的美誉,是我国最重要的萤石产地之一。武义县距今已有1300多年的建县历史,位于浙江中部,金华市南部,东接壤永康市、缙云县,南与丽水市相依,西南与松阳县毗连,西与遂昌县为邻。

萤石是一种常见的卤化物矿物,主要成分是氟化钙(CaF_2),莫氏硬度4。武义萤石具有缤纷绚丽的颜色,碧如春水,蓝似大海,紫若梦幻,粉映朝霞,极具观赏价值。萤石观赏石晶形奇特完美,常呈晶簇状,若与石英、方解石、黄铁矿、黄铜矿等矿物共生,形成色彩完美搭配、晶体错落有致的矿晶集合体,更是具有很高的鉴赏和投资价值。

随着珠宝玉石产业的发展,宝石级萤石凭借其色彩艳丽、晶莹剔透、色带发育等特点,通过匠人的精心设计和加工,以独具特色的珠宝饰品和工艺品新形象面向世人,附加值得以提升,成为人们装饰和收藏的又一品类(图2-5-2)。

图2-5-2 萤石首饰(图片来源于周翠芳)

1. 萤石地质成因

在漫长的地史发展时期，武义盆地的岩浆活动频频发生。强烈的岩浆活动带来了丰富的含矿气液和热能，奠定了区内燕山期大规模成矿的基础。

印支运动以后，全区进入大陆边缘活动阶段。在燕山运动早期，太平洋板块对欧亚板块俯冲，火山-岩浆活动强烈而广泛，在强烈的挤压作用下形成了武义-宣平等断陷盆地。燕山运动末期，随着太平洋板块俯冲强度降低，板块离散，岩浆活动、火山喷发逐渐减弱、停息，在早白垩世形成了盆地，奠定了区内萤石矿形成的总的区域地质构造背景。盆地内不同方向构造交错发育，这些断裂的存在为区内萤石矿田的形成提供了成矿的地下水流动的通道，同时提供成矿的空间，决定了成矿的位置。

武义地区萤石成矿地质条件相似，成矿特征一致，矿床成因类型相同，属低温热液裂隙充填型脉状萤石矿，成矿时代主要在晚白垩世，燕山晚期。武义有良好的矿液运移、矿质聚集的构造空间场所，又具备在近地表浅部这种封闭—半封闭的控矿构造条件，成矿物质来自赋矿围岩及其周边下伏的富矿质地层、岩石。

武义地区萤石为含矿地热水活动的产物。基底为一套陈蔡群变质岩系，盖层为中生界火山碎屑沉积岩，都具有高氟背景。而下白垩统永康群的碎屑沉积岩中含钙较高，这些提供了萤石成矿的物质基础。

与燕山期构造-岩浆活动有关的深源热和动力热，导致地热增温。当冷的大气降水沿着盆地中发育的各种构造、裂隙带和岩石孔隙向地下渗流到深处后，受到地热和其他热源的影响，具有较高的溶蚀能力，使氟等成矿物质从岩石中被萃取出来形成了含矿热流体，从而使这些元素在断裂构造内重新富集。在构造动力的驱动下以及随着地下深处温度、压力的不断升高、增大，由于含矿热流体温度高、密度小，它将沿断裂、裂隙由下渗转为上升、运移，冷的下渗水与含矿地热水形成对流循环。在含矿流体上升的同时进一步从围岩中吸收矿质，使成矿热流体的矿化度不断增高。地表附近由于温度、压力、浓度等物理化学条件突变，流体中的成矿物质发生沉淀而形成萤石矿床。丰富的地热资源也使武义成了一座"泡在温泉里的小城"。

成矿作用往往率先沉淀形成石英，并伴随铁、铜、铅、锌、金、银等金属的矿化，然后才是萤石的沉淀，最后形成硅化、碳酸盐化等，使成矿作用在时间上反映出明显的阶段性和空间上的垂直分带特点(图2-5-3)。

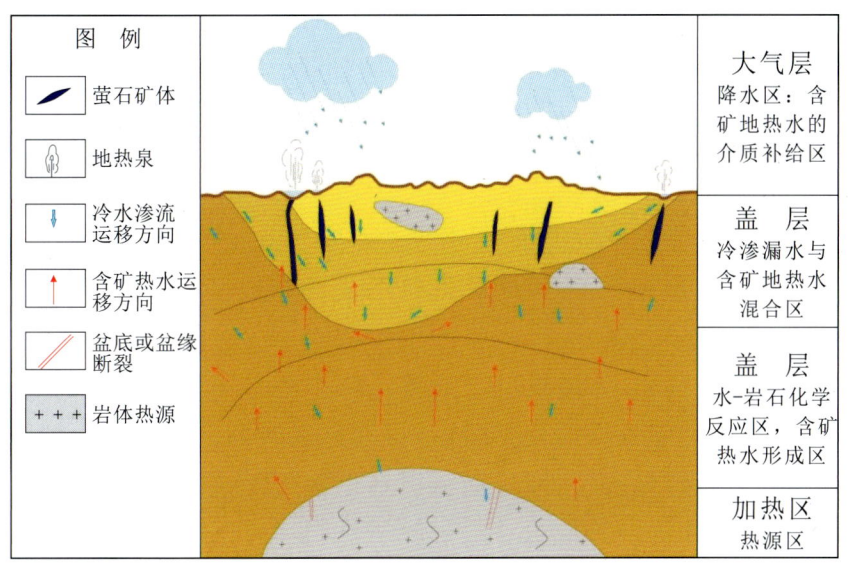

图 2-5-3 萤石成矿模式图

2. 萤石资源状况

浙江省为我国主要萤石产地,具有"分布广泛、组分简单、品位较高"的特点,全省探明的萤石资源储量位居全国第三位。截止到 2018 年底,浙江省已发现萤石矿点 252 处,累计查明资源量(CaF_2)7660 万 t,保有资源量(CaF_2)4482 万 t。浙中、浙南多地有大量萤石矿分布,其中以金华市武义地区的武义萤石矿田最为出名。武义萤石矿田以武义县城为中心,北东、南西长宽各 30km,面积约 900km²。

1) 分布特征

武义大部分萤石矿产赋存于晚侏罗世—早白垩世的火山岩与地层接触断裂带中;少部分产于古—中元古界陈蔡群变质岩中,受到断裂破碎带的控制。区内萤石矿体形态、规模受裂隙控制,产状多与裂隙一致,多呈脉状、似层状等在近地表浅部产出,并具有垂直分带特点。

武义萤石矿田南西部的后树萤石矿床,是矿田中规模最大的矿床。矿体呈脉状,长 2100m,平均厚 5.53m,延深 250～400m。矿石有用组分氟化钙平均含量达 46.62%。

2) 矿化蚀变

武义萤石矿石矿物成分以萤石和石英为主,并伴有少量的重晶石、方解石、多金属硫化物和银、金矿化。矿床的矿化蚀变类型组合较为简单，主要为一套宽0.5～3m的中—低温热液蚀变矿物组合。矿化蚀变以硅化为主，其次是绢云母化、绿泥石化、高岭土化、冰长石化，再次为碳酸盐化、黄铁矿化、重晶石化。

3）资源利用

浙江省是我国萤石矿资源大省，作为"萤石之乡"的武义，其萤石矿蕴藏质优量大，久负盛名，是国内最早开采和利用萤石的地区，故有"中国萤石看浙江，浙江萤石看武义"之说。

浙江萤石的开发利用，最早可以上溯到新石器时代。据相关资料，河姆渡遗址出土的玉器，大部分材质便是萤石，说明远古时期的河姆渡人便开始使用萤石制作饰品来装扮自己了；而史前玉器史上精美无比、雄伟壮观的良渚文化玉器，也可见萤石材质。

近代浙江萤石开采历史可追溯到1917年，当时新昌—武义地区有农民开始少量开发使用萤石，而武义萤石作为矿产资源开发则始于1921年，之后开采范围不断扩大，作为珍贵的战略物资，历经沧桑波折。日本侵华战争期间，尽管当地开展了艰苦卓绝的资源保卫战，仍然遭遇了日军对萤石资源的大肆掠夺。1949年后，武义得天独厚的萤石资源优势得以充分利用，为新中国经济的全面发展做出了重要贡献。

20世纪80—90年代，色彩明艳、千姿百态的矿物晶体逐渐走进大众的视野，大自然鬼斧神工造就的矿物精华具有的观赏和收藏价值也开始为大家知晓。武义萤石矿中的精华矿晶，色彩缤纷、形态精美、晶莹剔透，而且常常伴有美丽的色带和精致的生长纹理，极具工艺价值，在国际国内的矿物晶体标本领域受到普遍关注和欢迎。

随着珠宝玉石行业的发展，萤石除了作为矿晶观赏石之外，工艺雕刻制作也异军突起，之后还成功进入首饰制作产业。武义萤石从原始粗放的矿产原料，开始进入分类高效综合利用，其中优质品种成功蜕变成具工艺价值的晶体观赏石、雕刻工艺品及镶嵌首饰用玉石，优矿优用价值得以体现。

21世纪初，武义县制造业逐步代替采掘业，尤其是"生态立县"战略确立后，更是从国家重要战略高度加强了对萤石矿产资源的科学保护和综合利用。

3. 萤石产业发展

武义萤石资源已有百年的开发利用史，萤石产业经历了从简单工业原料的矿产资源开采，到科技含量较高的萤石深加工，再将其中晶莹剔透、色泽明艳的晶体制作成精致的珠宝和工艺品,逐步提高了萤石的综合利用能力和产业附加值,推动了萤石产业的转型升级和创新发展。

中华民国时期,我国工业落后,萤石矿产市场主要由在沪日商垄断,由于售价低,交通不便,武义萤石的吨售价仅够运输费用,块矿大量积压,武义萤石作为稀缺资源并未能体现其价值。

中华人民共和国成立后,随着经济建设的发展,化工、冶金、建材等各行各业对萤石需求井喷式剧增,武义成立了浙江省氟矿办事处,创办了国有萤石采矿企业,充分发挥资源优势,为国家经济发展的资源保障做出重要贡献。

20世纪80年代,国际交流使得精美的矿物晶体开始引起国人的关注,武义萤石在矿物晶体标本领域崭露头角。

武义萤石中的萤石晶体或晶块,颜色艳丽、形态优美、晶莹剔透,常常伴有美丽的色带和精致的生长纹理,别具一格,颇具美感,作为矿物标本和观赏石成为收藏追捧的对象。武义萤石矿晶身价倍增,在业内享有盛誉。

20世纪90年代以来,艳丽多姿的萤石除了作为观赏石之外,工艺雕刻制作异军突起,成为继"东阳木雕""青田石雕"之后的"浙江第三雕",之后还成功进入珠宝首饰行业。

由于解理发育、硬度较小的特性,萤石工艺用途主要用于制作珠子、球体、雕件等,较少应用于刻面宝石首饰中。随着宝石切磨工艺的日益精进,以及当地匠人加工技艺的大胆创新,萤石作为宝石刻面切磨的工艺得以突破。经过精心打磨和镶嵌,萤石以晶莹剔透的珠宝首饰新形象面向世人,引起市场广泛关注,受到消费者的欢迎(图2-5-4)。

图2-5-4　工艺品与饰品(萤石,图片来源于周翠芳)

当地政府重视萤石产业的发展,将萤石工艺品行业列入武义县重点扶持产业。通过不断创新,萤石工艺品的艺术附加值逐步提升,产品销往韩国、英国、美国、澳大利亚等国家,成为武义一张亮眼的"新名片"。2016年武义被授予"中国萤石文化之都"荣誉称号。

2016年武义温泉萤石博物馆建成并对外开放,博物馆集萤石鉴赏、萤石科普以及学术交流于一体,展示了大量精美绝伦的萤石矿物晶体标本、精雕细琢的萤石工艺品以及首饰品,其中重达94.7t的巨大"明星萤石球"着实令人叹为观止(图2-5-5)。该博物馆对萤石文化的推广和萤石产业的发展起到了积极的作用。

图2-5-5 武义温泉萤石博物馆"明星萤石球"

随着萤石资源综合利用的创新发展,萤石在工艺利用和文化融合发展的道路上会有更为广阔的前景。

二、萤石基本特征

1. 萤石矿物组成

萤石,又称氟石,是一种常见的卤化物矿物。其主要成分是氟化钙(CaF_2),含杂质较多,常与石英、方解石、黄铁矿、高岭石、绢云母等矿物共生。萤石的结晶形态常见立方体、八面体、菱形十二面体及其聚形,集合体可呈晶簇状、葡萄状和致密块状,具有很高的艺术观赏价值和收藏价值。

萤石是自然界颜色最丰富的矿物之一,其丰富多彩的颜色主要源于各种外来元素的混入。

萤石具有荧光和磷光效应,又常被称为"夜明珠"。

2. 萤石基本性质

1)颜色

萤石晶莹璀璨,享有"世界上最丰富多彩的矿物"的美誉,最常见的有紫色、绿色、蓝色、黄色等,还可见粉红色、黑色和无色等(图2-5-6)。

图2-5-6 萤石矿晶

萤石颜色条带发育,一块萤石之上可见多种颜色共存,切割成宝石后也会出现同一颗宝石中具有不同颜色色带的现象(图2-5-7),颇有特色。纯净的萤石呈无色。

图2-5-7 萤石色带

浙江省为我国主要萤石产地,浙中、浙南多地有大量萤石矿分布,其中以武义萤石矿田最为出名。武义萤石色彩缤纷、形态精美、晶莹剔透,而且常常伴有美丽的色带和精致的生长纹理,极具工艺价值(图2-5-8)。

图2-5-8 萤石饰品

2)光泽

光泽是指宝玉石表面反射光的能力,影响宝玉石光泽的因素比较多,如透明度、抛光程度等。萤石的光泽多为玻璃光泽或亚玻璃光泽。

3)透明度

透明度是指宝玉石透过可见光的能力,萤石常见单晶体透明度较高,为透明—半透明。

4)密度

萤石的密度为 $3.18(+0.17,-0.18)g/cm^3$。

5)硬度

硬度是指抵抗刻划和磨损的强度,萤石的莫氏硬度4,且含4组平行{111}面的完全解理,因此萤石制品需细心呵护,在保管和使用过程中要避免碰撞,以防损伤。

6)净度

净度指萤石的内部和外部特征(如杂质和缺陷等)对其美观和耐久性的影响。

萤石的包裹体、裂隙等均会对其美观性和耐久性产生影响,总体以纯净无瑕为优,特别是用于首饰制作的宝石级萤石,要求少含甚至不含包裹体、裂隙等瑕疵。

7) 发光性

物质在受外界能量激发时发光,激发源撤除后发光停止,这种发光现象称为荧光,激发源撤除后仍能继续发光则称为磷光。部分萤石具有特殊的荧光和磷光效应,故萤石又有"夜明珠"之称。

三、萤石分类

1. 按颜色分类

萤石颜色丰富,按颜色可分为绿色萤石、紫色萤石、蓝色萤石等品种。

(1) 绿色萤石

绿色萤石是比较常见的萤石品种,呈现蓝绿、绿、浅绿等不同色调的绿色,较常见萤石晶簇(图2-5-9)。

图2-5-9 绿色萤石

(2) 紫色萤石

紫色萤石是比较常见的萤石品种,呈现深紫、紫、浅紫等不同色调,有时可见条带状分布(图2-5-10)。

(3) 蓝色萤石

蓝色萤石也是比较常见的萤石品种,主要呈现灰蓝、绿蓝、浅蓝等不同色调,往往表面颜色较深,中心颜色偏浅(图2-5-11)。

图 2-5-10　紫色萤石

图 2-5-11　蓝色萤石

（4）黄色萤石

黄色萤石常呈现橘黄、橙黄等不同色调，有时可见条带状分布（图 2-5-12）。

图 2-5-12　黄色萤石

(5)无色萤石

无色萤石比较少见,透明—半透明,常以单晶或晶簇出现。

2. 按工艺用途分类

萤石按工艺用途分为矿物晶体观赏石和工艺品材料两类。

(1)矿物晶体观赏石

自然产出的萤石常见立方体、八面体和菱形十二面体及其聚形,集合体则呈晶簇状、葡萄状或致密块状产出,其色彩鲜艳、晶型优美、晶莹剔透,极具观赏价值(图2-5-13),在矿物晶体领域有较高的关注度和影响力。

萤石可与多种矿物共生,互为依存、美轮美奂。萤石的解理十分发育,表面常出现各种晶纹、蚀象,构成精致玄美的纹理,极具独特的美学价值。

图2-5-13 矿物晶体观赏石

(2)工艺品材料

萤石颜色美观、晶莹透亮。随着雕刻和切磨加工工艺的精进,克服了其硬度低且解理发育的特性,纯净少杂的宝石级萤石已经用作首饰及工艺品材料(图2-5-14)。

四、萤石鉴定

1. 萤石鉴定方法

有经验的专业人士在肉眼观察(必要时配合放大镜和手电筒)的基础上,再适当借助宝石鉴定仪器设备,运用现代分析测试技术,能够给予准确定名。

图 2-5-14　工艺品材料

1)肉眼观察

肉眼观察的内容包括颜色、条纹、光泽、透明度、硬度等。萤石的颜色非常丰富,除黑色比较少见外,几乎可以看到其他任何的颜色,有绿、蓝、绿蓝、紫、棕、黄、粉、灰等。萤石的颜色呈各种色调,可见条带状分布,以及多种颜色共存于一块萤石之上。萤石呈玻璃光泽—亚玻璃光泽;透明—半透明。萤石有平行{111}面的4组完全解理,解理面常出现三角形的解理纹。

2)放大检查

放大检查是肉眼观察的进一步扩展,借助放大镜或显微镜可以观察到肉眼无法看到的内外部的某些细微特征。萤石经放大检查时,可见固态包裹体、色带、两相或三相包裹体、负晶,解理纹常呈三角形发育。破口处可见阶梯状断口,集合体不可见。

3)仪器鉴定

实验室往往还根据需要借助一些仪器设备,通过测试一些参数和特征,如光性特征、折射率、吸收光谱、荧光特征、红外光谱等,来综合判断鉴定。

(1)常规参数特征

光性特征:均质体。

折射率:1.434;双折射率:无。

莫氏硬度:4。

密度:$3.18(+0.07, -0.18) \text{g/cm}^3$。

紫外荧光：因颜色而异，通常具强荧光。某些含微量稀土元素的萤石可具磷光，俗称"夜明珠"。

紫外可见光谱：可显示稀土元素谱线，但变化大，无特征。

（2）红外光谱分析

萤石中红外区具特征红外吸收谱带，红外光谱分析有助于鉴别区分萤石与其他相识玉石。

珠宝鉴定中常用反射法进行红外光谱无损分析，萤石红外光谱图（反射法）在 $600\sim4000\mathrm{cm}^{-1}$ 区域内无明显吸收峰（图2-5-15）。

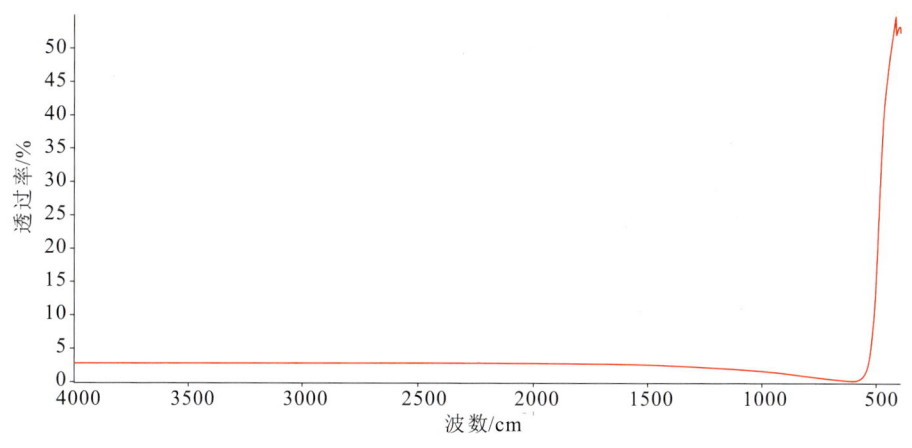

图2-5-15　萤石红外光谱图（反射法）

2. 萤石优化处理

优化处理指除切磨和抛光以外，用于改善宝玉石的外观（颜色、净度或特殊光学效应）、耐久性或可用性的所有方法。优化处理可进一步划分为优化和处理两类。

萤石优化处理主要是为了改善外观，提升品质。通过优化处理的方法让品质较为一般的萤石提升其美观性和耐久性等。

1）常见优化

热处理：常将黑色、深蓝色萤石热处理成蓝色萤石，稳定，不易检测。

2）常见处理

充填：放大检查可见充填部分表面光泽与主体玉石有差异，充填处可见气泡；红外光谱测试可见充填物特征红外吸收谱带；发光图像分析（如紫外荧光观察仪等）可观察充填物分布状态。如在充填时加入荧光剂，长、短波紫外光下，裂隙中荧光、磷光现象变强。

辐照处理：无色萤石可辐照成紫色，见光易褪色，很不稳定。无磷光效应的萤石也可通过辐照产生磷光效应。

覆膜：放大检查可见表面光泽异常，局部可见薄膜脱落现象；折射率可见异常；红外光谱和拉曼光谱测试可见膜层特征峰。

五、萤石材质评价

"蕴藏千万年，喷涌来相见。"浙江武义以"萤石温泉"闻名于世。武义的萤石因其晶莹绚丽、玲珑剔透、天然多色，除作为传统的矿物晶体供人观赏之外，现如今还被人们加工成首饰或工艺品用于装饰。

萤石作为矿物晶体观赏石及工艺品材质的价值评价，主要从其颜色、纹理、净度、晶体形态及大小等几个方面讨论（其工艺价值将在第三章展开叙述）。

1. 萤石颜色

萤石颜色极为丰富，有绿色系、紫色系、蓝色系、红色系等，其颜色的饱和度、浓度以及明度决定其色彩的魅力，当色调、明度、饱和度三者达到很好的状态时，便能呈现出最美的颜色（图2-5-16）。

图2-5-16 各色萤石

浙江武义的萤石偶尔会出现几种颜色共生的美妙结合,类似玛瑙的彩色条带状纹理,条带一般较宽且界线比较模糊。带有条带状纹理的紫色萤石,外观美丽,价值较高。

随着切割、打磨等加工工艺水平的不断提高,净度和颜色均佳的萤石,已经能够被用来制作首饰、花瓶摆件等工艺品,其色泽美观,纹理精致,晶莹剔透,惹人喜爱(图2-5-17)。

图 2-5-17　首饰品及工艺品(萤石,周翠芳)

2. 萤石净度

萤石晶莹剔透,透明度高,常常含有各种固相、两相(气液两相)和三相(气液固三相)的包裹体,解理发育。作为矿晶、工艺品特别是首饰品,内部包裹体越少,完美度越好,其价值就越高。

3. 萤石晶体形态及大小

自然产出的萤石常见立方体、八面体和菱形十二面体及其聚形,集合体则呈晶簇状、葡萄状或致密块状产出(图2-5-18)。

作为矿物晶体欣赏收藏来说,晶体形状的完整度、组合协调完美度、晶面纹理精致度、总体造型美观度、块体大小,都直接影响萤石直接作为矿晶的价值(图2-5-19)。

一般来说,形态完整、组合协调、造型美观、块体大的萤石,其价值高。但作为天然矿物,在其漫长的生长过程中,受到地质环境或其他因素的影响,大多数晶体形态并不完整。大自然的鬼斧神工有时也能带来意外的惊喜,若是其整体形态生长奇特、富有艺术性,则会提升萤石矿晶的附加值。

萤石的解理十分发育,表面常出现各种晶纹、蚀象,构成精致玄美的纹理,令人遐思,具有独特的美学价值。

图2-5-18 萤石矿物晶体

图2-5-19 精致的晶面纹理

鲜艳的色彩、晶莹剔透的晶体及独具特色的晶体形态是萤石的三大特征。萤石可与多种矿物共生(图2-5-20),如闪锌矿、重晶石、石英等,共生矿物互为依存、美轮美奂的精妙形态,向世人展现了大自然妙不可言的鬼斧神工。

随着人们对矿晶观赏石欣赏水平的逐渐提升,对萤石的观赏不仅仅局限于追求其感官上的色泽美、透明度高、包裹体少、造型奇特,同时关注其科学意义,通过不同的颜色及晶体形态来探索萤石的形成过程和环境影响,用以加深对萤石的科学认识和科学普及。

粉红色萤石与闪锌矿共生　　　　绿色萤石与白色石英共生

图 2-5-20　萤石与其他矿物共生

萤石的品质从颜色、净度、晶体形态及大小等方面进行综合评价。

从矿晶观赏石角度，以颜色美观、透明度好、纯净少杂、晶体发育良好且完整、造型美观独特、与其他矿物共生组合协调美观等为佳。

对于用作首饰的萤石，则要求在颜色、透明度、净度、质地、大小等方面达宝石级。因其硬度低且解理发育的特性，首饰类的萤石多设计为胸针、吊坠、项饰等不易磨损的类型，以降低使用过程中可能造成的损伤。

用作首饰的萤石颜色各有千秋、各取所爱，尤以紫色和祖母绿色为佳。

萤石保养

1. 仔细佩戴。萤石硬度较低、解理发育，作为首饰品，在佩戴时应尽量避免与其他物品相互摩擦与碰撞，以免造成损伤。

2. 单独存放。保存时尽量避免与其他首饰直接接触，最好将其单独放在首饰盒里。

3. 细心呵护。避免接触液体。萤石解理和裂隙较为发育，以防一些化学物质渗入宝石内部，对其产生影响；避免强光照射，以免对有些颜色产生影响。

第三章 浙江特色玉石加工工艺与价值评价

"玉不琢,不成器",能工巧匠的高超技法赋予玉石千姿百态的艺术表现以及丰富的文化内涵,极大提升了玉石的价值,让玉石实现第二次生命的绽放!

玉雕作品,不仅是一件艺术品,更是中国玉文化的载体,镌刻传递着中华文明的信息,记录了中华文明形成和发展的历程。浙江玉石雕刻历史悠久、工艺精湛,特别是青田石、昌化石、泰顺石等适宜治印的黏土矿物的加工工艺,有着非常鲜明的艺术特色,在中华篆刻和雕刻艺术中独树一帜、熠熠生辉。

第一节 浙江特色玉石加工工艺

青田石和昌化石历史悠久,文化沉淀厚重,以"四大名石""印石三宝"等美誉蜚声海内外。它们质地温润细腻、色彩丰富、致密柔韧、石性稳定、脆软相宜,是最佳的印材和玉石雕刻材料,为历代篆刻家和雕刻大师推崇喜爱,为博大精深的中华篆刻和雕刻艺术的发展,做出了不可磨灭的贡献。泰顺石作为优质印章及玉石雕刻材料的后起之秀,以其资源优势和区位优势备受业内关注。

在长期的雕刻实践中,雕刻师根据浙江各类特色玉石的特性,博采众长,因材施艺,传承发展了多种独具特色的雕刻技法,形成了别具一格的"青田"流派和"鸡血"流派,奔放大气、细腻精巧、神形兼备,颇具区域特色,以高超独特的艺术风格闻名遐迩。

以青田石为例,因色彩丰富、纹理精美,其雕刻作品充分施展了因材施艺、俏色巧雕等玉石雕刻传统技艺,在"因色施艺""立体圆雕"的处理上更是巧夺天工、独树一帜;因其材质细腻坚韧、硬度适中、适于受刀的特点,浙江工匠吸收了木雕、牙雕等技术之长,创造性运用多层次的立体镂雕工艺,使得青田石雕刻作品立体镂空、层次丰富、玲珑剔透、变化巧妙,其精致入微的雕刻技法和复杂多层次的处理手法,是其他玉石雕刻难以企及的。除了雕刻工艺外,青田石作品的题材也非常广泛,以农耕为特色,从果蔬作物,到山水、人物、动物、器物,琳琅满目、精彩纷呈。

现如今,青田石、昌化石资源日渐枯竭,勇于创新的浙江工匠,将具有漫长历史和深厚文化沉淀的雕刻技法广泛应用于来自世界各地性质相似的石种的创作中,使石雕技艺和石雕文化得到了传承和发展,并焕发出新的活力。

一、加工工序

浙江特色玉石与其他玉种一样,从玉石原料到各类精美的工艺品,需要能工巧匠经过潜心创作,把其中潜在的美焕发出来,赋予其新的生命。

本节将从相石、画石、雕琢、抛光、封蜡、配座等方面,介绍它从原石蜕变成兼具艺术价值和文化价值的玉石工艺品的过程。

1. 相石

伯乐识得千里马。在玉石加工过程中,首先是相石,即进行玉石原料与加工作品的选配,力求最大限度挖掘原料蕴藏的价值。

在观察玉石原料时,应综合考量其大小、形状、颜色、净度、杂质绺裂分布等,以此来决定与之相适应的加工品类,以及题材、立意、布局、技法等(图3-1-1)。

图 3-1-1　泰顺石原料

从适宜治印的黏土矿物来说,若原料形状较为方正、质地细腻、大小适中、纯净少杂、颜色美观或纹路奇特,则优先考虑用于制作印章类作品;反之,若形状不规则、质地不均且含有较多杂质或绺裂等瑕疵时,更适宜通过巧妙设计用于制作雕刻作品,采取因材施艺、剜脏去绺、俏色巧雕等方式突出亮点、遮避瑕疵。

其他品类玉石原料则遵从一般玉石的加工选配原则,视材质品质特点,优先考虑用作戒面、玉扣等素件(未经雕琢),若多杂质多裂则再考虑用于加工花草挂件、手玩件和摆件等玉雕类作品。

取料以最终成品价值最大化且加工最简易为原则。

玉雕类作品原料的选择与使用一般需要考虑以下几个方面。

首先要充分考虑其力学性质,注重作品的牢固和重心的位置,采用恰当的工艺,以保证成品的耐久性和稳定性。

其次要充分把握原料的形状、颜色和纹路等自然因素特征,注重"量料取材、因材施艺"。尽可能充分利用原料的形状、颜色和结构特征,使作品的造型自然得体、颜色运用巧妙、构图布局合理,在原料形状的取舍、颜色和纹路的运用等方面,与设计题材、加工技法相辅相成、相得益彰,充分展现出原料自然的形体美、颜色美、图纹美。

最后要考虑原料的净度,对于含有杂质、绺裂等瑕疵的部分,要加以剔除或修正,尽可能消除或降低其对玉雕制品美观性和耐久性的影响。

2. 画石

玉石加工,第二步是画石是指在相石的基础上,根据玉石原料的石质、大小、形状、颜色等因素确定加工品类,以及印章的切割设计或者雕件的题材、立意和布局,在加工雕琢之前用有色笔在原料上勾勒出切割印章或者雕刻图案的位置,描绘出整体轮廓线(图3-1-2)。

图3-1-2 泰顺石原料及画石

瑕疵的影响

杂质、绺裂等瑕疵对品质价值的影响，与瑕疵的种类、大小、颜色、数量、所在位置，以及材质本身的品质高低等都有关系，具体表现如下。

(1) 瑕疵对不同加工工艺类别品质价值的影响。一般来说，瑕疵对印章石中的素章影响最大，对雕刻章的影响次之，对雕件（如花鸟鱼虫、人物禽兽、山川河流等元素）影响相对要小一些，因为可以通过剜脏去绺、遮瑕掩疵的方法除去杂质或掩盖绺裂。

(2) 瑕疵类型、颜色及数量对品质价值的影响。一般来说，绺裂对品质的影响要大于其他瑕疵；深色瑕疵影响要大于浅色瑕疵；瑕疵越大、越多，颜色与玉石主体颜色相差越大、越不协调，就越会降低其价值。

(3) 瑕疵的位置对品质价值的影响。一般来讲，作品中央、正面等醒目处瑕疵的影响大于边缘、背面处的。

(4) 瑕疵对优质材质价值的影响程度要大于普通低档的材质。

瑕疵的处理

无瑕不成玉，天然的玉石极少能达到无瑕疵，对于玉石原料中存在的瑕疵缺陷，在设计时要充分考虑通过切割和雕琢等方式加以规避，主要有以下几种方式。

(1) 如果玉石原料有大的绺裂，切割线则沿裂隙走向，将绺裂最大限度地规避掉。

(2) 有时为了作品的完整性，一些瑕疵无法规避时，则要尽可能地将其留在底、边、角等不显眼部位。

(3) 剜脏去绺。常说"无绺不成花"，在玉石原料中常见的脏杂绺裂等瑕疵，需要通过精妙的设计和工艺技法加以雕琢去除，改善净度，提升品质。比如用镂空雕、打洞等手法剜除脏杂绺裂，用衣襟、枝叶、藤蔓、动物等加以掩饰避开绺裂或隐藏绺裂。

印章设计

设计制作印章时，首先要突出亮点，即将质地好（如透明度高或血色佳等）的部分尽可能集中到顶部和上半部等醒目位置，如将浓艳的红色鸡血集中设计在印章的顶部，制成独具特色的业内俗称"红帽子"的珍品昌化鸡血石印章（图3-1-3）；其次要优保重点，即优先保证高档印章或者重点印章的切割；最后要考虑尽可能成对成套，将颜色花色反差明显的尽可能设计成图纹对称或韵味独特的对章或套章,使其价值最大化。如色彩对称、图纹奇巧的泰顺石对章便是自然造化、令人叹为观止的精品(图3-1-4)。

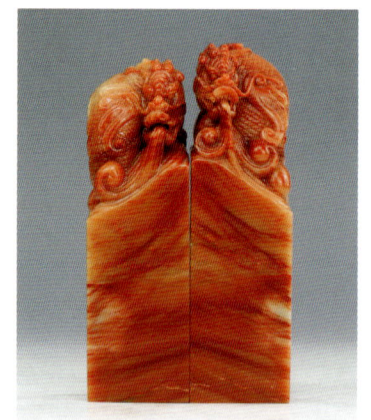

图3-1-3 昌化鸡血石印章　　图3-1-4 泰顺石对章

3. 雕琢

玉石加工第三步是雕琢,即在画石的基础上将原料雕刻琢磨成玉雕制品。雕琢过程一般分为粗琢和细琢。

粗琢即按设计构图对原料进行打坯,确定基本造型、外观轮廓。细琢指在粗琢完成整体轮廓以后,再利用钻具、锤刀、手凿等工具对其进行细致的雕刻,从而使线条更加清晰、图案层次更加分明。细琢工艺是决定整个玉雕成品工艺精美程度的关键,能使原本粗糙的造型轮廓、面线和棱角变得逼真细腻、流畅平顺。

对于玉石雕刻工艺,结合《玉器雕琢通用技术要求》(GB/T 28802—2012),要满足以下几点:一是造型雕琢要准确、整体表现风格要协调、工艺水准要均衡;二是弧面、平面平滑顺畅,起伏有致,不出现波浪状或其他雕刻瑕疵,将玉质之美完美呈现出来;三是线条平顺、粗细均匀、深浅一致。

手雕与机雕

目前玉石雕刻有手雕与机雕两类。

手雕作品:雕刻师根据玉料的特点,因材施艺进行手工创作,作品整体线条细腻柔美、品相干净灵动,相比机雕细节刻画更为生动。

机雕作品:则借助激光雕刻机等现代仪器设备,实现对玉料的自动雕刻,具有效率高的特点。作品往往会带有使用仪器模具的特点，雕刻的线条一般比较浅，工艺压线浮于表面，且压线深度完全一致，没有手工雕琢的自然流畅。

机雕作品看起来千篇一律，生硬而缺乏韵味。对于一些价值较低、雕刻题材比较简单、需要大批量生产且原料比较均匀的玉石原料，可以选择机雕。

随着科技的发展，汇聚了人工智能的三维立体雕刻技术提升了机雕的水平，开始具有个性化、高精准度的特点，有些设计精妙的作品，经人工局部修饰后甚至能与手雕作品媲美。

4. 抛光

玉石加工第四步是抛光，即对已经雕琢好的玉石作品进行抛光，以使其表面平整光亮。

抛光之前需进行修光，修光是完善雕琢后作品的细节，以获得平顺细致的弧面弧线、干净利落的棱角线条，利用不同的刀向和刀法来刻画作品的精神和气质。抛光则是将修光后的作品表面进一步打磨，使其变得光滑明亮，提高外观质量，使玉雕焕发出亮丽的光彩。

玉器抛光有两种方式：手抛和机抛。浙江特色玉石中的印章石类作品一般采用手抛，即手工打磨抛光，以获得更好的艺术效果。抛光好的作品其质地、光泽、色彩以及工艺特点都能完美体现，作品的美感和价值最终得以实现。

5. 封蜡

玉石加工的最后一步是封蜡，即将已经雕刻抛光好的玉石作品清洗干净，然后上蜡，用棉布或丝布擦拭至光亮润洁。

封蜡能填补玉石作品表面细微的缝隙和不平整，提升整体的光泽和亮度，使其保持润泽光滑和美观。对于一些质地细腻、润度比较好的石种，如冻地、软地的昌化鸡血石，按传统工艺清洗上蜡后便完成了从原料到雕刻工艺品的华丽蜕变。

需要注意的是，对于一些质地比较疏松、润度不够、比较干的石种，如硬地或刚地的昌化鸡血石，当地行业内有通过上油进行维护和保养的情况。

6. 配座

俗话说"好马配好鞍"，玉石雕刻作品，常常会选择合适的底座来与其相配，起到锦上添花的效果。

底座的作用如下。

一是托立主体，起到支撑和固定作品的作用，比如有些作品底部不便于凿、锯加工，为避免损坏其自然造型的整体性，需要依靠配座将其托立起来，使其便于摆放和观赏。

二是衬托主题，因形制宜的配座，可以增强作品的形态、意蕴及感染力。

三是协调色彩，作品与底座色彩的搭配，要以深浅示轻重。一般来讲，底座的颜色为深色，更能在视觉上呈现沉稳感。作品与底座的色差也应适中，避免作品整体呈现漂浮或杂乱之感。

四是补缺藏拙，若雕件作品存有无法通过剜脏去绺等加以规避的瑕疵，或者在雕刻过程中，出现无法弥补的败笔，则尽可能将其设计排放到底座里加以掩盖；若雕件整体造型不够完美，也可以通过底座加以修饰弥补。

当然，并非所有雕件都需另配底座。雕件在设计创作过程中，作品主体如果已经充分完美地表达出作者的创意和审美，便不必强行搭配底座，避免画蛇添足。

常见底座

玉雕作品的底座一般选用木、石等天然材料，又以木制品为主（图3-1-5），常见的木制底座有板座、几座和根艺座等类型。浙江特色玉石雕件，除了搭配常见的木座外，相当一部分搭配石座（图3-1-6）。

板座的制作比较简单，通常选用质地较为坚硬、纹理较为美丽的板材，如樟木、银杏木、核桃木、檀木等（图3-1-7）。

几座通常选用花梨木、檀木等优质木材制作成几形，形式多种多样，有四足几、书卷几、鼓几、条几等，根据需要或高或低，在几座的四周通常可有精美的图案或纹饰，以此来烘托深化作品所表现的意境（图3-1-8）。

根艺座则常使用耐腐蚀的树、竹或藤的根，经过处理连接而成，这类底座盘根错节、朴素古雅、相得益彰、情趣盎然。

石座通常选用与玉雕主体同类的材料，或与其主体色彩质地协调融合的其他石材进行加工制作，上下呼应，完美融合。石座在内容刻画与表现形式上与主体形象更为和谐，能更好地表现玉雕作品的主题和整体造型。

如果玉雕造型稳妥、比例协调，作品的空间和层次都能够完美表现，便无需配座（图3-1-9）。

图3-1-5 《黄山览胜》(青田石,赖海军)　　图3-1-6 《报春》(青田石,戴春平)

图3-1-7 木制板座　　　　　　　　　　图3-1-8 木制几座

图3-1-9 《和平归来》(泰顺石,徐永丽)

作品配座

底座的搭配也是一门大学问。

一是形体匹配要得当。要根据作品的体积来挑选底座大小,比例要协调。一般底座体积不宜过大,以免喧宾夺主(图3-1-10)。

二是色彩搭配要协调。既要避免雕件主体与底座浑然一色,也要避免色彩对比过于强烈。一般来说,配座不宜太过鲜艳,多采用褐色、深褐色、黑色等颜色,沉稳厚重,以此烘托作品的色彩,突出主体(图3-1-11)。

图3-1-10 《蝉》

(青田石,佚名)

图3-1-11 《破晓》

(泰顺石,胡叙令)

三是纹饰意蕴要契合。底座的纹饰与作品的题材元素及意蕴应相互搭配,例如主题为奔流的作品,底座巧妙选用了有特殊纹理的石材,疏密相间的平行纹理幻化为水流奔腾的动感,宛如山中清流奔腾而下,与上部飞流直下的乳白色瀑布自然呼应,主题也因此更为鲜明(图3-1-12);再如给作品《火焰山》配上卷云纹底座,可以烘托和美化作品,引导和加深观赏者对其内涵的理解(图3-1-13)。

四是制作工艺要精致。底座不需要太复杂,但制作要精细,具体表现为线条流畅、简洁明快、色泽均衡、抛光良好等。毋庸置疑,底座的平衡稳定、坚固耐久也十分重要。

配座多讲求创意,在具备深厚的传统文化底蕴和高超的鉴赏能力的基础上,同时具有高超的雕刻技艺,方能为作品搭配到一个恰到好处的底座,起到锦上添花的作用。

配座要从作品实际出发,因材施艺,切忌千篇一律、画蛇添足。

图 3-1-12 《奔流》(青田石,倪东方)　　图 3-1-13 《火焰山》(青田石,周百琦)

二、加工工艺

在加工过程中,玉雕师根据各类玉石材料的特性(如原料大小、颜色、质地、纹理等),以及确定的工艺类别及题材,采取不同的加工工艺及技法,以最大限度地挖掘并提升其价值。

1. 常见加工工艺类别

本书依工艺形制将浙江常见特色玉石制品分为两类讨论:一类是印章,另一类是雕件。

（1）印章

印章又称图章,是用作行使权力的工具、书文契约和文房书面的信物,也是中国传统文化的代表物之一。

印章制作材质多样,有金属、玉石、木材、塑料等。汉代以前以铜铸为主,元明以石质温润、色彩瑰丽且易于雕刻的黏土矿物作制作印章的主要材料。"四大名石"中占据半壁江山的浙江特色玉石青田石和昌化石,更是得到世人和业界的广泛推崇(图3-1-14)。

印章有着悠久的历史和独特的民族风格,是中华历史和文明的重要载体,是我国优秀传统文化的组成部分,玉石印章在我国玉石文化中占有重要地位。

图 3-1-14　各式玉石印章

印章最初是信物，起印证作用，历代官吏、商贾、文人墨客等往往都以特制的印章作为象征权力的工具或身份凭证。宋元以后，随着石印时代的到来，印章的艺术作用开始呈现，并逐步形成了诗、书、画、印于一体的艺术模式，印章也成为中国最为重要的民族文化特色之一。

印章加盖于诗、书、画，不仅能印证作品的作者，表达作者的心声，还可以起到调整画面构图、增强画面色彩对比的作用。"印章虽小压千斤"，除了印证作者名号外，还与画的内容相呼应，在形式上也成为作品的有机组成部分。

印章独特的艺术表现形式所展示的东方特色文化，在世界文化艺林中独树一帜、独具魅力。现如今印章已经发展为具有中国特色的集文化、艺术、实用性于一体的器物。

2009年，由西泠印社领衔申报的"中国篆刻艺术"成功入选联合国教科文组织"世界非物质文化遗产名录"。

本书的印章特指由浙江特色玉石（青田石、昌化石、泰顺石等黏土矿物）制作的印章（图3-1-15）。

按照不同的分类方法可对印章进行分类。

①按原料分类，分为青田石、昌化石、泰顺石等类型，其中青田石、昌化石位居"四大名石"之列。

青田石历史悠久、石质细腻、色泽斑斓、脆软相宜，常被赋予精湛的雕刻工艺，被尊为"印石之祖"。昌化石石质润泽、色彩丰富、软硬适宜，是上好的篆刻材料，昌化石中含有酷似鸡血的红色辰砂，则称"鸡血石"。昌化鸡血石被尊为"印石皇后"。

泰顺石质地温润、色彩缤纷、纹理精美、脆软相宜，属优质的印章石，虽为

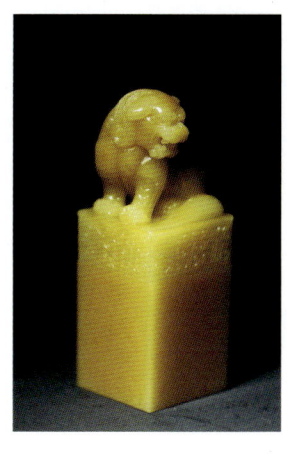  

青田石　　　　　　昌化鸡血石　　　　　　泰顺石

图 3-1-15　浙江特色玉石印章

后起之秀，却颇具产业发展前景。按现行相关国家标准，泰顺石归类于青田石。

②按质地分类，青田石分为冻石和普通青田石类型；昌化鸡血石分为冻地、软地、刚地、硬地等类型；泰顺石分为冻地、蜡地、刚地和花冻地等类型。

③按形状分类，分为规则型和不规则型的印章（图3-1-16）。规则型印章是指加工成方、长、圆等形状的印章，常见的有方章、扁章、圆章。

不规则型印章又称为随形章、自然章、随意章、无形章，其底部平整，上部为比较超脱随意的自然形状，能使人从现代的审美角度深层次地把握自然形状的内涵、意蕴和情趣。

图 3-1-16　规则型与不规则型印章

④按是否经过雕刻分类,分为素章和雕刻章(图3-1-17)。素章指未经雕刻的印章。雕刻章常见有两类:一类是印章顶部的印纽雕,常见瑞兽、花果、虫鱼等内容,千姿百态,风格多样;另一类是通过浅浮雕或薄意雕的技法,将山水、花鸟、诗词、花纹等雕刻在印章的一面或多面,犹如附着在石头上的画,颇具诗情画意。

图3-1-17 素章与雕刻章

⑤按篆刻内容分类,分为名章和闲章。名章又称为正章,也叫名号章、名号印、姓名印。名章多为正方形,是题款署名用章。闲章指名章以外的其他印章,多为长方形、椭圆形或者不规则形,闲章从秦汉时的吉语印演变而来,除刻吉语外,还常刻富有哲理的经典词语(句)等。

图书石

图书石是青田石在当地的别称,是一种适宜于雕刻印章的黏土矿物质玉料,具有绚丽多彩、细腻纯洁和柔软易刻等特征。

古时青田石被文人大量用于"雕刻图书印记",故青田石在青田当地又被称为"图书石",同样与青田石有关的事物多冠以"图书"二字,如在青田产出青田石的矿山又称为"图书山",雕青田石也被称为"雕图书"。

印纽

印纽,又称"印鼻""印首",指印章顶部雕刻的装饰,是篆刻艺术的组成部分。最先设置印纽是为了方便印章系佩于身,后来引领了一种审美潮流,变成印章中展示装饰性和艺术性的重要组成部分。

最初印纽的形式非常简单,有的印章只在各种形状的印顶穿个圆洞,后来印纽的题材和雕饰逐渐丰富精美。在封建社会,统治者利用印纽的不同兽形来展示职位官阶,以示尊卑;对于民间私印,则是人们根据个人喜好,雕刻各种各样的印纽。

印纽按雕刻形式可以分为"立体纽"和"博古纽",立体纽常见各类动植物、人物、自然风景等题材,博古纽雕刻的图文中常见仿古代器物或古代器物上的花纹,如龙蝶纹、饕餮纹、雷纹、云纹等。

一般来说,对于色彩美观、比例协调的印章,力求简洁大方,不饰印纽;对于需要印纽装饰的,则要力求自然得体、锦上添花(图3-1-18)。

图3-1-18 各式印纽

玉玺

玉玺,又称为"御玺""宝玺",指皇帝所用的玉石印章,是至高权力的象征。印章自古以来是政治权力的象征、行使权力的工具。古代印、玺通称,秦始皇统一六国后,将"和氏璧"雕琢成"传国玉玺",作为最高权力的象征和礼制的载体。故秦代之后,皇帝所用的玉石印章又称为"玉玺",而其他人所用印章只能称为"印"或"印章",并一直延续至清代。

雕件是指玉石原料经过雕琢加工而成的制品。本书特指浙江特色玉石(青田石、昌化石、泰顺石、黄蜡石等)及适用特色雕刻技法的类似玉石经设计雕琢而成的工艺品(图3-1-19)。

《江山如画》(青田石，林观博)

《钱王功绩图》(昌化鸡血石，钱高潮)

《踏雪寻梅》(泰顺石，陈小甫)

《龙腾盛世》(黄蜡石，李映峰)

图3-1-19 浙江特色玉石雕件

通常，玉石雕刻师会根据原料的形状、大小、颜色、质地等特征来选择设计雕刻题材，并采用适当的雕刻技法来雕琢图案或纹饰，通过剜脏去绺等方式尽可能将原料上的瑕疵除去或降低其影响，创造并提升玉石的价值。

按照不同的分类方式可将雕件进行分类。

①按原料分类，浙江常见的特色玉石包括青田石、昌化石、泰顺石、黄蜡石、萤石等，作品可以此分类。

②按质地分类，青田石分为冻石和普通青田石类型；昌化鸡血石分为冻地、软地、刚地、硬地等类型；泰顺石分为冻地、蜡地、刚地和花冻地等类型；黄蜡石分为冻蜡、胶蜡、细蜡、中蜡和粗蜡等类型。

③按雕刻题材分类,分为人物类、动物类、花鸟类、山水类等。

④按使用价值分类,分为欣赏类和实用类。顾名思义,欣赏类是通过山水、花鸟、人物等题材,突出质地色彩、精美工艺、艺术意境等审美价值。实用类,如笔筒、砚盂、花瓶等,兼具实用性与美观性。

⑤按表现形式分类,分为具象雕件、抽象雕件和装饰雕件。

具象雕件指的是有具体的物象,即以客观事物为雕刻对象,如雕刻人物、动植物等的雕件。这类雕件的评价要点在于雕刻物象是否准确、自然、传神、生动。

抽象雕件是指较大程度地脱离或完全脱离自然物象的表现形式,通过一些简单的线条表达或刻画纹饰,来传递出事物的本质,启发观赏者去进行思考的雕件,即只求神似,不求形似。此类雕刻作品的评价要点则在于能否调动观赏者的情绪,并对其产生丰富的联想和共识。

装饰玉雕是基于广泛的自然物象,通过不同的雕刻手法来传递出其美学装饰价值,如玉雕画、屏风等。其评价要点在于是否具有美感,是否符合形式美的法则。

浙江特色玉石之"文创产品"及"首饰"

随着时代的发展,浙江特色玉石逐渐在传统形制(如印章、雕件、观赏石等)基础上,向文创产品、首饰等方向延伸拓展,研发设计了一些文创产品、时尚饰品、旅游商品、首饰等,衍生出特色玉石文化的年轻态和时尚感,使传统玉石文化得到创新性的保护、传承和发展。

《百家印》(图3-1-20):昌化石制作的印章和姓氏册页等组合的文创产品,寓意着对家族、家庭传承的美好期望。可以将优良的家风家教等镌刻在印章上,以印为媒传承给后辈,对于弘扬优秀传统文化、坚守诚实守信等道德准则和价值取向很有意义。

图3-1-20 《百家印》(昌化石,姜四海)

《廊情茗韵》（图3-1-21）：以泰顺石印章为载体，以泰顺非遗古廊桥作为表现主体，以传统印信文化为媒介进行艺术化创作的文创产品。廊桥作为现实生活中的桥梁，能拉近人们之间的距离，而廊桥印则可作为征信。作品集当地名石、名景及印信等元素于一体，用作纪念品，宣传泰顺、弘扬诚信的同时，吸引更多人了解石雕、喜欢石雕。

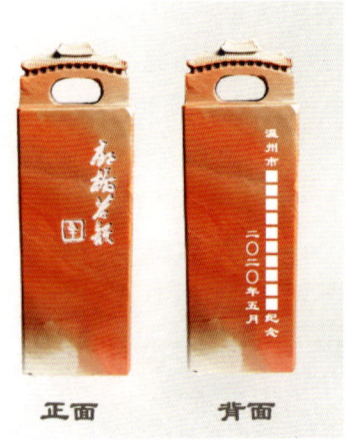

图3-1-21 《廊情茗韵》（泰顺石）

萤石首饰（图3-1-22）：萤石解理发育、硬度较低，工艺上主要用于制作珠子、球体，或作为矿晶观赏等。随着宝石切磨工艺的日益精进，浙江匠人大胆创新，萤石切磨成刻面宝石的工艺得以突破，色彩丰富、纹理精致、品质较高的萤石，开始以晶莹剔透的珠宝首饰新形象面向世人。

图3-1-22 首饰（萤石，图片来源于周翠芳）

观赏石

观赏石指自然形成的且可以采集的,具有观赏价值、收藏价值、经济价值和科研价值的石质艺术品,以天然、美观、奇特和稀有为特点。

在浙江省特色玉石青田石、昌化石、泰顺石、黄蜡石及萤石等中,形态优美奇特、意蕴深远的造型石,纹理层理美观、构成艺术图案的图纹石,色彩光泽丰富、具优美奇特外形的矿物晶体,都属极具价值的观赏石(图 3-1-23)。

图 3-1-23　特色观赏石

2. 常见雕刻技法及工艺技巧

中国玉雕历史悠久、技艺精湛、风格独特,形式多样的雕刻技法将原料的自然之美更加丰富地展现出来,甚至化腐朽为神奇,赋予其更高的艺术价值和文化价值。

别具一格的"青田石雕"和"鸡血石雕"流派,在题材表现、技法风格上独树一帜,均被列入国家级非物质文化遗产名录。"青田石雕"流派,因材施艺,依色取巧,其"多层次镂雕"和"立体圆雕"技艺,极富艺术特色,极具艺术价值;"鸡血石雕"流派,依"血"取巧、因"血"施艺,在无"血"的部分更多地雕琢需要表达的意境,既能保持大自然赋予鸡血石的自然美,又能充分表达造型与主题。

1)常见雕刻技法

(1)圆雕

圆雕又称为"立体雕",具有完全独立的实体,观赏者可以从不同角度欣赏到作品中人物、花鸟等的各个侧面,看起来比较真实生动,具有强烈的立体感(图 3-1-24)。

圆雕的手法与形式多种多样,有写实性的与装饰性的,也有具体的与抽象的。圆雕适合用来刻画人物、动植物特征,不太适合表现烦琐的自然景观或场景。

由于圆雕刻画的是空间的立体形象,对技术要求高,需要从各个角度去推敲作品的构图,要特别注意形体结构的空间变化。

（2）镂雕

镂雕,又称"镂空雕",融合了圆雕、浮雕等雕刻技法,将纹饰图案与背景材料之间的部分挖空,有单面雕和双面雕之分。

图3-1-24　庄子像（青田石,庄伟平）

镂雕是从圆雕中发展出来的,是一种表现物像立体空间层次的雕刻技法。镂雕技法难度较大,工艺复杂,从材料挑选、作品布局、刀具配备到雕刻程序等,都与一般的雕刻技法有所不同。

镂雕使玉雕作品立体感增强,表现出玲珑剔透的效果,是剜脏去绺的常用技法。

青田石质地细腻,结构紧密,青田石雕镂雕技艺的施展更是炉火纯青,作品中多层镂雕、透空镂雕和立体镂雕极尽巧工之能事,无不展现了青田石雕艺人的高超技艺,精致处细如发丝,薄如蝉翼,着实令人叹为观止。取材于青田石的作品《珠圆玉润》,全面镂雕,立体感强,匠人运用镂雕技法将"葡萄"之间的空间处理得恰到好处,使其看起来似悬空而生,给人以栩栩如生的视觉感受（图3-1-25）。

多层次镂雕在青田石的山水、花鸟、器物作品中都能得到比较充分的体现。

青田石雕镂雕技艺在浙江其他特色黏土矿物质玉及其他类似玉种的雕刻上得到充分的实践与应用。昌化石作品《独傲秋双》,以俏色布局,采用多层次镂雕技巧,将黄色冻料雕刻成交叠错落的菊花,泛白石料雕刻成菊叶,完美呈现菊花清丽绝俗之貌、高雅傲霜之品,整件作品神韵俱佳（图3-1-26）。

（3）浮雕

浮雕又称"凸雕",是雕塑与绘画结合的产物,是在平面或近乎平面上雕刻,通过简单线条和平面的设计增加画面层次感。浮雕的空间结构可以是立

图 3-1-25 《珠圆玉润》
（青田石，陈阿丰）

图 3-1-26 《独傲秋霜》
（昌化石，倪东方）

体形态，也可以兼备某种平面形态。

浮雕一般分为浅浮雕、中浮雕和高浮雕。浅浮雕较浅，层次交叉少，所雕刻的图案和花纹浅浅地凸出底面，又称"减地阳纹"；中浮雕比浅浮雕要深一些，深度为2～5mm，层次变化较多，立体感较强；高浮雕也称"深浮雕""半圆雕"，主要使用阳刻线雕刻，一般不做镂空处理，立体感十分突出，介于圆雕和浮雕之间。

一般来说，浅浮雕以行云流水般涌动的绘画性线条和多视点切入的平面性构图为主，传递着轻音乐般的平和情调和抒情诗般的浪漫柔情；高浮雕较大的空间深度和较强的可塑性，赋予作品以庄重、沉稳、严肃、浑厚的效果和恢宏的气势。

玉雕中浮雕与圆雕往往相互结合，不能截然分开。圆雕的作品中有时会采用浮雕工艺，浮雕作品中有时也有圆雕工艺的存在。作品中常见圆雕和浮雕共存，既有圆雕立体的人物、花鸟，也有浮雕的亭台楼阁，而一些圆雕玉器表面的装饰纹和各种吉祥纹样又采用了浮雕技术。如青田石作品《花样年华》，以圆雕表现人物，镂雕精雕花朵，浮雕刻画衣袂褶皱，绘就一幅人与花皆美好绽放的画面(图3-1-27)。

(4) 薄意雕

薄意雕，即极浅薄的浮雕，因雕刻层薄而富有画意，故称"薄意"。

薄意雕从浮雕技法中逐渐衍化而来，是比浅浮雕还要"浅"的一种加工技法。薄意雕融书法、篆刻、绘画于一体，是介于绘画与雕刻之间的独特艺术，优秀的薄意雕作品往往具有超凡脱俗的艺术魅力,特别富有观赏价值(图 3-1-28)。

薄意雕常用于浙江昌化田黄石和昌化田黄鸡血石等作品的艺术创作。

图 3-1-27 《花样年华》
(青田石,张建荣)

图 3-1-28 《九应真》
(昌化田黄石,姜四海)

2)常见工艺技巧

(1)量料取材

量料取材是指在玉石雕刻过程中,根据原材料的形状、大小、颜色及分布,纹理及分布,以及石质(透明度、细腻度等)等因素,来考虑其加工工艺的类别及题材,以最大限度地提升原料的价值。

量料取材包括两方面内容。

一是经审料确定原材料的用途,比如是做成印章还是摆件。一般来说,如果原料质好色美、瑕疵少,则优先考虑做成印章;如果原料质地不够细腻匀称,或者有较多的杂质绺裂,则可以考虑制作雕件。

二是经审料确定如何选配利用原材料后,有针对性地进行构思、度形赋意,进行取料及题材的确定,这在作品蜕变为完美艺术品的过程中,起到决定性的作用。

特种邮票作品《花好月圆》取材青田夹板冻。皎洁明月从国色牡丹中徐徐升起,喜鹊栖息枝头,花开月圆,呈现出一幅良辰美景的画面和如梦如幻般的境界。据悉,该原石中心部位质地晶莹剔透、色泽美丽、无裂无杂,两边是硬石,而遗憾的是中心部位相比原石两边略薄,如过分雕刻则无法呈现温润剔透质感。大师闭门谢客,苦思良久,胸有成竹后才开始动刀,终于创作出此件巧夺天工、精美绝伦的《花好月圆》(图3-1-29)。作品整体造型呈"之"字形,中心较薄部位设计成皎洁的圆月,不经任何雕饰,而圆月周围则充分施展镂雕、俏雕技艺,尽显繁华精美主题。作品简繁得当,可谓量料取材的扛鼎之作!

不雕而雕,自然而然,赋予原石形貌以生命,更是玉石创作的最高境界。作品《睡美人》(图3-1-30)取材取青田石,据说当年大师对其高价购入的一块色艳形美的青田金玉冻原石再三端详,却始终未凿一刀,斟酌良久,最后出乎众人意料地只是寥寥几刀,略加打磨,睡美人曼妙神韵便得以展现。作品极大限度地保留了原石的形态,可谓"九分天成,一分自运",大师为该作品起名"睡美人",完美诠释了什么是"清水出芙蓉,天然去雕饰",以少少许,胜多多许。巧妙的艺术构思、自然美与工艺美交互辉映的艺术效果,使此作一举成为"不雕而雕"的经典名作。

图3-1-29 《花好月圆》
(青田石,倪东方)

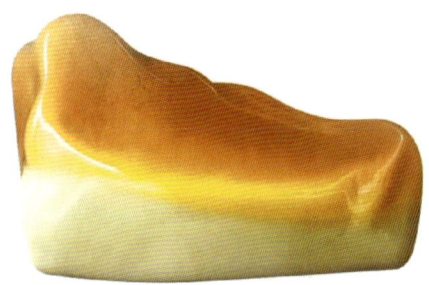

图3-1-30 《睡美人》
(青田石,倪东方)

题材内容和设计方案确定后,在雕刻实施过程中也不是一成不变的,优秀的雕刻师会根据原料在不断雕琢剥离出露后的变化适时调整修改。

青田石作品《喜从天降》(图3-1-31)中,悬臂枝丫间的一张蛛网,一只处于蛛网下部且意图向下垂落的蜘蛛,寓意好兆头。最初作者的创作设想是一张完整无缺的蛛网,但在雕刻过程中发现下部分剥离出露的石头材质偏硬不宜雕刻镂空的蛛网,他随即调整了方案,将它改为一张历经岁月而右下方有些破碎的网。残缺的美反而更加生动,更具艺术感染力。

在取料过程中,还要注重取舍,特别是印章类,要尽可能确保多出高价值作品,而不能一味贪多求量。

图 3-1-31 《喜从天降》（青田石，潘成松）

(2)因材施艺

因材施艺的"材"是指原料的材质和作品题材，"艺"是指工艺、技艺。因材施艺有两层含义：一是指根据原料的材质特征来确定其加工品类及方式；二是根据所选的题材来进行加工技艺的选择。

作品《起航》（图 3-1-32）取材于青田石，作者在右边黄红色部分雕刻出层层梯田，底部青色部分雕刻出点点帆船，左中局部留白保留原石的特征。画面中帆船、梯田、古村错落有

图 3-1-32 《起航》
（青田石，刘宙）

致，浑然天成，呈现出瓯江山水的秀美风光。作品因材施艺、依色取巧，完美地演绎了青田石材质的天然之美与人工的施艺之美的有机结合。

作品《老子出关》（图 3-1-33）取材于昌化鸡血石，作者依原石鸡血块状斜向分布的特点，将雕刻的重点放在对应斜向无血冻石部分，以两个对角冻石勾勒老子出关讲经的两个画面。作品既保持了原石鸡血的自然形态，又将无血部分雕琢成需要表达的意境和画面，依托血色，烘托主体，从而实现因色取巧、形式相融的创作构思。

(3) 剜脏去绺

剜脏去绺是指在玉石雕刻过程中,玉雕师常常采用镂空雕、深浮雕等手法去除脏绺等瑕疵,或者是通过将瑕疵雕琢成动植物、衣襟、山水等加以掩饰。对原料进行"剜脏""去绺"时,尽可能做到玉石原料雕琢后不带"断绺""恶绺"和明显的"脏绺",实在无法避开时,可以考虑把"脏""绺"置于不显眼处,将其影响降至最低。

(4) 化瑕为瑜

化瑕为瑜指设计师针对瑕疵的颜色、形状和分布特点进行巧妙构思,运用各种巧雕技法,创造性地利用瑕疵,变瑕疵为宝。若能处理得当,甚至还能化腐朽为神奇,使其成为点睛之笔。

图3-1-33 《老子出关》

(昌化鸡血石,钱高潮)

如青田石作品《蓝精灵》(图3-1-34),作者巧妙地利用分色技法,将原本颜色不同、分布杂乱、硬度不一的青田石,创造性地巧雕成穿梭在蓝色珊瑚丛中的浅黄色鱼群,形态优美、灵动活泼。作品创意独特、雕工精湛,洋溢着勃勃生机,可谓化瑕为瑜的杰作。

图3-1-34 《蓝精灵》

(青田石,潘成松)

(5) 俏色巧雕

俏色巧雕是玉雕行业内技术难度较高的一种技法。在这个过程中,玉雕师综合考虑玉石原料的皮色、颜色和纹理,通过巧妙设计,将其色彩或纹理融合到创作题材中,并使其"俏"出来成为作品的亮点,起到画龙点睛的作用。

浙江特色玉石色彩纹理丰富,非常适宜俏色巧雕技法的应用。青田石、昌化石、泰顺石等均以色彩丰富为特色,"因色取俏",妙在自然。如红色可以雕为鲜花、辣椒,黄色可以雕为谷穗、枇杷,白色可以雕为荔枝、明月,等等,奇俏逼真,浑然天成。作品《清芳幽远》(图3-1-35)取材于青田龙蛋石,作者娴熟运用俏色巧雕的技法,将青黄色雕成精美的兰花,青色巧雕成舒展的叶片,后面深色硬壳处理为背景,画面层次分明、形象细腻逼真、色彩渐变自然,巧妙构思和高超技艺完美结合,实属俏色巧雕的范例。

图3-1-35 《清芳幽远》
(青田石,叶建海)

3. 加工工艺评价

印章石和雕件的评价各有侧重点:对于印章石来说,其雕刻的地方很少甚至没有,所以材质、颜色及纹理是主要的评价要素;而对于雕件来讲,则须同时注重其造型设计、雕刻技法,以及表达的主题和意象,简言之就是"石图"和"石意"。

1)印章

印章的评价可以从外形、质地、颜色、纹理、比例,以及配对与否等方面着手(图3-1-36)。

首先观察其外形。观看整体轮廓是否完整,棱线是否平整自然,抛磨是否光滑,有无破缺之处,以及长宽高比例是否恰当。

其次观察其质地。所谓的"质地",指的是印章石的"地"。如鸡血石的"地"可以分为冻地、软地、刚地、硬地四类,以冻地为上;又如青田石,按质地分为冻石和普通青田石,著名的"灯光冻"为青田石中的佼佼者。

再次观察其颜色。颜色包括浓度、饱和度和明度等要素,色正浓艳,且所占面积的比例越大,价值越高。如鸡血石印章,以血色阳正丰满的"大红袍"为最佳。

最后观察其纹理。自然纹理所形成的图案越富艺术感其价值越高。如泰顺石,其经典的梅花枝、紫藤、木纹石等,图纹丰富并极具美感,颇具收藏价值,深受藏家喜爱。

质地细腻（青田石）

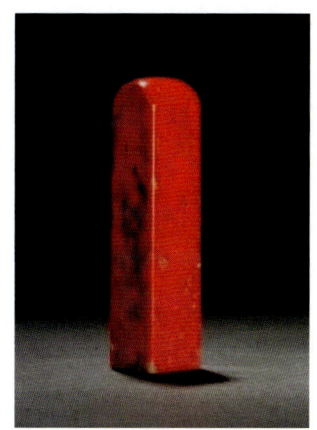
色阳、正、满（鸡血石）

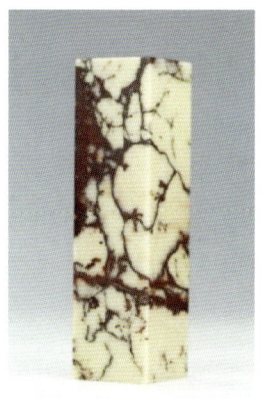
纹理精美（泰顺石）

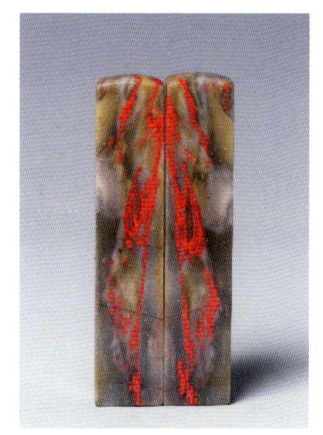
精巧配对（鸡血石）

图 3-1-36　印章

　　印章的比例以协调为美。以方章为例，其规格大小不一，有大型、中型、小型之分，一般来说，中型章最为常用的规格大多是 8cm×2cm×2cm 左右，小型章则大多在 5cm×1.5cm×1.5cm 左右。印章石原料自然天成，往往只能量料取材，不拘泥规格大小，制作往往以作品价值最高为原则。

　　印章是否配对或成套，也直接影响其价值。成对或成套的印章价值会更高：一是因为天然产出的石料材质千变万化，能达到题材要求的配对成套实属不易；二是由于中国人历来讲究好事成双，因此也乐于收集配对成套的作品。

　　若印章石经过雕刻，除了以上要素外，还需对其雕刻部分进行评价。

2）雕件

　　浙江特色玉石雕件的品类繁多，按功能可将其分为摆件类和配饰类，以摆件为常见；按题材可分为人物类、植物类、山水类等。

浙江雕刻工匠勇于探索，充分利用各色原料的优势，如大小、色彩、质地、硬度等，量料取材，因材施艺，选用合适的雕刻题材并融入美好的希冀祝福，完美融合玉石之美和艺术之美，在传承和发展中创作出一系列具有深厚文化底蕴的艺术作品。

雕件的评价除考虑材质本身品质外，还需从造型设计、工艺技巧、表达的主题和意象等方面加以考量。

(1)造型设计

造型设计主要观察雕件轮廓是否完整，构图比例是否恰当，层次是否丰富，物象之间的搭配是否协调，以及厚薄结构是否合理等。

具体布局要突出主题、画面清晰、疏密有致、色彩协调；要注重比例均衡，形象刻画准确到位。如雕刻人物形态时，要考虑其头身比例、五官大小等是否合理，在视觉上是否给人自然舒适的感觉，人物类的造型比例有"站七坐五盘三"之说，即人物站立的高度为7个头的高度，坐和盘腿分别为5个头和3个头的高度；还要考虑人物类的表情刻画是否生动自然，如佛像的宁静祥和、观音的端庄大气、仕女的秀美典雅(图3-1-37)、童子的天真稚嫩等(图3-1-38)。动物类题材结合具体动物形象进行鉴赏，如狮虎雕件要有威猛霸气之态(图3-1-39)，貔貅雕件整体形态应头昂身肥臀部饱满，寓意招财进宝、八方来财。植物类的雕件则要求构图丰满生动、美观真实，如葫芦雕件应饱满对称、曲线分明，竹子类雕件则应表现其清高风骨、瘦长清秀，牡丹类雕件应花瓣舒展、繁简有度、线条流畅等(图3-1-40)。当然作品整体重心要平稳。

图3-1-37 《西域传奇》

(青田石，戴春平)

图3-1-38 《傣族》

(泰顺石，夏江志)

图 3-1-39 《天籁之音》
（青田石，朱虎）

图 3-1-40 《香满天下》
（青田石，杜志彬）

(2) 工艺技巧

工艺技巧包括雕工的精细准确及技法的巧妙运用。

雕工是否精细可以通过观察雕件的点、线、面的雕刻技术与手法来判断，包括所刻画的线条是否流畅顺滑，平面是否抛光得当，是否留有划痕、凹坑或抛光纹等瑕疵。还要观察雕刻工艺中的圆雕、浮雕、镂雕等技法在雕件上施展的完美程度，以及量料取材、因材施艺、剜脏去绺、化瑕为瑜、俏色巧雕等技艺运用的巧妙程度（图 3-1-41）。

精湛的工艺技巧能充分展现原料自然之美，将扬长避短发挥到极致，巧妙地规避或弱化其瑕疵甚至化瑕为瑜。

一般来说，工艺难度越大，技艺要求越高，雕件的价值就越高。

(3) 表达的主题和意象

雕件所雕刻的每个图案元素都是为主题的表达服务的，要求设计合理巧妙、主次分明、主题突出、一目了然。

对雕件意象的鉴赏评价，主要是感受雕件传达出的"气韵"。"气韵"是指神气与韵味的结合，本是用以评价中国画的首统要领，在此用它来评价玉雕作品，因为艺术是相通的。

玉雕作品的"气韵"体现在整体造型和细节雕刻传达出来的意象里，不同的雕刻题材强调"气韵"的不同，如在人物雕刻强调"形与神俱备"，花鸟雕刻里着重"生机与意趣"，山水雕刻则重视"气势与缥缈"。优秀的玉雕作品总是伴随着生动的"气韵"，以及通过整体造型和细节雕刻传达出来的背后深刻的文化内涵(图 3-1-42)。

图 3-1-41 《争春》
(青田石，周金甫)

图 3-1-42 《喜悦》
(青田石，张爱廷)

三、常见雕刻题材

玉石雕刻的题材丰富，山水景物、花鸟瓜果、人物动物、人文故事等主题在玉雕作品中广泛呈现。浙江特色玉石青田石、昌化石、泰顺石等兼具颜色丰富、质地细腻、易于受刀的特点，更利于雕刻师创造性施展因材施艺、俏色巧雕、立体镂雕等技艺，是山水、花鸟、果蔬、人物、动物等题材创作的上佳原料。雕刻师因色取巧、因石配工，充分利用原料色彩、质地及纹理特征等，将题材各个雕刻元素之间的差异精心呈现，形成了独具特色的艺术作品。

1. 山水题材

山水题材的雕刻作品，常出现的物象有高山、辅以树木或亭台楼阁以点缀，也常出现水、云雾、岩石等组合。在山水题材的雕刻作品中，除了要将各物象的特征准确地刻画出来以外，还应注重其生动性和灵动性。

创作以山水为主题的作品，雕刻师需要有良好的绘画能力、色彩搭配能力，以及雕刻技术，特别是要具备一定的中国山水画的绘画技巧，如景物虚实变幻、远大近小、疏密错落有致等处理手法。除了要求构图合理、远近得宜、层次丰富等外，更要注重意境的表达，做到"形"与"意"完美融合。

浙江特色玉石中的青田石、昌化石、泰顺石等，都非常适合用于雕刻山水题材，原因有二：一是其材质适宜，细腻温润、软硬适中，多种雕刻手法都能很好运用，如圆雕、镂空雕、浮雕等；二是色彩丰富，一块材料可具有不同的颜色，便于雕刻师进行创作。

山水主题的青田石雕刻作品是由花卉系列作品的"靠背"演变而来的，最早是作为花卉的"靠背"，如花山、葡萄山后面的"山"。大约到清代以后，才逐渐形成独立的山水雕刻体系，之后日益丰满精湛，成为青田石雕中颇具特色的创作主题(图3-1-43)。

《赤壁怀古》（青田石，林观博）　　《黄山览胜》（青田石，赖海军）

图3-1-43　山水题材作品

2. 人物题材

在人物题材的雕刻作品中，传统人物占比较大，涉及的题材也比较广泛，如神话故事（八仙过海、女娲补天、嫦娥奔月等）、宗教题材（如观音、佛像、十八罗汉等）、文学名著（如《水浒传》《红楼梦》《梁祝》等名著里的人物），以及历史风云人物，都是雕刻创作题材的灵感来源。雕件题材的选择也与时代背景和社会现状相关，在20世纪人物题材的雕件中，涉及革命伟人、民族英雄、劳动大众等的作品也是层出不穷。

在创作以人物为主题的作品时，雕刻师需要对人物形态有良好的把握，在神情、体态、服饰等方面的处理都要细致到位，要注意刀法的合理运用，总体来说要遵循大处着眼、小处着手的原则。

人物题材的雕刻最能体现雕刻师的功夫。因为除了人物形象刻画到位、结构比例合理、服饰随身合体等外在的"形"的基本要求外，还要将表现其精神世界、思想感情的内在的"神"传达出来,形神兼备,才最为动人(图 3-1-44)。

《钟馗醉酒》(昌化石,邵城鑫)　　《知鱼之乐》(青田石,马兵)

图 3-1-44　人物题材作品

3. 动物题材

在动物题材的雕刻作品中,常见龙、貔貅、麒麟等富有传奇色彩的动物,也常见马、猴、鸡、牛等生肖。动物题材的雕刻注重写实,但也常用较为夸张的雕刻手法来展现动物的形态特征。

创作以动物为主题的作品时,首先需把握好动物的形体比例及其动作、神情的刻画,甚至可以通过夸张的表现以让其艺术形象更为栩栩如生,其次则需注重动物形态的精确表达,如毛发、四肢、首尾等的雕刻,要求线条表现自然清晰、特征刻画细腻准确(图 3-1-45)。

4. 花鸟题材

花鸟题材的雕刻作品,多以寓意吉祥的植物为主题,如清雅淡泊的四君子"梅兰竹菊"、雍容华贵的"牡丹"、苍翠欲滴的"松柏"等,然后加以"鸟""虫"为点缀,或以"山水"为背景。

创作以花鸟为主题的作品时,构图需要主体突出、虚实结合、疏密有致、搭配合理、呼应得当。此外,花鸟题材的雕刻还需考虑:一是结构比例要适宜;二是形态特征要鲜明;三是动作神态要自然(图 3-1-46)。

《福猪》（泰顺石，王永贵）　　　　《童话》（青田石，周百琦）

图3-1-45　动物题材作品

《锦上添花》（青田石，徐志国）　　《喜上眉梢》（黄蜡石，洪小平）

图3-1-46　花鸟题材作品

5. 果蔬题材

果蔬等农作物题材，是浙江特色玉石特别是青田石雕刻创作的传统强项。在青田石雕作品里，雕刻师以高粱、荔枝、杨梅、苞米、花菜等农作物为题材，运用多样的表现形式，通过俏色镂雕、写实尚艺，创作出无数美轮美奂、异彩纷呈的艺术精品（图3-1-47）。

作品《垂涎》中杨梅颗颗饱满多汁，红中透润，让人一看口舌生津，垂涎欲滴，作者巧妙地利用色彩、雕刻技艺让观众能够在作品里"尝"出杨梅的色、香、味来。作品《田园珍蔬》叶片茂盛，层次丰富，栩栩如生，整个画面充满了生机。

浙江特色玉石作品在传统题材的基础上承古拓新，在关注历史事件、反映

《垂涎》（青田石，何守权）　　　　《田园珍蔬》（青田石，阮金海）

图3-1-47　果蔬题材作品

现代生活、表达爱国主义精神和历史责任感等方面，创作出有着鲜明时代特征的高水平作品，不断丰富其文化内涵和精神特质（图3-1-48、图3-1-49）。

图3-1-48　《红船》　　　　　　　图3-1-49　《我爱和平》
（青田石，张爱光）　　　　　　　　（青田石，张爱廷）

雕刻作品中常见的吉祥图案

中华文化源远流长，吉祥文化是中国传统文化的重要组成部分，人们在对美好生活的憧憬中，创造出丰富的带有吉祥寓意的图形和符号。每一个图案和符号，都有一种寓意，具有一定的艺术价值和文化价值。这些吉祥文化早就渗透我们生活的方方面面,日用而不知。

自古以来,我国有将吉祥文化注入玉石雕刻的传统,所谓"玉必有工、工必有意、意必吉祥",说的就是人们把对平安美好生活的祈愿付诸吉祥玉雕图案。

玉雕吉祥图案往往为人物、鸟兽、花草、器物等中国传统图案形象和一些文字纹饰造型,通过托物言志、象征及谐音等表现手法,寄托了人们祈求吉祥安康、驱邪避凶的美好期望,反映了人们对美好生活的追求和向往。

托物言志:梅兰竹菊,表达坚贞和气节;瓜果,也称福瓜,寓意子孙延绵、多子多福;蝉,象征一鸣惊人;寿桃,象征长寿、永葆青春(图3-1-50);牡丹,国色天香、花开富贵,与瓶子一起寓意富贵平安(图3-1-51);马,象征马到成功、事业腾达;荷花,象征高雅、纯洁,出污泥而不染……

谐音:利用同音字或近音字来代替某字,表达吉祥寓意。如,蝙蝠的"蝠"和"福"同音,表示福气到来的美好祈愿;白菜的谐音"百财",寓意多福多财;莲与"廉"同音,寓意风清气正,表达对清廉品格的颂扬等(图3-1-52)。

故事传说:如,关公,代表一种推崇敬仰的忠义精神;后羿射日,表达了中国人在面对困难和挑战时,一种无惧无畏、坚忍不拔和无私奉献的精神,以及对美好生活的向往(图3-1-53);龙凤呈祥,龙凤是中国古代传统的祥瑞之兽,表达国泰民安、风调雨顺、百年好合等美好愿望;济公,寓意招财进宝、福禄如意、好运连连。

图3-1-50 《灵猴献寿》
(青田石,徐岳军)

图3-1-51 《国色天香》
(青田石,董锡平)

图 3-1-52 《清莲》
（青田石，徐伟军）

图 3-1-53 《后羿射日》
（昌化石，邵城鑫）

第二节　浙江特色玉石价值评价

　　不同于钻石、彩色宝石等有一套相对规范的、操作性强的价值评价标准，浙江特色玉石的价值元素多元复杂、难以量化，正所谓"黄金有价玉无价"。虽然难以估价，但并不代表就没有一个客观的价值评价依据。

　　特色玉石制品价值差别很大，其品质决定价值，进而决定价格。珠宝行业组织和专家为浙江特色玉石的价值评价做了大量工作，行业标准《鸡血石制品　分级》（QB/T 4183—2012）、团体标准《泰顺石　鉴定、分级及命名》（T/ZJATA 003—2020）的出台，在一定程度上对这些品种的价值评价具有指导意义，但在实际市场应用推广上仍然存在不足。

　　特色玉石制品兼具实用性和观赏性，其中的精品也是藏家投资收藏的佳品，尽管对其进行价值评价十分困难，但极为重要。下面从特色玉石制品所具的价值元素及影响价值评价的因素等角度为其价值评价提供参考。

一、价值元素

1. 使用价值

早在春秋时期,已有将玉料或石料制作成玺印(印章)的记载,这便是玉石制品的第一个价值——使用价值。

古时的玺印(印章)主要用在商业、政治及生活中。首先是商业用途,在《周礼》中有"凡通货贿,以玺节出入之""辨其物之美恶与其数量,楬而玺之"等记载,说明当时已把玺节印章用于商品买卖中,用来封存货物,或作为提取货物的一个凭证。其次是政治及生活用途:一是权力的象征,古时历代君王和官吏将玺印(印章)作为行使职权的凭证,并用印式和印材来区分官职的高低;二是用作防私拆的信验物,古代的文书多刻在竹木简牍上,将其卷好捆起来后,在绳结上放一软泥,盖上玺印(印章),以防止在传递过程中被拆开查看,这被称为"泥封"。

当时玺印(印章)的作用局限于权力的象征和个人的信用凭证,主要价值表现在其实用性,如今印章虽淡化了实用性,突出了艺术性,但作为信物的特征仍未改变。

2. 艺术价值

随着时代的变迁,艺术价值便从使用价值中发展而来。如今印章早已从单纯的具有实用性上升为与诗、书、画并列的独立艺术形式。其他玉石雕刻作品也普遍将材质美、工艺美和意境美结合起来,拥有独特的审美特质,极具观赏性及艺术价值。

从材质的自然美来讲,青田石里有晶莹透亮的灯光冻,鸡血石里有色泽鲜艳的大红袍,泰顺石里有温润光亮的青玉冻……绚丽缤纷的色彩(图3-2-1)、温润晶莹的质地、神奇梦幻的纹理(图3-2-2),都引人入胜、给人以无尽的遐思和幻想。

从工艺美和意境美来看,不同品种的雕刻表现手法各有特色,镂雕、俏色各领风骚。现今的浙江特色玉石作品不仅注重写实,更注重意境的表达,优秀的特色玉石雕刻作品,仿佛是一幅立体的画或一首无言的诗。

3. 文化价值

中国有五千年文明史,有着多样化的文化特色和艺术传承,多样化的文化

图3-2-1 《丹凤朝阳》
（青田石，周李光）

图3-2-2 《梦幻廊桥》
（泰顺石，许启汉）

艺术的发展为我国玉石行业注入了血液和灵魂，提供了丰富的创作源泉。

玉石是万年中华文化的佐证，儒家思想"君子比德于玉"的学说，奠定了玉文化在中华文化中的重要地位，并成为中国人的精神标识。

浙江特色玉石的文化价值，首先表现在作品里所呈现出来的物象和意象，能充分体现不同时代人们的生产生活状态或当时的艺术发展趋势，使作品成为一种文化的载体，赋予其深厚的文化内涵，正如延绵至今的"印信文化"所体现的道德观和价值观；其次表现在大师创作或经过名家藏家再创作后（如配座、题名、题诗等），文化价值的进一步提升。

4. 经济价值

玉石作品雅俗共赏，兼具艺术价值和文化价值，且易于长期保存，备受藏家的喜爱和追捧，颇具经济价值，尤其是一些优质的、稀缺的玉石作品，具备很好的投资升值潜力，历史上通过收藏高档玉石而积累大量财富的人数不胜数。

浙江特色玉石历史源远悠久，文化积淀厚重，堪称中华历史文化名品，其中的优秀作品已成为浙江省重要的物质文化遗产，名扬国内外，由于资源不可再生、各类优质品种日益稀缺，其作品更是极具收藏价值。

二、价值影响因素

1. 玉石材质

材质是影响玉石作品价值的一个重要因素，品种之间材质不同价值迥异，同品种材质质地也有高低之别,都会影响作品价值,这里不再赘述。当然材质并不是影响作品价值的唯一因素,可以通过立意、工艺等,传达深刻的意象,表达丰富的情感,来弥补材质的缺憾。

2. 作品立意

在玉石作品中,通过构图及造型设计所表达的立意极为重要。

在国人来看,玉石是有灵性的、有记忆的,它可以把"飞流直下三千尺,疑是银河落九天"留于石上,也可以把"采菊东篱下,悠然见南山"的意境呈现在世人眼中。

构图指玉石上雕刻的千姿百态的图案画面,或气势蓬勃、小桥流水,或千娇百媚、刚柔并济,或抽象,或具象……这些画面构成的物象能让人遐想联翩。对构图的评价,既在于画面的完整性,又在于图案的美观性和协调性,两者缺一不可。

作品的立意,即主题思想,是作品的灵魂,立意深远、主题重大,其价值就越高。

2019年为中华人民共和国成立70周年,在举国上下欢庆华诞的日子,一件名为《盛世中华》的泰顺石雕刻作品问世,这是我们的玉石雕刻师,感慨祖国国力日渐强盛、社会更加和谐安定、人民群众生活更加幸福,情不自禁地通过玉石雕刻艺术品的创作,献礼于伟大的祖国母亲(图3-2-3)。

图3-2-3 《盛世中华》(泰顺石,郑道松)

3. 工艺技巧

工艺技巧是成就玉石作品艺术价值和文化价值的重要因素，精彩的创意、立意，都需要通过相应的工艺去实现，只有在雕刻师巧夺天工的雕刻技艺的施展之下，各类引人入胜的物象才能跃然石上。

雕刻作品是雕刻师在掌握高超工艺技巧的基础上，通过各类雕刻技法，如圆雕、浮雕、镂空雕、俏色巧雕等，在玉石材料上因材施艺、精心创作，将主题和意象充分地展现、诠释出来。一些高难度的工艺技巧充分体现了玉雕大师的水平、胆识和耐心，凝聚了玉雕艺人的心血，具有极高的收藏价值。一般来讲，雕刻工艺难度越大、技巧要求越高，作品价值也就越高！

4. 名人属性

名人属性包括两个方面，即玉雕作品的创作者和收藏者。

一方面，名家大师创作的作品，有名家大师落款或证书背书的玉雕作品价值更高。名家大师的创新设计能力和精湛技艺水准，使产品不同凡响，无疑会赋予作品更高的附加值。同样有些艺术新星创作的作品随着其技艺的不断精进、行业内名声的不断增长也会有较大的增值空间。玉雕作品创作者的名声地位和出品的数量也会影响其作品的价值。

另一方面，玉雕作品若被名家收藏，其价值也会有所提升。名家收藏的传承脉络能更好地保证作品的真实性，同时使作品具有名人效应而更富价值。

同理，玉雕作品若能被知名博物馆等权威机构收藏，也是对作者及作品实力的充分认可，其价值也会有较大的提升。

5. 获奖名作

由中国珠宝玉石首饰行业协会主办的玉石雕刻"天工奖"，中国工艺美术协会主办的"百花奖"，以及海派玉雕"神工奖"等，都是雕刻师展示个人实力以及作品魅力的舞台，能脱颖而出、获奖的作品无论是在雕刻技巧、主题阐述、意象表达上，均属出类拔萃、精彩优异的，更具收藏价值！

第四章 作品鉴赏

第一节 经典名作

一、"青田石雕"特种邮票

1992年,国家邮政局发行了青田石雕特种邮票一套四枚,分别是《春》《高粱》《丰收》《花好月圆》。作品现收藏于青田县石雕博物馆。

作品《春》(图4-1-1)取材于青田石中的黄金耀。

图4-1-1 《春》(青田石,周百琦)

周百琦大师因形施艺,因色取巧,用精湛的技法雕出了江南山乡生机勃勃的春天。

作品以春为主题,两棵竹笋在老竹桩旁破土而出,倔强生长,两只报春鸟,上下互鸣,在红色杜鹃花间报春,显示出一派欣欣向荣的景象。没有春字,却处处是春,作品造型为放射形,主次分明,高低错落,动静有势,上下呼应,具有旺盛的生命力。

作品《高粱》(图4-1-2)取材于青田石中一块白黄相间的封门冻石。

图4-1-2 《高粱》(青田石,林如奎)

林如奎大师充分发挥因材施艺及多层次镂雕技艺,把石色利用得天衣无缝,看起来形态鲜明饱满,层次丰富分明,可谓是一本"石雕技法教科书"。

黄澄澄的高粱穗子颗颗籽粒饱满,沉甸甸地低垂着,伴随着蛙跳、蝶舞、蜻蜓飞舞,散发着一派生机勃勃、田野芳香的气息。

作品既具有鲜明的时代性和思想性,又彰显出青田石材质与工艺完美结合的特色。

作品《丰收》(图4-1-3)取材于青田石中的封门青。

图4-1-3 《丰收》(青田石,张爱廷)

孩子的童真雅趣在张爱廷大师的刻刀之下被细腻地刻画出来,人物表情多样、形象纯真,一颦一笑栩栩如生,给人以美的享受。

整体造型为梯形,由三个孩童、莲花、荷叶、如意、击磬和鱼构成。发型为民间传统形式,是源自生活的真实刻画;却又采用夸张的手法,小小的孩童骑驾于巨大的鱼身上,虚实之间,妙趣横生。

三个活泼可爱的孩童之间互相呼应,神情欢快愉悦,十分喜气,寓意连年有余,吉祥如意。

作品《花好月圆》(图 4-1-4)取材于青田石中的夹板冻。

图 4-1-4 《花好月圆》(青田石,倪东方)

倪东方大师以超凡的艺术禀赋和创造力,精心构思创作的具有极高艺术价值的石雕珍品。

作品的雕工精妙入神,清雅别致。皎皎明月探出花丛,呖呖喜鹊栖息枝头,良辰美景,意境幽远;圆月光洁,不加雕饰,似透非透,凸显了青田石质地温润剔透;百花、喜鹊雕刻极为精细,边缘自然流畅,作品整体简繁得当。

构图打破了平衡,呈"之"字形,造型非常新颖,可谓因材施艺、量料取材的典范之作。

二、"鸡血石印"特种邮票

2011年,国家邮政局发行了名为"鸡血石印"的特种邮票一套两枚,分别是乾隆宝玺《乾隆宸翰》和嘉庆宝玺《惟几惟康》。

乾隆宝玺《乾隆宸翰》材质为昌化鸡血石(图4-1-5),晶莹剔透,近于冻石。宝玺通体随形浅浮雕池塘荷花,雕琢精微细腻,形象生动传神,被誉为"巨灵妙手,小幅丹青",是清乾隆宝玺中雕刻最为精美的一方。

图4-1-5 《乾隆宸翰》(昌化鸡血石,清)

嘉庆宝玺《惟几惟康》材质为昌化鸡血石(图4-1-6)。宝玺温润细腻,赭色冻地上分布或断或连的鸡血斑纹,似漂流浮云与出没于云间的卷龙造型融为一体,给人以云蒸霞蔚之感,为清嘉庆皇帝的闲章。

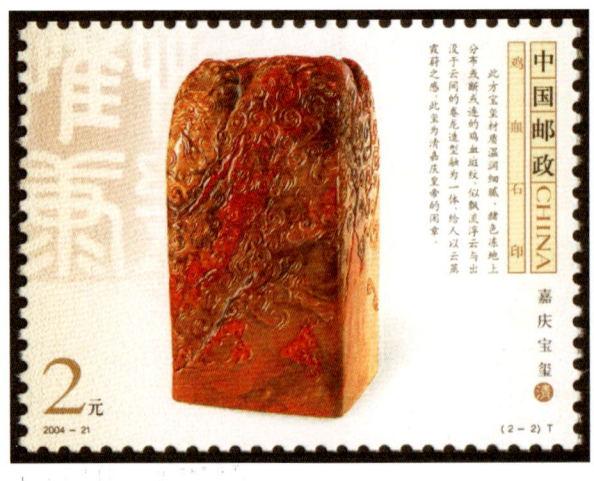

图4-1-6 《惟几惟康》(昌化鸡血石,清)

三、"中国篆刻(二)"特种邮票

2024年,"中国篆刻(二)"特种邮票正式发行,四枚邮票分别呈现了明代四位篆刻大家的经典作品。其中，文彭印的"琴罢倚松玩鹤"和汪关印的《子孙非我有·委蜕而已矣》两枚印章原材料均为青田石。

明代文彭篆刻的印章《琴罢倚松玩鹤》（图4-1-7），材质为青田石，现收藏于西泠印社。

"琴罢、倚松、玩鹤"的生活是古时文人的向往。这是一方文彭真印，石质温润、布局沉稳、刀法刚健，边款为双刀行书，篆文清雅而富韵味，印顶有王福厂观款，是文彭的代表作之一。

文彭文化底蕴深厚、艺术造诣高深，首将青田石料广泛用于印章创作，开宗立派了文人篆刻史上的第一个流派吴门派（又称"三桥派"）。

青田石誉为"印石之祖"、灯光冻成为"石之最上品"都离不开文彭等名家的推崇和实践。

明代汪关篆刻的印章《子孙非我有·委蜕而已矣》（图4-1-8），材质为青田石，收藏于上海博物馆。

图4-1-7 《琴罢倚松玩鹤》（青田石）　　图4-1-8 《子孙非我有·委蜕而已矣》（青田石）

《子孙非我有，委蜕而已矣》印文最早出自《庄子·知北游》。印章石质细腻、布局工整、刀法稳重、篆文清丽，是其传世罕见的精品之一。印文线条的交接处状似"焊接点"，这是汪关朱文印的典型作风。

汪关的篆刻崇尚古典，取法秦汉印及宋元朱文，印风端雅工致，刀法沉稳光洁，是明代印坛工笔派的高手，其篆刻被后世称之为"娄东派"。

第二节 精品玉雕

一、山水题材

(1)《晨曦江南》

作品取材于青田石(图4-2-1)。

图4-2-1 《晨曦江南》(青田石，牛克思)

作者因材施艺、因色取巧，将红色部分雕刻出旭日初升之景，右边则保留原石的特征，宛如自然天成。

画面中杨柳依依，亭台楼阁错落有致，呈现出一派安宁祥和的江南风光。

(2)《赤壁怀古》

作品取材于青田石中的金玉冻(图4-2-2)。

石质温润细腻，纹理清晰成斜势，青者明净、黄色浓艳。高处为金玉色的

图 4-2-2 《赤壁怀古》(青田石,林观博)

古赤壁及精雕细琢的屋宇,石壁下青黄过渡的浮云和江面上的水层,中间层为乱石穿空,下面是青白洁净的万里碧波,惊涛拍岸,卷起千堆雪的场景;一侧是抚须喟叹"人生如梦,一尊还酹江月"的苏轼。

作品凝于心迹,从"力、势、韵"入手,刻出了长江滚滚东去之势,彰显了江山赤壁雄壮辽阔、空尘绝俗的诗境,韵味绵长,极具意象美。

(3)《此时此刻》

作品取材于黑黄相间的泰顺石(图 4-2-3)。

图 4-2-3 《此时此刻》(泰顺石,庄孝通)

261

2016年泰顺三座珍贵的国宝廊桥——薛宅桥、文重桥、文兴桥毁于台风"莫兰蒂"。痛心之际,作者用石雕艺术的形式让后人铭记这一时刻。汹涌的洪水、滔天的巨浪如猛兽般袭向风雨中的廊桥,再现了国宝廊桥的最后命运。

作品气势恢宏,强大的视觉冲击力与作品饱含的情感震撼,让许多人见到这幅作品的刹那间就被深深打动。

(4)《独钓寒江雪》

作品取材于泰顺石中的红花石(图4-2-4)。

图4-2-4 《独钓寒江雪》(泰顺石,吴友利)

作者以山水为主题,以"独钓寒江雪"的典故为创作题材,依原石色彩分布俏色巧雕,石质温润、布局协调。

作品中老翁在一个寒冷寂静的环境里,远离纷扰,专注垂钓,独享孤景,表现了虽处孤独,仍顽强不屈、傲岸清高的精神面貌。

(5)《杭州印》

作品取材于青田石中的金玉冻(图4-2-5)。

作品以杭州新地标建筑"杭州印"为主题,奇中出巧,新古交融,再现形似月影、肌似波光的建筑体态。底部车如流水,络绎不绝,树木相依,向阳而生,向世界展示了城市景观与山水古韵交相辉映之美。

(6)《红动浙南》

作品取材于泰顺石中的多彩石(图4-2-6)。

图 4-2-5 《杭州印》(青田石,杜立华)

图 4-2-6 《红动浙南》(泰顺石,潘金松)

作品以红色部分为背景,黑色木制老房子代表着中共浙南特委(温州市委前身)旧址,红色线条象征山峦和旗帜紧紧包围小屋,提供坚强有力的支撑和精神引领,让更多人在回顾党的百年奋斗史中坚定理想信念,强化使命担当,走好新时代长征路。

(7)《黄土高坡》

作品取材于泰顺石(图 4-2-7)。

图 4-2-7 《黄土高坡》(泰顺石,陈小甫)

作者情系黄土地,以天然石色呈现黄土高原历经千百万年的厚重筋骨和历史沧桑。作品窑洞民居与深沟巨壑相连,加深了陇原大地古朴深远、苍凉厚重的视觉形象,洋溢着醇厚朴素的民情乡韵,展现出不屈不挠的精神风貌。

(8)《红船》

作品取材于泰顺石(图 4-2-8),主体呈现大面积的红色,十分鲜艳夺目。

图 4-2-8 《红船》(泰顺石,郑道松)

作品以"红船精神"为创作灵感,以一大会址南湖的红船为创作题材。这艘载着中华民族厚重的历史与希望的红船在薄雾迷蒙中扬帆起航,也见证着中国共产党自此而走入新的篇章。作品雕刻简约,大片留白,构思奇巧,借山水之红传承表现红色文化。

(9)《金山银山》

作品取材于青田石中的金玉冻(图4-2-9)。

图4-2-9 《金山银山》(青田石,徐伟军)

作品以圆雕、镂雕、高浮雕等多种技艺交替使用,以"两山"理念(即绿水青山就是金山银山)为主题内涵,巧色妙用描绘出大国景象,呈现了八百里瓯江的美丽山水,既有雾气氤氲的江水沿岸,也有山石险峻的庆元山北,一路白帆点点,山高水长,同时古民宿点缀于景色之间,好一派新农村的繁荣景象。

(10)《久别重逢》

作品取材于黄蜡石(图4-2-10)。

图4-2-10 《久别重逢》(黄蜡石,洪小平)

作品中的石桥、垂柳、奇石等意象构成了一幅美丽景象,石桥上两位长者相谈甚欢,仿佛多年未见的好友在此重逢。

作品形态完美、构图精致,雕刻技艺娴熟,意境深远。展现了黄蜡石细腻的质地和温润的色泽,巧色巧雕,是不可多得的佳作。

(11)《廊桥春晖》

作品取材于泰顺石(图4-2-11)。

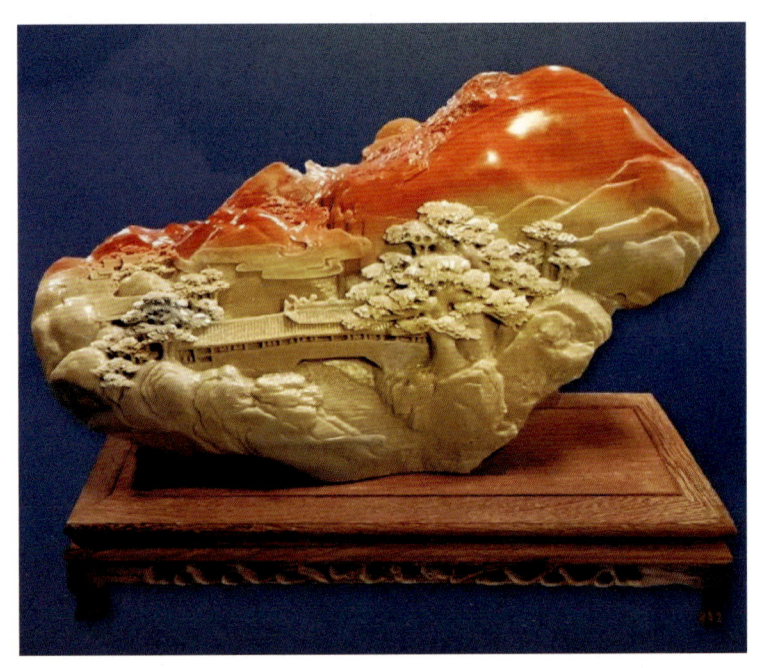

图4-2-11 《廊桥春晖》(泰顺石,陈学农)

作品以国宝廊桥为题材。一座古色古香的廊桥,横跨在一条清澈的小溪之上,阳光温暖而明媚,给这座廊桥披上了一层柔和的光辉。

作品构图注重疏密、高远、深远的营造处理,色彩分明,极具层次感。

(12)《暮归图》

作品取材于黄蜡石(图4-2-12)。

日暮时分,老人携稚子伴着落日的余晖返回家中。他们在木桥上,聊着些白天里发生的趣事,稚童欢快玩耍,好一派和谐美好的画面。

作品巧用了黄蜡石的皮色特点,巧色巧雕、虚实结合,展现出落日黄昏的美丽景象。

图 4-2-12 《暮归图》(黄蜡石,洪小平)

(13)《秋至满山皆秀色》
作品取材于青田石中的红花冻(图 4-2-13)。

图 4-2-13 《秋至满山皆秀色》(青田石,牛克思)

作品将多层次镂雕、浮雕、线刻等技法融入中国意境中,以小见大,自上而下雕刻出一幅秋日胜景。只见金秋时节,红叶满山,层林尽染,楼宇隐现其间,又有葫芦满藤,瓜果飘香,游人立于亭中观赏山水风光,三大景色融为一体,意境分明。

(14)《诗意江南》
作品取材于一块黑白相间的黄蜡石(图 4-2-14)。

图4-2-14 《诗意江南》(黄蜡石,洪小平)

作品以中国传统的国画风格黑白为导向,展现了中国江南传统文化和自然美景的和谐统一,水墨兼并相融,简约而深远,青砖黛瓦,乌篷小船,好一幅诗情画意的烟雨江南。在一块稀松平常的黄蜡石上,营造出别有韵味的诗意江南,实属难能可贵。

(15)《日出东方》

作品取材于昌化鸡血石(图4-2-15)。

图4-2-15 《日出东方》(昌化鸡血石,钱高潮)

作品根据长征这一历史题材,展现了红一方面军从初创到与其他红军胜利会师陕北的伟大壮举。苏区突围、血战湘江、遵义会议、四渡赤水、巧渡金沙江、飞夺泸定桥、爬雪山过草地、大会师,这些经典的历史场面重现眼前。上部的鸡血石则雕琢为革命圣地延安,红旗飘展,一轮红日喷薄而出。

整件作品雕工精湛、层次分明,再现了革命先辈前赴后继,为中华民族的解放而英勇奋斗的壮丽史诗。

(16)《踏雪寻梅》

作品取材于昌化石中的芙蓉冻石(图4-2-16)。

图4-2-16 《踏雪寻梅》(昌化冻石,邵城鑫)

皑皑白雪覆盖,一位老者和童子在大雪纷飞的冬日里行,同时欣赏这冰天雪地里的寒梅,别有一番景象。

作品利用左边芙蓉红色精雕细刻了鲜艳的朵朵梅花,利用冰清玉洁的上半部分白色刻制遍山冰冻的白雪,色差强烈,鲜艳夺目。

(17)《桃花源记》

作品取材于青田石(图4-2-17)。

图4-2-17 《桃花源记》(青田石,缪海斌)

创造灵感来自陶渊明笔下的《桃花源记》。桃花灿若朝霞,在山坞里悄然盛开,芳草鲜美,落英缤纷,烘托了世外桃源的喜乐安宁,也表达了作者对心中美好世界的向往。

(18)《外婆家》

作品取材于泰顺石(图4-2-18)。

图4-2-18 《外婆家》(泰顺石,陈学业)

作品雕琢出老旧沧桑的土门楼,充满了对亲人的思念、对童年的记忆,情深意切、回忆浓浓。作品表达了作者对外婆家的思念和祝愿,祝福他们幸福健康。

冷酷和坚硬的石材,通过雕刻大师的创作,成为充满了温馨和爱意的作品。

(19)《游春》

作品取材于青田石中的五彩石(图4-2-19)。

图4-2-19 《游春》(青田石,叶品勇)

作者采用全新的思维理念,运用三维立体镂雕圆雕透雕无死角的雕刻技法,使作品展现出春天来了万物复苏、蓬勃向上、欣欣向荣的气象,给人们带来无尽的欣喜。

仿佛来到白居易诗中的景象,"人间四月芳菲尽,山寺桃花始盛开。长恨春归无觅处,不知转入此中来。"

二、花鸟题材

(1)《春江花月夜》

作品取材于青田石中的金玉冻(图4-2-20)。

作品以"江上花月夜"为主题,整体色彩艳丽、石质细腻、莹润亮泽。

作者依照石头的色彩、纹理分布来构思,通过透空镂雕、浮雕和圆雕等技艺,以及巧取俏色的运用,营造了苍劲古树下隐现出一轮皎白的圆月,仿佛阵

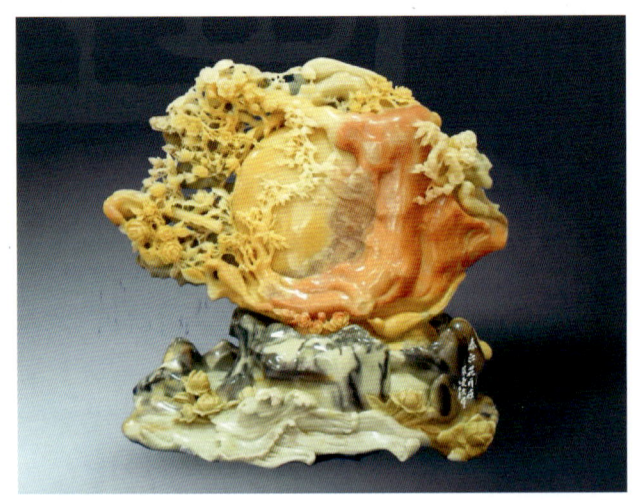

图 4-2-20 《春江花月夜》(青田石,张爱光)

阵微风徐徐吹动,惊动了枝叶的小鸟的画面。将"朵朵鲜花拥于枝头,一江春水潺潺流淌"的美妙意境自然、生动地呈现出来。

(2)《荷花吟》

作品取材于青田石中的五彩石(图4-2-21)。

图 4-2-21 《荷花吟》(青田石,叶建海)

作品展现了一幅恬静和谐的荷塘美景。画面中,花枝昂扬耸立,形成挺拔而优美的弧线,映衬着荷花风姿绰约,似有阵阵清香沁人心。

整件作品景境交融,一莲一蛙,动静合宜,浸透着悠然清致的气韵。

(3)《花开富贵》

作品取材于青田石中的金玉冻(图4-2-22)。

图4-2-22 《花开富贵》(青田石,周金甫)

作品石色艳丽,形神酷似牡丹的富贵、祥瑞。

周金甫大师施以精湛高超的雕刻技艺,牡丹花蕊、花瓣直至叶片形状、枝叶走向都栩栩如生,将牡丹华贵艳丽,植株丛生,生命力旺盛永久地留在石上。

(4)《锦上添花》

作品取材于青田石中的黄金耀(图4-2-23)。

作品采用立体圆雕、镂雕等技艺,以锦上添花为题材,布局严谨巧妙,盛开的牡丹花团锦簇,绚烂夺目,停留的锦鸡灵动如生,整体画面明丽优美,意境十足。

(5)《秋菊》

作品取材于以红色调为主的黄蜡石(图4-2-24)。

作者以菊花为题材,或盛放、或含苞,展现出深秋之季独有的生命力,虫鸟嬉戏,充满了自然之趣。菊花花瓣舒展自然,彰显技艺不俗。

图 4-2-23 《锦上添花》(青田石,周李光)

菊花是"花中四君子"之一,在深秋寒霜季节仍然花开不断,气节高傲,寓意着高尚的情操,同时菊花又有潇洒隐逸之意。

图 4-2-24 《秋菊》(黄蜡石,洪小平)

(6)《鸟语花香》

作品取材于泰顺石中的多彩石(图 4-2-25)。

牡丹雍容华贵,沃土之上欣欣然绽放;丛中细细鸟语,沐浴阳光;常春藤蜿

图4-2-25 《鸟语花香》(泰顺石,曾宇江)

蜒而上,脱落群类,向春而去,"富贵长春"。

作品构思巧妙、雕刻细腻,利用泰顺石的天然色彩勾勒出一幅绝美的画面,象征新时代祖国繁荣昌盛、人民更加幸福美满,表达了作者的美好祝愿。

(7)《新希望》

作品取材于青田石(图4-2-26)。

图4-2-26 《新希望》(青田石,潘成松)

苍老遒劲的树皮上,嫩叶葱茏,藤蔓蔓延。作者借用木雕的劈雕技术,以他山之法,攻青田之石,化腐朽为神奇,又从小中见大,从新中见老,老中现新。生命的更替轮回,有了更深更新的意义。

该作品获得杭州西博会第四届中国工艺美术大师暨工艺美术精品博览会银奖。

(8)《一品清廉》

作品取材于青田石中的紫檀花冻(图4-2-27)。

图4-2-27 《一品清廉》(青田石,杨兴隆)

作者将浅色部分雕成荷花,体现了"洁白""清正"之意;深色部分雕为将枯的荷叶,与正在绽放的荷花形成强烈的对比。一只翠鸟俯身在荷枝上盯着下方,仿佛看见水中鱼虾即将捕食。并用一块纯黑的石料刻画了一幅以线刻形式的荷花,黑白分明,配以明代于谦的一首《石灰吟》呼应主题。

"出淤泥而不染,濯清涟而不妖。"荷花自古就是高雅、纯洁清正的代名词。作品融雕、画、篆、刻为一体,创意独特。

三、果蔬题材

(1)《垂涎》

作品取材于青田石中的三彩石(图4-2-28)。

图 4-2-28 《垂涎》(青田石,倪东方)

作品中的杨梅颗颗饱满,红中透润,鲜艳无比;红红的杨梅,让人一看口舌生津,垂涎三尺,故名"垂涎"。

大师巧妙地利用色彩、雕刻技艺让观众能够在作品里"尝"出杨梅的色、香、味来。左下角的两只小蚱蜢,灵性有加,动静相合为作品增添了灵动与趣味。

(2)《大地的奉献》

作品取材于青田石中的龙蛋石(图 4-2-29)。

图 4-2-29 《大地的奉献》(青田石,徐伟军)

作品整体形态为象征丰收的福袋,里面盛满了小麦、黄黍、高粱、水稻和黄豆,均是饱满金黄的模样,反映出人们最本能、最朴素的愿望。

(3)《花果》

作品取材于青田石中的五彩冻石(图4-2-30)。

图4-2-30 《花果》(青田石,林福照)

作品采用多层次镂雕的手法,刻画出一派瓜果花卉满溢而出的丰收图景,其中有葡萄、杨梅、丝瓜、草莓、佛手、辣椒、梅花、菊花等,惟妙惟肖。底部的高脚垫将果篮托起,使作品的整体感和层次感更为强烈。

(4)《黄芽菜》

作品取材于青田石中的金玉冻(图4-2-31)。

作者利用多层次镂雕、浮雕、线刻等技法,雕琢出了一株自然精美、生动逼真的黄芽菜。金玉冻中金黄色部分被雕刻成卷舒自然的菜心,青玉色部分则被雕刻成质感丰富的菜叶,菜叶上的经络清晰可数,菜叶从菜心由里到外,由小而大层层叠叠足有20多层,菜心上方两只玉色小蝴蝶在振翅欲飞,十分生动。

作品中的黄芽菜株型紧凑,包心坚实,叶片间疏密得当,呈现出自然生长的规律。

图4-2-31 《黄芽菜》(青田石,林汉立)

(5)《黄熟时》

作品取材于青田石中的五彩石(图4-2-32)。

图4-2-32 《黄熟时》(青田石,倪东方)

作者俏色巧雕,将金黄色雕成壮实的枇杷,后面薄层处理为小果实,透润的冻石叶中,挖出棕红色的叶筋,实属巧妙构思与高超技艺的完美结合。

(6)《崛起》

作品取材于青田石中的金玉冻(图4-2-33)。

图4-2-33 《崛起》(青田石,潘成松)

春天的新笋破土而出,笋尖上几处残迹斑斑的锈石,嫩弱新芽,嬉戏蟋蟀等的对比。

作者刚柔并济的艺术表现手法,恰到好处地表现了自然界中新老交替的生长规律和自然法则,淳朴而鲜明、给人一种积极向上、和谐健康的艺术感受。

(7)《秋》

作品取材于青田石中的金玉冻(图4-2-34)。

作者利用金黄石色雕刻出饱满的小米,配以形态各异的丝瓜、扁豆等瓜果作为陪衬,藤叶繁茂细腻,卷曲变化,映衬出秋天丰收的景象。

(8)《秋韵》

作品取材于青田石中的金玉冻(图4-2-35)。

作品以农作物为题材,玉米通体金黄璀璨、成熟待收,籽粒多而饱满、呼之欲出,皮层和籽粒的分界线更体现了玉米的层次感。

作品整体凝润亮泽,象征对丰收的盼望,也有金玉满堂之意。

图 4-2-34 《秋》（青田石，倪东方）

图 4-2-35 《秋韵》（青田石，傅献军）

(9)《蔬香》

作品取材于青田石中的象牙白(图4-2-36)。

图4-2-36 《蔬香》(青田石,叶则荣)

作品中的花菜叶片茂盛,层次丰富,栩栩如生。青蛙矫健地跳跃在花菜之上,使整个画面充满了生机。

作品结合了花菜的丰收之意和青蛙的多产象征,寓意财源滚滚、健康长寿。

(10)《珠圆玉润》

作品取材于青田石中的龙蛋石(图4-2-37)。

图4-2-37 《珠圆玉润》(青田石,陈阿丰)

作品以传统葡萄山为样本,全面镂雕,立体感强。黑褐色藤缠绕于假山之上,几片老叶依附在通透的葡萄上,更加凸显作品的靓丽色彩。小松鼠望着晶莹剔透的葡萄,垂涎欲滴,生动和谐。

四、器物题材

(1)《欢天喜地》

作品取材于青田石(图4-2-38)。

图4-2-38 《欢天喜地》(青田石,周李光)

作品特色主要在"球"上,单"球"眼就可分为钱眼球、网眼球、仿象牙球和仿滚珠球。

其雕技之难度、工艺之精细、镂法之繁复、球体之玲珑,可谓青田石雕精品力作。

(2)《球瓶》

作品取材于昌化石(图4-2-39)。

球瓶实为九龙连环球瓶,其独到之处在于顶部的圆球,共有九层,每一层都能独自转动。颈部两边是象头四耳环,瓶身为雕刻精美的九龙戏珠,群龙姿态各异,有盘龙、升龙、降龙等,彼此缠绕,相互映衬。

图 4-2-39 《球瓶》(昌化石,朱振良)

作品整体稳重高大,其采用的多层次镂雕技巧,雕刻线条细如发丝而不断,是青田石雕镂雕技艺的扛鼎之作。

(3)《狮球》

作品取材于青田石(图 4-2-40)。

图 4-2-40 《狮球》(青田石,阮伯光)

作品亮点在于球,球的表面为雕刻难度很高的金钱眼,每个钱眼都需规范整齐,精镂细刻,操作时要一丝不苟,避免功亏一篑。

作品精镂细刻,其镂雕技艺达炉火纯青之境。

(4)《四季平安》

作品取材于青田石(图4-2-41)。

图4-2-41 《四季平安》(青田石,清宫廷)

作品被认为是清中期宫廷里的藏品。瓶盖部分由青田封门金玉冻俏色巧雕而成,精雕细琢了富贵牡丹和开屏孔雀,孔雀的彩冠尾羽清晰可辨。古瓶两侧有一对圆环,分别立着鹦鹉嘴衔着瓶口。瓶身雕琢了花瓣窗格,两两相对,并且在四个方向分别刻着牡丹、荷花、菊花、梅花。边上还有蝙蝠雅饰。底座与瓶身的交界处精心设计了三只和平鸽,有着平安、吉祥、富贵、和平、福寿等美好的寓意。

整件作品以镂雕技艺为主,圆雕刻线并用,层层叠叠,规整繁复,极尽巧工之能事,彰显器物之华光。尤其是它灵活运用多层次镂雕、透空镂雕和立体镂雕,展现了青田石雕的高超技艺。

五、人物题材

(1)《补天》

作品取材于泰顺石中的青花石(图4-2-42)。

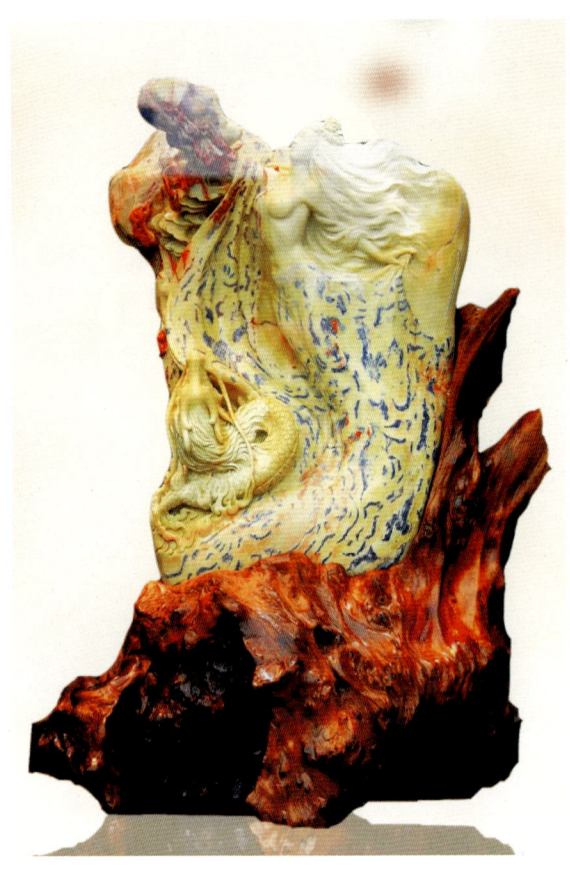

图4-2-42 《补天》(泰顺石,章汉立)

以女娲补天为主题,巧色原石天然纹络为衣裙,辅以昂首向上的应龙,表达对女娲补天扶摇直上九万里、功在千秋利万代的赞美,以及对创造太平盛世的伟人的感恩之情。

(2)《沉思》

作品取材于黄蜡石(图4-2-43)。

作者巧妙运用了黄蜡石的精美纹理。依原石的特性寥寥数刀便雕刻了一个女性的侧脸,眼眸微阖,面容平静,形象生动。

图 4-2-43 《沉思》(黄蜡石,洪小平)

整件作品题材新颖,造型独特,色彩协调,让人眼前一亮。

(3)《大约在冬季》

作品取材于青田石中的象牙白(图 4-2-44)。

图 4-2-44 《大约在冬季》(青田石,张建荣)

作品使用立体圆雕的技法,生动刻画了冬日里一位双目轻闭、薄纱覆面、脖子上缠着厚厚围巾的美丽女子。面纱的轻柔和厚重的围巾肌理形成独特的视觉对比。面纱覆面,微风吹过,仿佛水中波纹,温柔动人,透出一股安静朦胧之美。

(4)《佛光普照》

作品取材于昌化石中的桃花红冻石(图4-2-45)。

图4-2-45 《佛光普照》(昌化石,邵城鑫)

作品外部被象牙白色石质包裹,内部呈桃花红色、温润、晶莹、风雅动人。原石表面的象牙白色雕刻东海灵山的九罗汉造型,外部红色部分依据原石本身的形态雕成美丽的灵山。内外俏色分明、相辅相成、相映成趣,浮雕手法精雕细致、刀工娴熟。

整体充满祥瑞之气、情调高雅、欢快、艺术气息品位油然而生,实属质、工俱佳的好作品。

(5)《回娘家》

作品取材于青田石中的封门青(图4-2-46)。

这是一件以亲情为主题的作品,整体线条流畅,细节丰富,表情细腻。妇女身着传统服饰,背着婴儿回娘家,脸上洋溢着幸福的笑容,充分展现了家庭的温情和亲情的美好。

图4-2-46 《回娘家》(青田石,徐永丽)

(6)《火焰山》

作品取材于青田石中的红花石(图4-2-47)。

图4-2-47 《火焰山》(青田石,周百琦)

此作雕刻的难度在于对火焰的处理。火焰线条流畅,形态各异,或向上蔓延,或左右摇曳。孙悟空置身于无边火海,目光如炬,体现其扇灭火焰山的艰巨与决心。

底部的白色祥云使神话色彩更为浓郁。

(7)《鉴真》

作品取材于昌化石(图4-2-48)。

图4-2-48 《鉴真》(昌化石,钱高潮)

作品雕刻的是唐朝高僧鉴真。鉴真为赴日传佛,克服种种困难,先后六次终获成功,于天宝十二年(753年)携带中国佛教文化、建筑、雕塑和医学等技艺抵日本,同时也为日本戒律一宗的创建奠定了基础。这件作品利用石材天然的质感和颜色,体现高僧古朴自然的特点,同时雕工细腻,衣摆处的折痕走向自然飘逸,是难得一见的佳作。

(8)《寿星》

作品取材于昌化石中的红田石(图4-2-49)。

作品石质温润细腻、颜色鲜亮,寿星长眉胡须柔和流畅,笑态亲蔼,孩童逗

图 4-2-49 《寿星》(昌化石,邵城鑫)

耍活泼可爱,充满着幸福、尊贵的气氛。

作品将寿星、孩童、寿桃有机地连成整体,主次分明,布局得体,体现了雕刻技艺的高超。

(9)《松下品茗》

作品取材于昌化鸡血石(图 4-2-50)。

作品构思巧妙、工艺精湛,巧依石形作山势,借用左边仿若烂漫山花的鸡血红,只抛光未雕琢,增添了欢快、浪漫氛围。在右边无血块面和左边无血空间精雕了品茗闲谈的雅士、走动的游客与宠物,以及依山而上的松柏、时隐时现的亭阁,表现出一派闲情雅致。

结构布局、雕刻技法的运用充分体现了昌化鸡血石的巧雕风格。

(10)《五子弥勒》

作品取材于昌化石中的象牙白(图 4-2-51)。

躺卧的弥勒佛笑容可掬,手里拨动着光洁圆润的佛珠,周身围绕着可爱天

图4-2-50 《松下品茗》(昌化鸡血石,邵城鑫)

图4-2-51 《五子弥勒》(昌化石,赵明德)

真的童子,一派其乐融融的景象。

整件作品色泽光洁、质地细腻、温润素雅,显示出吉祥如意、纯洁无瑕的美感。

（11）《囍》

作品取材于青田石中的龙蛋石（图4-2-52）。

图4-2-52 《囍》（青田石，叶国茂）

"一世良缘同地久，百年佳偶共天长。"作品以"囍"为主题，营造出一派中式传统婚礼的喜庆氛围。画面中，一对金童玉女喜笑颜开，充满感染力，向人们传递着幸福美满的信号。

（12）《闲情逸致》

作品取材于昌化田黄石（图4-2-53）。

作者雕工娴熟，构图精美，施展薄意雕的手法展现了一幅自然怡人的泛舟游湖图。周围奇石、松柏相映成趣，几位好友坐着乌篷小船，荡漾在平静的湖水之上，似在吟诗作对，好不惬意。

整件作品构图和谐，工艺精湛，质地细腻温润，黄色至美，是难得一见的佳作。

（13）《西施浣纱》

作品取材于青田石中的灯光冻（图4-2-54）。

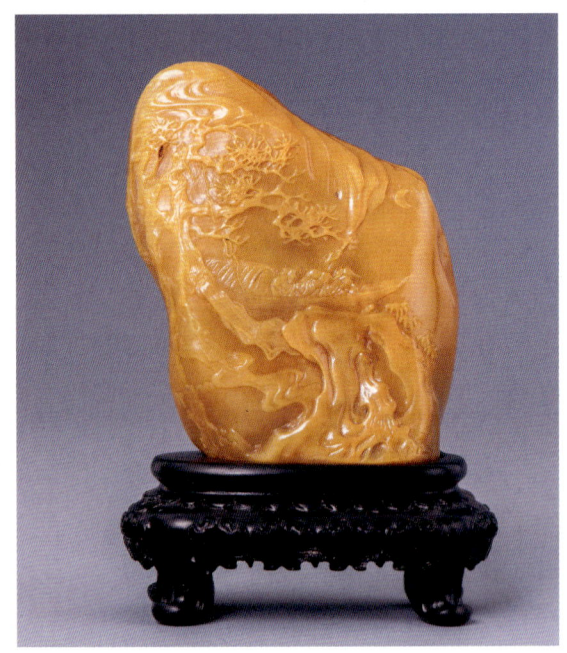

图4-2-53 《闲情逸致》(昌化田黄石,姜四海)

图4-2-54 《西施浣纱》(青田石,杨楚照)

作品刻画的是春秋时期的越国美女西施,栩栩如生地表现了西施的秀美形态,婀娜多姿。

作品中西施眉宇间含着淡淡的忧郁,面容俊俏、体态素雅,一手拿着浣纱的篮子,另一只手抬起打理微风中飞起的碎发,姿态轻盈婀娜,衣褶轻柔流畅,因石质纯净细腻,温润柔和,在灯光的照耀下更显得玲珑通透、楚楚动人。

(14)《亚运风采》

作品取材于昌化石中的彩石(图4-2-55)。

图4-2-55 《亚运风采》(昌化石,钱高潮、钱友杰)

作品以亚运会竞赛项目摔跤、赛马、足球为雕刻题材,生动再现了运动员在亚运会竞技场上的飒爽英姿,展现了体育运动的敏捷、力量与美感。

此件组雕以中国四大名石之一的昌化石为载体,辅以精湛的手法,倾情于刀锋,巧思于石上,抓住精准的动作瞬间,整体造型以凸显力量感和线条感,既有传统人物石雕的体量感,又有和时代结合创新的时尚感。

(15)《爷爷种的桃树》

作品取材于泰顺石中的多彩石(图4-2-56)。

作者因材施艺、依色取巧,院子石墙黑瓦,藤蔓缠绕,红彤彤的桃子缀满枝头,两个调皮的孩子偷摘桃子,活灵活现,此情此景无一不表现出爷爷家的老房子是一个充满温暖与幸福的地方。

图 4-2-56 《爷爷种的桃树》(泰顺石，潘成松)

此作是作者家乡情结的物化表现，承载了童年的记忆与情感，承载了对家乡的眷恋与挚爱。

(16)《庄子像》

作品取材于青田石中的白果石(图 4-2-57)。

"中国人的文化上永远留着庄子的烙印"。作品以圆雕的技法塑造了庄子的立体形象，他手握书卷，神情忘我，似超然物外，虽似冷眼观世俗，心底仍存大爱，颇具"天子不得臣，诸侯不得友，声满天地！"之神韵。

人物传神写实，精神气质独特，心态动作合乎身份，虽是石艺雕刻，却是有血有肉。

(17)《紫溪图》

作品取材于昌化石中的昌化田黄石(图 4-2-58)。

作品以紫溪山水风光及人物为题材，精心设计、雕刻了人物山水等画案，画面如梦如幻、宛如仙境。作品质地细腻、纯净晶润、色彩匀称，线条优美、工

图4-2-57 《庄子像》(青田石,庄伟平)

图4-2-58 《紫溪图》(昌化石,姜四海)

艺精湛,实属难得的佳作。

紫溪即昌化溪,源启国家级自然保护区清凉峰、昌化石出产地玉岩山,地处北纬30°,物产丰富,人文荟萃。

六、动物题材

(1)《福猪》

作品取材于泰顺石(图4-2-59)。

图4-2-59 《福猪》(泰顺石,王永贵)

作为六畜之首,猪既是重要的生活资源,又是财富的象征,古时科举金榜题名用红朱(猪)笔写题,谐音蹄,猪携众子有阖家幸福之意,表达了作者的美好祝福。

(2)《呼唤》

作品取材于青田石中的封门黑白(图4-2-60)。

作品中的母熊引项翘首,瞪目张嘴,咆哮之声震撼天宇,也响彻观者的内心。

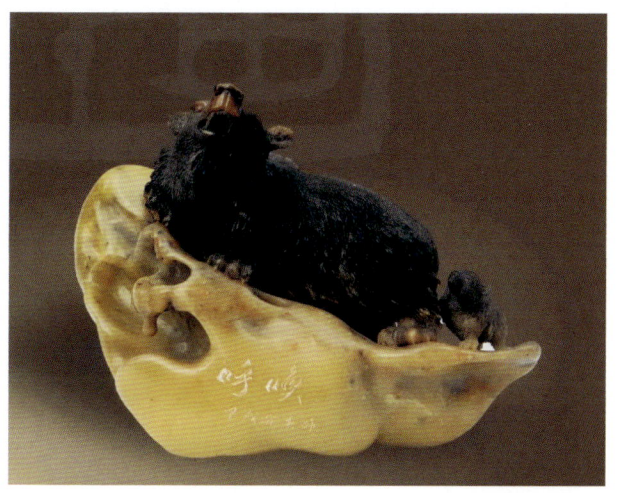

图 4-2-60 《呼唤》(青田石,张海政)

这是对偷猎者的怒吼,是为保护小熊的悲鸣,也是对生存环境的呐喊。

(3)《麒麟吐书》

作品取材于昌化石中的水墨冻石(图 4-2-61)。

图 4-2-61 《麒麟吐书》(昌化石,赵明德)

白色冻地部分雕刻了瑞兽麒麟,天上麒麟子,人间状元郎,黑色部分利用原始天然形态造型,雕刻山峰作为底座。

作品巧妙利用昌化石水墨冻的特点,层次分明,独具意境之美。

(4)《三勿猴》

作品取材于青田石中的三彩石(图4-2-62)。

图4-2-62 《三勿猴》(青田石,陈经平)

作品中三只猴子姿势各异:第一只捂住耳朵,第二只拿叶子蒙眼睛,第三只捂住嘴巴,即代表"非礼勿视、非礼勿听、非礼勿言"。底座点缀几朵灵芝,更增野趣。

(5)《眼福》

作品取材于青田石中的夹板石(图4-2-63)。

图4-2-63 《眼福》(青田石,倪东方)

福眼亦是眼福,作者用写意的形式将夹板石的颜色运用到极致,在雕与不雕之间呈现出猫头鹰呆萌可爱的形象,没有过多的艺术加工却饱含丰富的艺术语言,简约而不失细节。

七、创意创新

1. 传承印章艺术、续写印信文化

(1)各国政要肖像印章

"各国政要肖像印章"由钱高潮大师以中国四大名石之一的昌化石精细设计制作,为G20杭州峰会国家领导人赠送给二十国集团领导人的国礼(图4-2-64)。

图4-2-64　各国政要肖像印章(昌化石,钱高潮)

印章是人类文明的产物,象征个人的身份和信用。肖像印与绘画、音乐、表演艺术一样,是一种世界性的艺术语言,直观的形象特征、别具一格的创作模式,其写实性、观赏性、艺术性和唯一性独具魅力。

印章的印面篆刻各国政要肖像;印钮取材于祥瑞之物——狮子,威武尊贵,具有王者风范,平和可亲,又寓吉祥平安之意;印座取制于新石器时代良渚文化礼器玉琮,天圆地方,神人合一,融权利和信仰于一体,蕴意人类文明源起的宇宙观;印座内置朱砂印泥。

(2)紫溪印宝

"紫溪印宝"是以不同昌化石制作的印章组合。昌化石印章套件置于由黑檀木精细打磨而成印章盒中,"方寸之印天地里,气象万千宇宙间",让人爱不

释手,同时让更多的人体会到印刻的意义与趣味(图4-2-65)。

昌化镇在唐代称之为紫溪县,昌化河古代为紫溪,昌化鸡血石誉为"印章皇后",以昌化石制作的印章组合谓之"紫溪印宝"。

图4-2-65　紫溪印宝(昌化石,姜四海)

2. 以石为媒,拓展文创产品

(1)《鱼多多》

作品系青田石文创产品,"鱼多多"是全球重要农业文化遗产青田稻鱼共生系统的吉祥物。造型源于青田田鱼,手捧稻穗,颗粒饱满,寓意"稻鱼双丰,年年有余"(图4-2-66)。

作品以文创的方式叙述着青田石雕与农遗文化的故事。

图4-2-66　《鱼多多》(青田石)

(2)《镇纸》

作品系泰顺石文创产品,以泰顺特色旅游景点仕水碇步、廊桥等为创作对象,配以"国泰民安""走走泰顺,一切都顺"等美好祝福语进行艺术化创作,用作旅游纪念、商务礼品等,颇具地方特色(图4-2-67)。

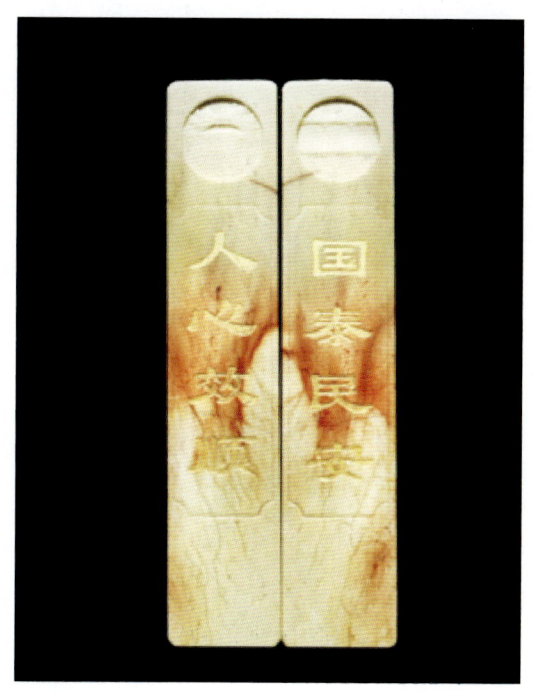

图4-2-67 《镇纸》(泰顺石,章汉立)

3. 运用类似石种、传承发展青田石雕技艺

(1)《富春山居》

作品取材于四川雅安绿(图4-2-68)。

作品采用平远和高远的构图法,画面中,山、水、桥、亭、村落、栈道、人物皆围绕一条山道而布置。故虽景物众多,连绵无尽,然皆循循可寻,意境深远,是不可多得的佳作。

(2)《舞狮》

作品取材于老挝石(图4-2-69)。

作品以硕大的狮球为核心,孩童错落其间,拿球引狮,兴奋追逐,狮子头大身短,敦实有力,双目圆瞪,炯炯有神。整件作品吉祥喜庆又不失庄严威武。狮球上的钱币花纹,钱眼大小雕刻一致,精细入微,工艺精美,是难得一见的佳作。

图4-2-68 《富春山居》(四川雅安绿,黄雪锋)

图4-2-69 《舞狮》(老挝石,叶志伟)

(3)《邀君共舞》

作品取材于印度石(图4-2-70)。

该作品沿袭传统造型,用一整块完整石料,展现了"连筋带骨"的雕刻工艺。跳跃灵动的火焰变化无常,忽高忽低,有燎原之势,也象征着中华文明生生不息,蓬勃向上的原动力。

图4-2-70 《邀君共舞》(印度石,周蒋文)

(4)《云龙》
作品取材于辽宁石(图4-2-71)。

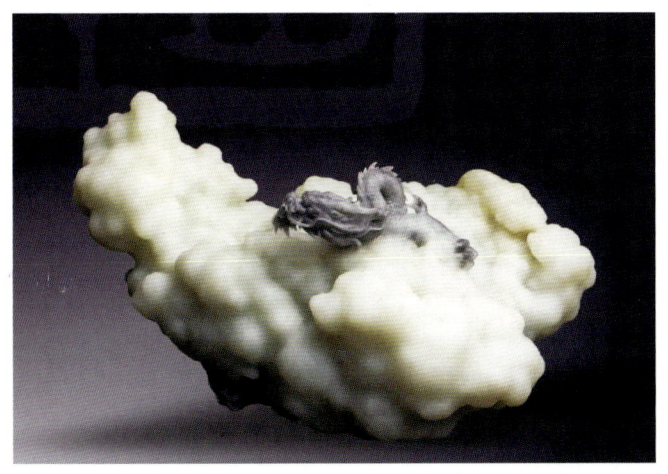

图4-2-71 《云龙》(辽宁石,林文波)

一只巨龙从云雾之中隐现,颇具气势,是祥瑞的象征。作品的创作灵感源于韩愈的《杂说一·龙说》,作者用翻卷的云占据大部分空间,只隐约露出龙首和龙爪,将《杂说》以立体形式完美呈现,赋予这个虚构之物更真实可感的形象。

4. 创新切割雕刻工艺、跨界首饰工艺领域

萤石颜色艳丽、形态优美、晶莹剔透、常常伴有美丽的色带和精致的生长纹理,作为矿物标本和观赏石成为收藏追捧的对象。

随着雕刻制作工艺、宝石切磨工艺的日益精进,以及浙江匠人的大胆创新,萤石作为雕刻工艺品以及宝石刻面切磨的工艺得以突破,萤石开始以精致的雕件作品以及晶莹剔透的珠宝首饰新形象面向世人(图4-2-72)。

图4-2-72 首饰及工艺品(萤石,图片来源于周翠芳)

第三节 名石印章

青田石印章图片由青田县石雕产业保护和发展中心提供;泰顺石印章图片由泰顺石产业研究院提供。

一、青田石印章(图4-3-1)

群章

灯光冻

封门青

紫檀花

山炮绿（郑碎雄）

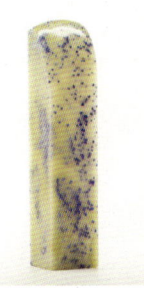
蓝星（叶军武）

封门五彩（徐伟军）

朱砂冻（叶林孟）

封门黑白（倪伟仁）

蓝带（傅建光）

封门三彩（陈军敏）

图案石（齐天大圣，吴丹青）

图4-3-1 青田石印章

二、昌化石印章

1. 昌化鸡血石印章（图 4-3-2）

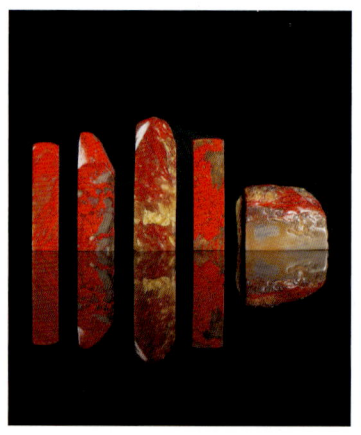  

群章（姜四海）　　　　大红袍（钱高潮）　　　　羊脂冻（钱高潮）

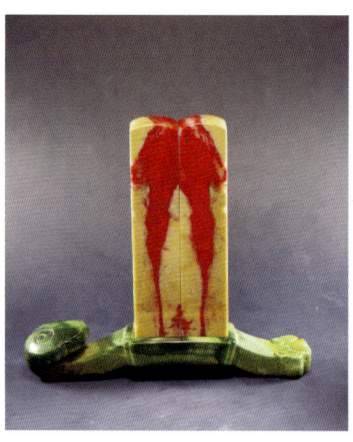 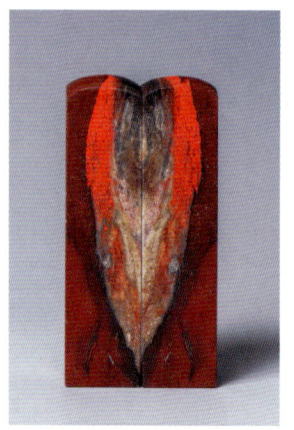 

田黄鸡血石（钱高潮）　　刘关张（姜四海）　　　牛角冻（姜四海）

图 4-3-2　昌化鸡血石印章

2. 昌化冻石印章（图4-3-3）

昌化冻石（姜四海）

昌化冻石（姜四海）　　　　　昌化冻石（赵明德）

图4-3-3　昌化冻石

三、泰顺石印章（图4-3-4）

群章　　　　　　　　　　　　　　　金玉石

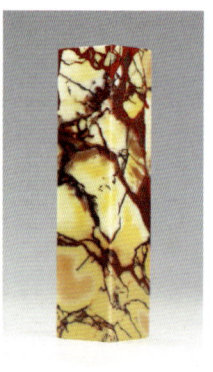

青玉冻　　　红花石　　　紫藤　　　青花石　　　花乳石

多彩石　　　木纹石　　　图案石（廊桥，奔马，刘宗义）

图4-3-4　泰顺石印章

第四节　特色原石

青田石原石图片由青田县石雕产业保护和发展中心提供,泰顺石原石图片由泰顺石产业研究院提供,萤石矿物晶体图片由浙江省地质博物馆提供。

一、青田石原石(图4-4-1)

灯光冻

封门青（倪东方）

桃花红

蓝星（林荣海）

金玉冻

封门三彩

图4-4-1　青田石原石

二、昌化石原石（图4-4-2）

昌化鸡血石（钱高潮）

昌化田黄石（钱高潮）

田黄鸡血石（赵明德）

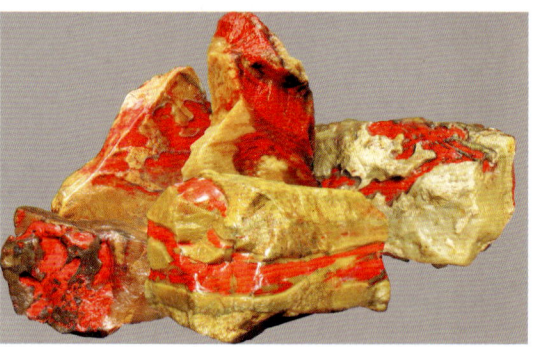
田黄鸡血石（钱高潮）

昌化图纹石（姜四海）

昌化鸡血石（姜四海）

图4-4-2 昌化石原石

三、泰顺石原石（图4-4-3）

多彩石

青玉冻

紫藤

金玉石

红花石

木纹石

图4-4-3 泰顺石原石

四、黄蜡石原石（图4-4-4）

图4-4-4　黄蜡石原石（洪小平）

五、萤石原石（图4-4-5）

图4-4-5　萤石原石

主要参考文献

包绍华,2002.浙江昌化鸡血石的地质成因及鉴定特征[J].浙江地质(1):82-86.

蔡中华,2016.中国黄蜡石[M].扬州:广陵书社.

陈大梅,姜泽春,张惠芬,1991.我国叶蜡石的差热和红外光谱研究[J].矿物学报,11(1):92-96.

陈惠,邓跃兵,2014.浙江省泰顺县白岩矿区叶蜡石矿矿床地质特征及资源储量评估[J].四川建材(3):261-263.

陈美君,王杜涛,胡济源,2012.浙江省观赏石资源开发的历史、现状与前景展望[J].浙江国土资源(5):54-57.

陈墨,2019.天工与意境:青田石雕艺术[M].上海:上海科学技术出版社.

陈墨,项一伟,2010.青田石及其文化现象探析[C]//中国民间文化艺术之乡建设与发展初探.北京:中国民族摄影艺术出版社:808-809.

陈倩,陈涛,徐行,等,2020."昌化朱砂石"的宝石学特征[J].宝石和宝石学杂志(中英文)(5):22.

陈倩,陈涛,徐行,等,2021.一种"冻地"鸡血石相似玉石的宝石学及谱学研究[J].光谱学与光谱分析,41(6):1920-1924.

陈倩,陈涛,严雪俊,等,2020.鸡血石相似品种的矿物学及谱学研究[J].光谱学与光谱分析,40(10):3179-3184.

陈延芳,2013.青田石、昌化石的岩石学特征与成因分析[D].北京:中国地质大学(北京).

陈益传,2017.浅谈印章的历史文化[J].天工(3):127-128.

戴慧,张青,蒋小平,等,2011.昌化明矾石石英地鸡血石的宝石矿物学特征[J].宝石和宝石学杂志,13(2):27-30.

董洪全,2011.青田石鉴赏新编[M].长沙:湖南美术出版社.

范良明,杨永富,1985.浙江青田石及其颜色成因的初步研究[J].成都理工大学学报(自然科学版)(2):32-44.

高路,2012.青田石材料与雕刻工艺[D].北京:中国地质大学(北京).

高原,于春,戴刚刚,等,2016.浙江泰顺县白岩叶腊石矿成因及成矿模式[C]//浙江省地质矿产经济学会2016年学术年会论文集:128-132.

赫云,2022.良渚玉器艺术的"介"字形冠研究[D].南京:东南大学.

侯舜瑜,2014.老侯说玉[M].广州:华南理工大学出版社.

胡仙超,严俊,朱选民,2016.浙江青田石的红外光谱特异性[J].理化检验(化学分册),52(1):24-28.

黄光辉,2021.浙江金华萤石矿集区地质特征及成矿条件分析[J].甘肃科技,37(9):37-38,43.

黄国成,张永山,程海艳,2015.浙江省萤石矿床区域成矿规律与找矿方向研究[J].矿床地质,34(6):1209-1222.

黄英,2020.2019年故宫博物院"良渚玉文化论坛"综述[J].故宫博物院院刊(3):101-107.

江翠,严瑾,刘彩虹,2022.讲好"中国玉故事":跨文化视角下中国玉文化的传播[J].宝石和宝石学杂志(中英文),24(6):175-180.

姜四海,2019.印石皇后昌化鸡血石[M].杭州:西泠印社出版社.

蒋卫东,2013.玉器的故事[M].杭州:杭州出版社.

金斌,2018.鸡血石雕:血色中的艺术[J].杭州(周刊)(45):40-43.

金建高,杨淑衍,2016.兰溪:中国黄蜡石之乡[J].宝藏(10):50-51,14.

李平,王蓓,2006.鸡血石与仿鸡血石的鉴别特征[J].宝石和宝石学杂志,8(4):13-16.

李晓明,窦薛霖,2022.浅谈玉文化的传承与当代发展[J].艺术市场(11):76-77.

梁修睦,谢立刚,2008.浙江萤石矿床简介[J].中国非金属矿工业导刊(1):54-55.

林华东,王永太,1996.良渚文化玉器的雕刻技术[J].浙江学刊(5):10-13.

林振山,2011.基于大众的上品田黄鉴定方法[J].宝石和宝石学杂志,13(3):57-60.

林志良,2018.情系石头 匠心传艺:我的泰顺石雕艺术之路[J].商业文化(6):88-91.

刘峰,2020.青田石雕工艺鉴赏[J].艺术品鉴(36):197-198.

刘起霞,朱谭清,邹昕,等,2014.从岩石学角度谈篆刻石材[J].河南建材(4):7-11.

刘毅,2014.浅谈黄蜡石之赏读与雕刻[J].中国集体经济(5):78-80.

龙远宏,2009.大自然的瑰宝:比较昌化鸡血石和巴林鸡血石[J].收藏界(6):99-101.

卢琪,吴瑞华,2010.昌化田黄鸡血石的矿物学特征研究[J].岩石矿物学杂志(S1):56-61.

吕林素,2019.萤石走进克拉时代[J].消费指南(2):26-33.

蒙奎文,宋乐平,布日格德,等,2012.巴林鸡血石与昌化鸡血石地质特征及矿床形成机制的比较[J].西部资源(4):125-128.

牟莉,崔文元,2004.昌化明矾石地鸡血石的矿物学研究[J].岩石矿物学杂志,23(1):69-74.

潘成松,2018.潘成松石雕艺术[M].杭州:浙江人民美术出版社.

钱建仁,2018.昌化鸡血石雕的美学价值及保护措施[J].天工(1):14.

钱云葵,徐斌,张石周,2010.黄龙玉鉴赏与选购[M].昆明:云南科技出版社.

饶万龙,2019.论黄蜡石的石与玉之美[J].天工(7):152.

剡晓旭,梁嘉敏,崔文恒,2021.新疆"金丝玉"的宝石学特征及光谱学特征分析[J].超硬材料工程,33(4):52-55.

商亮节,2013.青田石中若干冻石的矿物学特征研究[D].杭州:浙江大学.

施加辛,2008.黄龙玉、黄蜡石的科学与市场[J].中国宝玉石(6):118-121.

唐建,2014.昌化石玩家必备手册:投资·鉴赏·保养·升值[M].北京:中国书店.

滕瑛,廖宗廷,2001.昌化鸡血石的成矿构造背景及成因探讨[J].上海地质(3):43-48.

田亮光,陶金波,2003.昌化鸡血石[J].宝石和宝石学杂志,5(3):1-3.

汪灵,1997.中国东南沿海叶蜡石矿床成因类型及其地质特征[J].建材地质(5):9-12.

王蓓,2013.珠宝玉石饰品基础[M].武汉:中国地质大学出版社.

王蓓,等,2021.翡翠鉴赏与评价[M].武汉:中国地质大学出版社.

王蓓,李平,陆丁荣,2007.鸡血石与注胶或补破处理鸡血石的鉴别[J].岩矿测试,26(5):385-387.

王才贵,金太平,刘炎良,2009.浙江省武义县溪里温泉地热地质条件及成因分析研究[J].地质灾害与环境保护,20(3):55-58.

王长秋,崔文元,徐健人,等,2010.昌化田黄的矿物学特征及相关问题探讨[J].岩石矿物学杂志(S1):48-55.

王海宝,赵少华,2015.浙江萤石矿床的特征及开发利用对策[J].有色金属文摘(4):1,3.

王吉平,商朋强,熊先孝,等,2014.中国萤石矿床分类[J].中国地质,41(2):315-325.

王素娥,2013.浙江省传统工艺美术保护与发展[M].杭州:中国美术学院出版社.

夏法起,2008.慧眼识宝:青田石[M].福州:福建美术出版社

肖华,2017.浙西碳酸盐岩地区萤石矿矿床成矿规律和找矿建议[J].中国金属通报(7):152-155.

谢锐锋,付小峰,2018.广东紫金地区黄蜡石成因地质背景及成因条件分析[J].西部资源(1):49,52.

邢万里,李国武,陈涛,2011.几种具有代表性青田石的矿物学特征初探[J].宝石和宝石学杂志,13(4):26-30,52.

熊燕,陈婵,陈能香,等,2015.一种仿鸡血石制品的宝石学特征研究[J].超硬材料工程,27(6):51-55.

徐步台,章秋芳,周树根,1999.浙江武义盆地地热水同位素地球化学研究[J].地球学报,20(4):357-362.

徐嘉炜,2011.中华黄蜡石的地质学探讨[J].合肥工业大学学报(自然科学版),34(6):882-885.

徐咏平,2008.青田石开采现状与鉴藏[J].丽水学院学报,30(4):134-136.

徐旃章,张寿庭,沈军辉,1999.浙江武义萤石矿田金(银)-萤石矿控矿构造型式[J].成都理工学院学报(2):107-112.

许静,2020.黄蜡石图鉴[J].中华奇石(7):26-29.

严丽娟,2021.黄蜡石的东方审美表现[J].中华奇石(11):34-35.

杨小鹏,2018.江西信江流域硅质黄蜡石特征研究[J].地质找矿论丛,33(3):393-398.

杨雅秀,1994.中国黏土矿物学[M].北京:地质出版社.

姚宾谟,1998.昌化石志[M].北京:中华书局.

姚宾谟,陈波,2012.昌化田黄石[M].北京:红旗出版社.

叶高君,2005.石君斋石雕论文选[M].香港:银河出版社.

叶锡芳,2014.浙江萤石矿床成矿规律与成矿模式[J].西北地质,47(1):208-220.

叶泽富,周立冰,袁静,2017.浙江青田周村雕刻石:叶蜡石矿床特征及工作方法[J].矿产与地质,31(4):706-711.

余晓艳,2015.有色宝石学教程[M].北京:地质出版社.

袁野,2012.ICP-MS法初步分析影响萤石颜色的因素[J].地球科学进展(S1):517.

袁野,施光海,2012.江西上饶龙门高岭石-叶蜡石矿的矿物组成及稳定同位素特征[J].地球学报,33(2):176-184.

袁野,施光海,何明跃,2012.中国印章石资源的分布与特点及其展望[J].资源与产业,14(2):143-147.

曾湘怡,2019.浙江武义萤石的宝石矿物学特征研究[D].北京:中国地质大学(北京).

曾宇江,2015.青田石雕工艺审美研究[J].艺术科技,28(12):116.

张蓓莉,刘萍,2007.珠宝首饰评估词典[M].北京:中国大地出版社.

张蓓莉,陈华,孙凤民,2001.珠宝首饰评估[M].北京:地质出版社.

张国全,张根红,赵国法,等.2016.浙江省萤石矿床地质特征及控矿因素[C]//资源环境与地学空间信息技术新进展学术会议论文集:69-71.

张惠堂,杨耕东,张存威,1984.试论武义地区萤石矿床特征及其成因[J].成都地质学院学报(1):16-25.

张梅珍,2019.文化自信视域下中国玉石文化的对外传播[J].宝石和宝石学杂志(中英文),21(3):64-68.

张寿庭,徐旃章,1997.浙江武义萤石矿田控矿构造地球化学特征[J].地质与勘探(5):21-26.

张兴旺,2019.玉石雕刻工艺[M].武汉:中国地质大学出版社.

章永加,1996.浙江武义盆地萤石矿成因分析[J].成都理工学院学报,23(4):46-49.

浙江省地质矿产局,1989.浙江省区域地质志[M].北京:地质出版社.

浙江省珠宝玉石首饰行业协会,2017.浙江玉石雕刻发展史[M].杭州:西泠印社出版社.

郑亚春,潘瑞光,2016.宝气绽放产业振兴:兰溪市大力培育和发展黄蜡石文化产业[J].宝藏(10):58-59.

周文辉,2017.围绕泰顺石产业打造"中国名石"[J].浙江经济(15):

60-61.

周武邦,王朝文,陈倩,等,2020.昌化硬地鸡血石及其相似品种的矿物学特征[J].宝石和宝石学杂志(中英文),22(2):1-11.

周晓晶,2012.巧工夺丽质:辽宁省博物馆明清玉器展赏析(上)[J].收藏家(3):70-74.

周越刚,杨心鸽,唐小明,2014.浙江黄蜡石[M].杭州:浙江工商大学出版社.

朱选民,2010a.青田石的产地特征及其质量影响因素分析[J].矿产保护与利用(5):21-24.

朱选民,2010b.青田石品种的分类及其鉴别特征研究[J].宝石和宝石学杂志,12(4):17-24.

朱选民,2011.青田石、寿山石、昌化鸡血石和巴林石的产地特征初步比较研究[J].矿产与地质(1):84-87.

朱选民,蒋红旗,厉群勇,2002.浙江省非叶蜡石型青田石的宝石学研究[J].宝石和宝石学杂志,4(1):6-11.

朱选民,严俊,夏立伟,等,2014.浙江泰顺石暨叶蜡石型印章石的宝石学特征及分类探讨[J].宝石和宝石学杂志,16(4):39-48.

邹芬,2018.杭州半山出土战国玉石器的文化窥探[J].文物鉴定与鉴赏(7):40-43.

邹灏,2013.川东南地区重晶石-萤石矿成矿规律与找矿方向[D].北京:中国地质大学(北京).

邹灏,徐旃章,龙训荣,2020.非金属矿产资源概论[M].北京:地质出版社.